普通高等教育"十二五"规划教材

# 环境地质学

## （第2版）

陈余道　蒋亚萍　朱银红　主编

北　京
冶 金 工 业 出 版 社
2015

## 内 容 提 要

全书共14章，可以分为四部分：第一部分为1~2章，第1章主要介绍环境地质学的基本原理与基本概念，指出了人口的指数增长是环境危机的首要问题，环境的保护需要伦理学规范；第2章介绍地球地质作用及物质组成如矿物、岩石、土壤和水等，强调地球是一个系统，提供必要的地质学基础知识。第二部分为3~8章，主要是阐述由于地质作用导致的环境地质问题，包括地震、火山爆发、河流与洪水、岩土块体运动、海岸作用、水文地球化学分带与地方病，主要从概念、类型、影响因素、效应以及预防等方面阐述这些问题。第三部分为9~12章，主要是阐述人类生产活动导致的环境问题，包括水资源开发利用、土地资源开发利用、矿产资源开发利用以及城市化引发的环境问题。第四部分为13~14章，主要介绍了地球系统科学范畴的全球气候变化问题，阐述了全球温度变化的历史记录，以及全球变暖可能产生的效应；另外介绍了环境地质学相关的法律法规，强调了环境地质学在法律事务中的重要性。

全书在每章的后面还附了关键术语（英文）、复习题、思考题，供读者在学习时参考。

本书可作为理科如化学、生物、地质、地理和物理，文科如人类学、经济学、人文地理学、文学、政治学和社会学等学科的教材。

**图书在版编目（CIP）数据**

环境地质学/陈余道，蒋亚萍，朱银红主编．—2版—北京：冶金工业出版社，2011.9（2015.8重印）

普通高等教育“十二五”规划教材

ISBN 978-7-5024-5666-5

Ⅰ．①环…　Ⅱ．①陈…　②蒋…　③朱…　Ⅲ．①环境地质学高等学校—教材　Ⅳ．①X141

中国版本图书馆CIP数据核字（2011）第178618号

出 版 人　谭学余
地　　址　北京市东城区嵩祝院北巷39号　邮编　100009　电话　(010)64027926
网　　址　www.cnmip.com.cn　电子信箱　yjcbs@cnmip.com.cn
责任编辑　王之光　杨秋奎　美术编辑　李　新　版式设计　孙跃红
责任校对　王贺兰　责任印制　牛晓波
ISBN 978-7-5024-5666-5
冶金工业出版社出版发行；各地新华书店经销；北京虎彩文化传播有限公司印刷
2004年7月第1版，2011年9月第2版，2015年8月第3次印刷
787mm×1092mm　1/16；14.75印张；359千字；221页
**29.00元**

**冶金工业出版社　投稿电话　(010)64027932　投稿信箱　tougao@cnmip.com.cn**
**冶金工业出版社营销中心　电话　(010)64044283　传真　(010)64027893**
**冶金书店　地址　北京市东四西大街46号(100010)　电话　(010)65289081(兼传真)**
**冶金工业出版社天猫旗舰店　yjgycbs.tmall.com**

（本书如有印装质量问题，本社营销中心负责退换）

# 第2版前言

环境地质学是一门应用学科，它使地质学与环境科学结合并在人类与自然环境相互关系中得到应用。那些对该学科有兴趣的学生，都可能成长为一个环境地质工作者。

如果有地质学或地理学基础，环境地质学的学习是较为容易的。但是，大多数学生可能缺乏这样的基础，为此本书首先安排了一些地质学基本原理知识的学习，便于初步认识地质作用与环境的相互关系。本书一个重要的目的是希望有助于不同学科学生拓展自己的知识视野，关注环境地质学领域，在以后的相关工作中应用该领域知识，共同营造人与自然的和谐关系。这些学科包括理科如化学、生物、地质、地理和物理；文科如人类学、经济学、人文地理学、文学、政治学和社会学等。

本书为2004年出版的《环境地质学》的修订版。新版本增加了“海岸灾害”和“全球气候变化”两章内容；其他章节的内容也做了很多修订，较为明显的是将环境地质学的基本概念做了删减并合并到第一章（基本原理与基本概念），在“洪水”篇章中增加了河流的基本知识。第2版的修编参照了国外相同教材的发展轨迹。另外，修订版中对一些常见的专业名称列出了相应的英文表达，并在每章后面加了关键术语；对每章的作业类型做了改进。

全书共14章，可以分为四个部分：第一部分包括第1～2章，第1章主要介绍环境地质学的基本原理与基本概念，指出了人口的指数增长是环境危机的首要问题，环境的保护需要伦理学规范；第2章介绍地球地质作用及物质组成如矿物、岩石、土壤和水等，强调地球是一个系统，提供必要的地质学基础知识。第二部分包括第3～8章，主要是阐述由于地质作用导致的环境地质问题，通俗地讲是自然地质灾害，包括地震、火山爆发、河流与洪水、岩土块体运动、海岸作用、水文地球化学分带与地方病。主要从概念、类型、影响因素、效应以及预防等方面阐述这些问题。然而，它们的发生，不乏人类活动的干预与诱发。第三部分包括9～12章，主要是阐述人类生产活动导致的环境问题，包括水资源开发利用、土地资源开发利用、矿产资源开发利用以及城市化引发的环境问题。每一种资源的利用，会带来相应的或错综复杂的环境问题，其中又以城市化带来的问题更为集中。第四部分包括第13～14章，主要介绍了地球系统科学范畴的全球气候变化问题，阐述了全球温度变化的历史记录，以及全球变暖可能产生的效应；另外介绍了环境地质学相关的法律法规，强调了环境地质学在法律事务中的重要性。全书在每章的后面还附了关键术语（英文）、复习题、思考题，供读者在学习时参考。

由于环境地质学涉及的知识领域非常宽，同时在深度上要考虑到学生的知识结构与所学课程的承前启后，该书在修编过程中也花费了很多功夫，尽量体现多年来课程教育的积累，也力求反映现代科技发展。尽管如此，就目前来看书中仍然存在不少需要更新或补充的地方。这样的工作会持续下去，期望在后面的版本中逐步改进、完善。

书中有不妥之处，敬请读者批评指正。

编　者

2011年3月

# 第 1 版前言

本书共分 13 章：第 1 ~ 3 章是环境地质学的基本部分，介绍了学科的基本概念，对地球的自然系统进行必要的综述，并概述人类文明对物质世界的依赖性；第 4 ~ 8 章讨论了主要的五种地质灾害——火山活动、地震、洪水、滑坡、地方病，属于地质作用（自然因素）引起的环境问题，体现了自然对人类的作用；第 9 ~ 12 章主要讨论人为活动改变地质环境引起的环境问题，主要包括各种资源利用过程以及城市化带来的环境地质问题，是人类活动改变环境或超过了环境承载能力所带来的问题，通过论述各种地质资源的开发利用方式以及城市化进程，阐述引起的各种环境地质问题及相应的防治方法与措施；最后，第 13 章讨论了环境管理方面的规划、政策、决策，重点讨论了主要地质资源开发利用及与环境相关的法律法规，阐述了防御、减少各种问题的积极方法。为便于进一步了解我国资源与环境相关法律，本书附录了我国当前的环境保护法、矿产资源法、水法、土地管理法和固体废物环境污染防治法。

环境问题是全球普遍的问题，环境保护也是全球性的行动。环境保护工作不局限于某个学科或某个地域，不局限于哪些人、哪些地区，需要地球上每个人自发参与。我们生活在地球上，生活在地质环境里，几乎每天都听闻或目睹这样或那样的环境地质问题。关注、认识、接受面临的现实，增强大众环境保护意识，普及地质环境保护教育，并采取积极的态度来保护资源，保护环境，使人类社会能够健康发展，是我们编写本书的立足点。

本书的编写参照了国外教材编著的思路，翻译了国外教材的部分章节内容，结合我国实际情况，尽可能利用了网络电子图书资源。编著过程更多地注重数据与实例，尽可能地反映当前面临的主要环境地质问题，没有在理论上做更多深入阐述，其主要目的是对读者起引导作用，希望在学习与工作中更多地关注该领域存在的环境地质问题，增强环境保护研究与管理意识。

作为一本教材或参考书，该书适合于高等院校资源勘查工程、勘查技术与工程、水文与水资源工程、环境科学、土木工程等相近专业领域的学生为拓展知识面而使用，也适于科研机构或生产单位等部门的有关专业人员、管理人员参考。

本书的编写是建立在多年教学与科研实践基础上的，虽然花费了不少的精力，但由于我们知识面仍存在一定的局限性，书中肯定存在许多不足，敬请读者批评指正。

编　者

2004年2月

# 目　录

# 1 基本原理与基本概念

本章将概略性介绍环境地质学的研究主体、研究内容及其产生与发展，强调人类在社会文化发展中应具有的环境伦理意识，认识环境危机形成的重要因素。本章还给出了环境科学的几个基本概念。

## 1.1 环境地质学概述

### 1.1.1 环境与地质环境

环境（Environment），是一切事物的集合体，可以分为自然环境与社会文化环境两大类。前者包括阳光、空气、水、土壤、野生动植物等等，这些自然产物与一定的地理条件相结合，即形成具有一定特征的自然环境，是人们赖以生存和发展的必要的物质条件；后者包括人类社会与文明的政治、经济、法律、宗教和美学等等。重要的是，这两个方面是分不开的，是相互影响、相互作用的。

20 世纪 90 年代初，我国地质学家张宗祜先生认为，地质环境（Geological environment）是指与大气圈、生物圈、水圈相互作用最直接、与人类活动关系最密切的部分岩石圈（图 1-1）。地质环境是有空间概念的，其上限是岩石圈的表面，其中所有的地质环境因子（主要包括岩石、土壤、有机成分、气体、地下水、微生物以及动力作用等）都积极地与大气、地表水体、生物界相互作用；其下限位置，取决于人类社会的科学技术发展水平，以及进入岩石圈内部的工业活动影响深度。比如，20 世纪 80 年代，前苏联在位于俄罗斯的科拉半岛（Kola Peninsula），采用最新钻探技术，打成了一口以探索地球深部信息为目标的超深钻井，其深度为 12262m，这是目前地球上最深的一口井；我国在 2001 年 8 月 4 日正式启动国际大陆科学钻探计划，一口直径 156mm、深 5000m 的深井在江苏省东海县毛北村正式开钻。2005 年 4 月 18 日，工程竣工，成功深入地下 5158m，取得了 5118m 的珍贵岩心和气流体样品，这项被人们称为“伸入地球内部的望远镜”的工程是亚洲最深的超深钻井工程。可是，对于平均半径为 6371km 的地球而言，此井连地壳也未穿透。

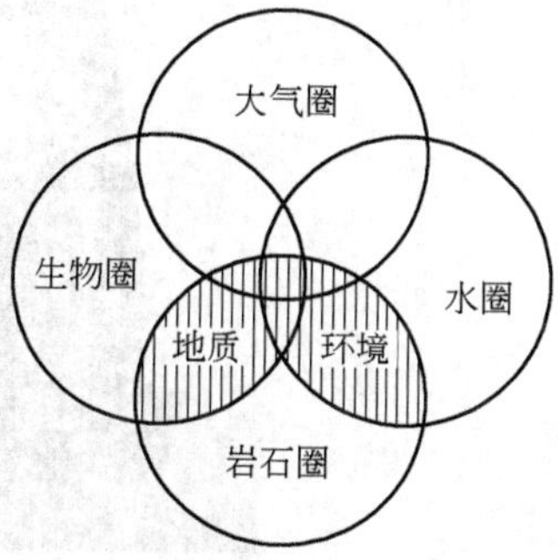

图 1-1 地质环境概念示意图

在当前的学科分类中，最早涉及地质与环境的学科是地质学与环境科学，前者是研究地球组成物质的科学，涉及地球物质的组成、结构、物理性质、动力学和演变历史，及其形成、运动和变化的过程；后者是 20 世纪 50 年代以后逐步发展起来的边缘学科，它是研究环境中物理、化学和生物组分之间相互作用的科学，更注重人类对自然环境的影响。简单地理解，地质学与环境科学的有机结合，形成了环境地质学（Environmental geology）。

### 1.1.2 环境地质学的产生与发展

追溯引起人们广泛关注的环境问题，是在700~800年以前，从用煤开始的。环境问题形成公害成为一个社会问题时，则是由18世纪末到20世纪初的产业革命引起的。从20世纪30年代至70年代期间，世界上由大气和水体污染造成的著名的八大公害——英国伦敦（1952）、美国多诺拉（1948）、比利时马斯河谷（1930）先后发生的烟雾事件，美国洛杉矶光化学烟雾事件（1943），日本富山镉污染事件（骨痛病，1955~1972），日本九州水俣事件（1953~1956），日本四日事件（哮喘病，1961），日本九州米糠油（多氯联苯污染，1968）事件造成了许多人患病，有的终生残废，并导致数万人死亡。

早在1864年，George Perkins Marsh（1801~1882，被认为是美国第一位环境保护论者）就著作了《Man and Nature》，认为人类日益强大且具有毁灭性的行为将使自己陷入逐渐退化的环境困境，这样的言论似乎危言耸听。但是，1939年Jacks和Whyte的《消失的土地》、1948年Osborn的《被掠夺的地球》以及1956年Thomas的《人在地表变化中的作用》等著作都持有相似的言论。环境地质学产生的影响人物见图1-2。

George Perkins Marsh (1801～1882)

Aldo Leopold (1887～1948)

图1-2 环境地质学产生的影响人物

美国威斯康星（Wisconsin）大学的从事野生动植物管理研究的教授奥尔多-利奥波德（Aldo Leopold，1887~1948），在20世纪50年代早期，鼓励美国人信奉“土地伦理”（Land ethics），这是一个敦促人们关注整个自然环境的新概念，包括土壤，水体，动物和植物，统称为“土地”。土地伦理的意义在于，地球是目前唯一的适合人群聚集的行星，土地是地球上与人类关系最密集、接触最直接的自然资源，需要人类来珍惜、保护、合理利用与和谐共处，需要环境伦理学的教育与思考。

然而，地球在发展过程中的某些变动也直接或间接地影响着人类的安全和生存。20世纪全世界死于火山爆发、地震、滑坡、泥石流等地质灾害的人数达百万之多（表1-1）。

**表 1-1 20 世纪的环境地质灾害节选**

| 年 份 | 灾害事件 | 地 点 | 死亡总人数 |
|---|---|---|---|
| 1902 | 火山喷发 | 马提尼克 | 29000 |
| 1902 | 火山喷发 | 危地马拉 | 6000 |
| 1906 | 地 震 | 台 湾 | 6000 |
| 1906 | 地震/火灾 | 美 国 | 1500 |
| 1908 | 地 震 | 意大利 | 75000 |
| 1915 | 地 震 | 意大利 | 30000 |
| 1916 | 滑 坡 | 意大利、奥地利 | 10000 |
| 1919 | 火山喷发 | 印度尼西亚 | 5200 |
| 1920 | 地震/滑坡 | 中 国 | 200000 |
| 1923 | 地震/火灾 | 日 本 | 143000 |
| 1928 | 洪 水 | 美 国 | 2000 |
| 1930 | 火山喷发 | 印度尼西亚 | 1400 |
| 1932 | 地 震 | 中国 | 70000 |
| 1933 | 海 啸 | 日 本 | 3000 |
| 1935 | 地 震 | 印 度 | 60000 |
| 1939 | 地震/海啸 | 智 利 | 30000 |
| 1945 | 洪水/滑坡 | 日 本 | 1200 |
| 1946 | 海 啸 | 日 本 | 1400 |
| 1948 | 地 震 | 苏 联 | 100000 |
| 1949 | 洪 水 | 中 国 | 57000 |
| 1949 | 地震/滑坡 | 苏 联 | 12000 ~ 20000 |
| 1951 | 火山喷发 | 巴布亚—新几内亚 | 2900 |
| 1953 | 洪 水 | 北海海岸（欧洲） | 1800 |
| 1954 | 滑 坡 | 奥地利 | 200 |
| 1954 | 洪 水 | 中 国 | 40000 |
| 1960 | 地 震 | 摩洛哥 | 12000 |
| 1962 | 滑 坡 | 秘 鲁 | 4000 ~ 5000 |
| 1962 | 地 震 | 伊 朗 | 12000 |
| 1963 | 火山喷发 | 印度尼西亚 | 1200 |
| 1963 | 滑 坡 | 意大利 | 2000 |
| 1968 | 地 震 | 伊 朗 | 12000 |
| 1970 | 地震/滑坡 | 秘 鲁 | 70000 |
| 1976 | 地 震 | 中 国 | 250000 |
| 1976 | 地 震 | 危地马拉 | 24000 |
| 1978 | 地 震 | 伊 朗 | 25000 |
| 1985 | 地 震 | 墨西哥 | 10000 |
| 1985 | 火山喷发 | 哥伦比亚 | 22000 |
| 1987 | 洪 水 | 孟加拉 | 2000 |
| 1988 | 地 震 | 亚美尼亚 | 25000 |
| 1991 | 台 风 | 孟加拉 | 139000 |
| 1995 | 地 震 | 日本阪神 | 6348 |

人们对环境问题的关注，以及自然灾害产生的灾难，促成了环境地质学的产生。在1962年，国外首次提出了“环境地质学”的概念。随后，国际上相继开展了重大的环境保护行动，其中影响较大的有：

20世纪70年代末，美国威斯康星州开展了“环境十年”行动，目的是倡导人们维护清洁的水资源、洁净的空气，使用绿色能源。

1988年3月，一个由科学家、工程师、联合国系统的代表以及外交官组成的国际小组在华盛顿美国国家科学院集会，讨论“国际减轻自然灾害十年”（International Decade for Natural Disaster Reduction，IDNDR）的问题，计划期限是1991～2000年，简称“减灾十年”。重点主要是减轻突发性的自然灾害，其中环境地质方面包括地震、洪水、滑坡、火山喷发、海啸等自然灾难。在无需大量投资的情况下，可使灾害评估、预报、预防、准备、早期警报以及灾害减轻等措施取得肯定的成果。将灾害减轻技术转移到易受灾害损害的发展中国家并进行人员培训，发现知识空白，及时教育公众等，从而减轻人类遭受自然灾害的痛苦。

1992年6月，在巴西里约热内卢（Rio de Janeiro，葡萄牙语）召开了联合国环境与发展大会，确定了基本目标“在加强各国和国际努力以促进各国可持续的且对环境无害的发展的前提下，拟订各种战略与措施，以阻止和扭转环境恶化的影响”，会议通过了“里约环境与发展宣言”，将进一步促进各国对环境的重视和研究，环境地质学相应的也将得到发展。

中国地质学会于1987年3月正式成立了环境地质专业委员会，并召开了全国第一届环境地质交流会议，着重对区域环境地质、城市环境地质、地震地质灾害、环境水文地质、环境地质制图以及新技术、新方法在环境地质调查研究中的运用等进行了交流、讨论。近年来中国专门性的或与环境地质有关的调查研究工作得到广泛的开展，取得了一些成果，如晚更新世以来地质环境演化趋势的基础性研究、区域性环境地质图系编制和论证、沿海经济发达地区及城市环境地质调查研究、水资源开发引起的资源地质问题等。进入21世纪，地球系统科学为环境地质学提供了全新的科学哲学，环境地质学的研究特点有如下几点：以动态观点及非线性动力学理论和方法来探索地质环境演化；从不同空间尺度研究地球环境演化；环境变化的时间效应成为环境地质研究中的一个十分重要的方向；地质灾害防治与环境保护问题已成为环境地学研究领域内的重点问题；正在深入探索环境地质学的科学基础：水-岩相互作用；可持续发展理念对环境地质学的研究工作提出了新的要求；现代新技术在环境研究中的应用发展速度很快。

### 1.1.3 环境地质学概念及其研究内容

“环境地质学”概念的提出是在1962年，它是研究地质环境与人类关系以及地质作用与人类环境关系的、由许多地质学分支与环境科学综合而成的、服务于社会的一门新兴的应用学科。在维基百科（Wikipedia）上，环境地质学被认为像水文地质学一样，是一个包含多学科领域的应用科学，与工程地质学甚或环境地理学关系密切。它涉及：地质资源与水资源（如化石燃料、矿物、水），土地利用的管理；减轻自然灾害对人类的影响；工业废水与生活污水的管理，环境污染控制与修复；人类活动的环境道德规范。其应用可以归纳成三方面：

（1）评价自然灾害如火山爆发、地震、洪水、滑坡等带来的风险，预测破坏的可能性；

（2）环境影响分析，主要分析工程建设场地的选址与土地利用规划；

（3）评价地球物质如岩石、水和土壤等物质的内在特征与人类开发利用中的环境地质问题，如水污染，地面形变、废物处置不当等环境问题；评价物质的物理与化学性质，资源的可持续利用与保护，以及环境地质问题的防治与修复技术。

在我国，环境地质学最早的发展是与水文地质学和工程地质学联系在一起的，简称“水—工—环”，是水文地质工程地质学科与环境科学结合并进一步的延续。因此，其研究内容的表述也较为直观，包括两个方面：

一是地质环境中地质作用（因素）引起的环境问题，诸如火山爆发、地震、洪水、滑坡等引起的环境问题，即自然地质灾害，地质环境化学元素分配不均引起的生物效应问题（地方病等）；二是人为活动改变地质环境引起的环境问题，诸如水污染，资源枯竭、地面沉降、地面塌陷、废物处置不当使地表元素分布更不均匀，大型水利工程引起的环境问题，矿产资源的保护利用与开采过程中引起的环境地质问题和城市化引起的环境问题等，还包括当前的全球气候变暖问题。前者体现了自然对人类的作用，后者则是人类对自然的作用改变了环境或超过了环境承载能力所带来的问题。

## 1.2 环境伦理

环境可分为自然环境与社会文化环境两个方面，这两个方面是分不开的，并具有强烈的相互影响作用。为说明这一重要性，你可以想象两种不同的生存环境，一种是温带海岸雨林地区，年降水量到达2500mm；一种是干旱少雨地区，年降雨量350mm。前者水太多，后者水太少，两种环境均会困扰人类的生活习性，导致地区水利用与水管理的方式和政策差异。可见，自然环境与社会文化环境是相互联系、相互作用的。

今天，世界上有2/3以上的热带雨林被毁坏，支离破碎，地球表面热带雨林覆盖面积仅有5.3%，大约$2.6\times10^6km^2$。然而，在几千年前，12%的地球表面被热带雨林覆盖，约$1.6\times10^7km^2$。目前最大的热带雨林分布在南美洲的亚马逊河流域，巴西拥有一半以上的这类森林；另外有20%分布在印尼和刚果。人们可能要问，为什么我们关注雨林的砍伐，这与一些植物、动物与微生物的衰亡有什么不同？对大多数人来说，森林不总是给人以美感的，湿热，难于行走，到处是昆虫，而野生动植物相对不容易看到，似乎也不必担心一些动植物的消亡。然而，砍伐热带雨林，将使人类失去很多，比如，影响土壤与岩石稳定性，导致一些物种的生存风险，对生物多样性的经济价值产生影响。尽管在大多数地区环境退化目前还没有达到一个危机水平，但是评价现状环境退化带来的影响，以及预测森林退化带来的潜在影响是很重要的。自然系统的连续破坏，会使得人类遭受自然灾害的几率增加。砍伐森林的后果能影响到当地和更大的区域，乃至全球性影响，只是当地的反应及时，而对全球的影响难以在短期内体现。对于这样的影响，20世纪60年代斯图尔德-尤德尔（Stewart Udall）称之为“宁静的危机”（Quiet crisis）。

由于人类做出的许多伦理决策与环境是相关的，环境科学家鼓励哲学家多考虑环境问题。比如：是否应该继续采伐森林以满足人类的消费需要？是否应该继续无限制地繁衍后代？是否应该继续生产汽油动力车辆？我们需要什么样的环境职责来保障后代需求？为了自己的欲望而引起物种消亡，是不是我们人类应有的权利？对于这些问题，不能一概否定或肯定，需要哲学层面上的思考，这促成了“环境伦理学”（Environmental ethics）的产生，该学科是在传统的只涉及人类的伦理学基础上发展起来的，对许多学科如法律、社会学、神学、经济学、生态学和地理学都产生了重要影响。在科学家的不懈努力下，1970 年建立了第一个“地球日”（4 月 22 日）；在该领域，20 世纪 70 ~ 80 年代北美产生了第一本国际性学术刊物 Environmental Ethics；1992 年英国出现了 Environmental Values 学术期刊。

在环境伦理学发展过程中，生态学家奥尔多·利奥波德（Aldo Leopold）作出了重要贡献，他鼓励人们信奉“土地伦理”，认为珍惜、保护、合理利用土地资源，与地球和谐共处，需要环境伦理学的教育与思考。

## 1.3 环境危机

“环境危机”（Environmental crisis），是指物种周围环境发生变化并威胁其继续生存的现象。最近，国外有的学者也称之为“生态危机”（Ecological crisis）。导致环境危机的可能原因包括：

（1）非生物因素变化导致环境质量退化而不能适应物种的需求，比如温度的升高，降水量的减少；

（2）由于资源被掠夺导致环境演变成不利于物种生存的情形；

（3）由于种群数量增长（如人口爆炸，图 1-3）导致物种（人群）生活质量下降的情形。

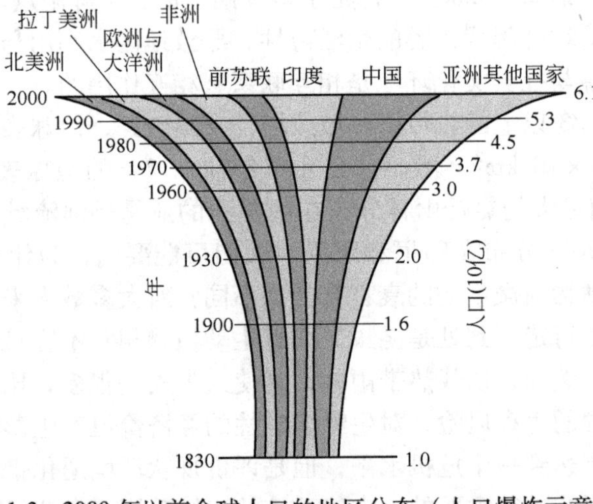


图 1-3　2000 年以前全球人口的地区分布（人口爆炸示意图）

当前人类在发展的道路上面临着一个巨大的挑战，这就是人口、资源和环境之间的失衡对生态系统所构成的威胁。在 1804 年，世界人口突破 10 亿，1922 年达到 20 亿，中间间隔 118 年，到 1959 年为 30 亿；随后世界人口猛增，1987 年 7 月 11 日全球总人口突破了 50 亿，现今已经超过 64 亿，中间间隔仅 37 年，几乎每 13 ~ 15 年人口增加 10 亿。联合国《2001 年世界人口状况》报告说，世界人口到 2050 年将增加 50%，即从目前的 64 亿增加到93亿。世界人口目前正以每年1.3%也就是7700万人的速度增长，其中发展中国家人口增长速度较快，2050年，世界人口的85%将集中在发展中国家。很多人口学家认为，50亿已超出了地球的承载能力。

在人口猛烈增长的同时，供人类衣、食、住、行的自然资源的消耗也将日益增加。在现代工业社会里，为了维持一个人的生活，平均每年要从岩石圈中挖出25t各种物质。据统计，目前全世界每年消耗的化石燃料为$70\times10^8$t，若以此速度来开采已探明的储量，煤只能开采200多年，石油仅够100年。如此发展下去，将导致资源耗竭的严峻局面。

更为严重的是，被开采的物质在加工过程中产生大量的废渣、废水、废气，制成品在使用后又留下大量废弃物。目前每年向大气中排放50多亿吨废气，使大气变浊，气候变暖；氯氟烃的排放使臭氧层遭到破坏；海洋、江河、湖泊、地下水被污染；森林被砍伐，耕地在锐减。

综合人口、资源与环境三个要素，可以看出，环境危机集中表现在三个方面：有限的资源，人类的需求和废物处置。危机的直接原因是人口膨胀，城市化和工业化。不幸的是，对于今天全球性的环境问题尚没有快速的解决办法，主要因为：

（1）在处理自然资源问题上缺乏道德指导；

（2）缺乏减少环境压力的公共义务与责任；

（3）解决问题需要合适的技术支撑。

当前，越来越多的公众认识到环境问题的普遍性，环境保护意识在增强，对环境美学要求在不断提高，环境保护也成为基本国策，这是我们需要看到的乐观的一面。

## 1.4 基本概念

### 1.4.1 人口增长是首要的环境问题

全球的人口增长呈现显著的阶段性，不同阶段的人口增长速率差异明显，与环境的协调关系也不同。

在1804年全球人口达到10亿，过了118年即1922年，人口达到20亿，可以说在20世纪以前，人口呈线性增长，对环境的影响是不明显的，人与自然的相处是适应的。然而从1959年以来，全球人口的增长速率是每隔13～15年，人口增加10亿，至今已达64亿，按这个趋势再过40年即2050年，人口将达到93亿，这是一个指数增长（Exponential growth）的过程（图1-4）。

对于人口指数增长，可以用下列方程来描述：

$$N=N_0\mathrm{e}^{kt}$$

式中，$N_0$为现状年的人口数；$k=\ln$（1+人口增长速率）/$\Delta t$。

说明人口的指数增长，可以用一个简单的例子来类比：设想在一个固定体积的封闭烧杯内，具有适宜某种微生物生长的基质，微生物每个小时成倍繁殖（增长百分数100%），12h后烧杯达到了其承载容量，结果是由于基质的损耗，微生物活性降低而难于生长。

微生物繁殖的实例告诉我们一个重要的观点：人口按指数增长是一个无情的结局。在一些国家，如果没有很好的福利考虑到小孩、老人、穷人和病人，伤残人，这些人往往通

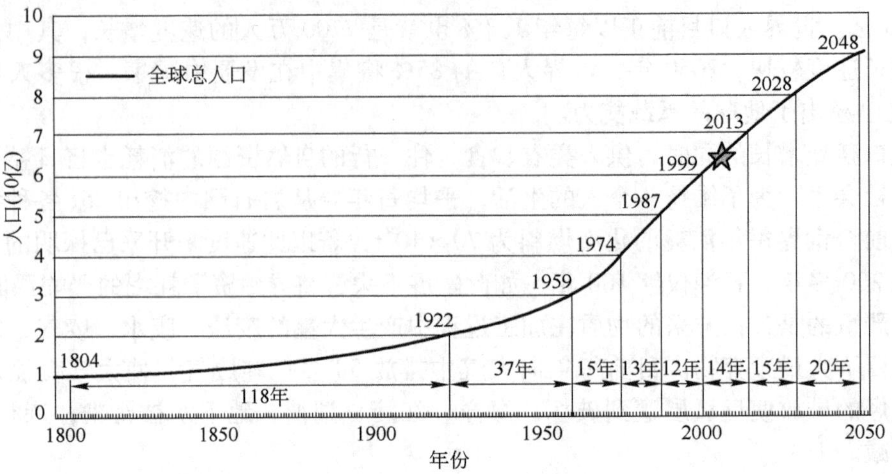


图 1-4 全球人口增长与预测图
（60 亿之前的人口为实际统计数据）

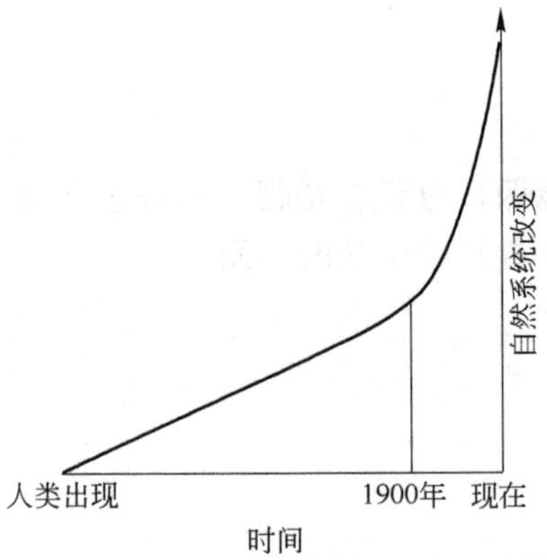


图 1-5 自然系统的改变速率

过家庭来支撑他们的需求。对许多农业地区的人来说，福利机制的缺失使得许多家庭利用小孩成为劳力。人口的指数增长在过去被认为是一个地区现象，而现在已成为全球性问题。

环境以惊人的速率退化（图 1-5），其中一个原因就是 20 世纪 60 年代提出的“人口爆炸”（Population bomb）。人口的快速增加，需要大量的物资与能源供给。对于有限的自然体系，以指数增长速率开发利用时，那么试图维持地球物质运动平衡的做法就会受到严重约束。以前休耕一两年再行耕作的土地，现今则被迫年复一年地进行连续耕种，以至于土地没有恢复和更新地力的机会。类似地，资源与能源的所有环节都被要求提高产量，以求与社会现代化文明的高消费水平保持同步。整个社会随着这种持续的增长速度在运转，并习惯以“国民生产总值”（Gross National Product，GNP）来衡量，而经济行为也因此进行适时调整。

### 1.4.2 可持续性

“可持续性”（Sustainability）是我们近二十年来常常碰到的词汇，然而对它的内涵却不容易把握。如何定义“可持续性”？通常，认为可持续性是一个有益的长远目标，一种可以长久维持的过程或状态，意味着地球上的每个生物体与其他生物体之间相互依赖而不至于有害于对方，能组成一个和谐的共同体。

人类社会的持续性由生态可持续性、经济可持续性和社会可持续性三个相互联系不可分割的部分组成。尽管当前许多地方的发展是以经济发展为核心的，并强调人类生活质量的改善与提高，但不可否认的是，环境的可持续发展对经济、社会的发展具有约束性，经济与社会的可持续发展必须以环境可持续发展为保障（图 1-6）。同时应该认识到，将可持续性概念应用到全球经济上是当前人类面临的巨大挑战。实现可持续性全球经济（Sustainable clobal economy），需要发展有效的人口控制战略，彻底地重建能源计划，制定经济规划、财政援助和税收鼓励，以及切合健康的环境目标，制定社会、法律、政治和教育改革方向。

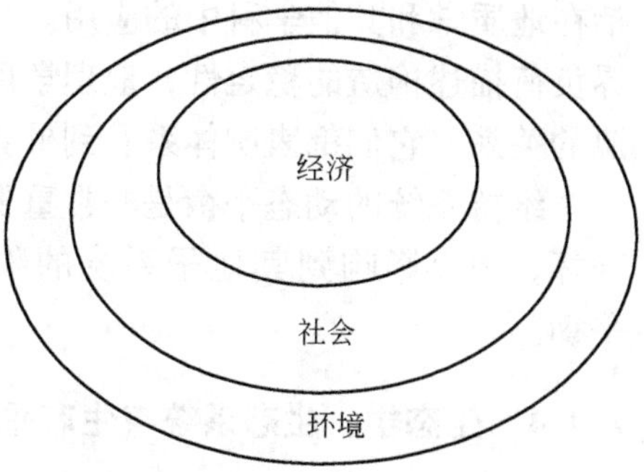

图 1-6　经济、社会与环境关系

### 1.4.3　系统性

系统（System）是由相互作用、相互依存的若干组成部分结合而成的具有特定功能的有机整体。系统可大可小，可简单，可复杂，其组成部分是相互联系的。

系统具有开放与封闭的两重性，开放性指的是系统与外界存在物质与能量的交换，而封闭性则是指体系与外界没有物质与能量的交换。地球是一个开放系统，每天都吸收有限的或以其他形式传输到地面的太阳能，形成地球表面的外力作用，如河水径流、水的入渗、冰川、风及地块运动，也形成地球内部的内力作用，如地壳运动、火山活动。

系统中能量与物质的输入与输出能使得系统处于平衡或不平衡、稳定或非稳定状态（图 1-7）。当输入与输出相等时，系统能够维持平衡，或称处于稳定状态，与人类活动有关时也体现了良好的管理模式；当输入小于输出时，系统处于不平衡状态，确切地说是处于衰退状态，正如一个水库，只有水的输出，没有水的输入，水库将会干涸一样；当输入大于输出时，也是一种不平衡，会导致系统内部结构与性能的重新调整乃至破坏，比如污染。

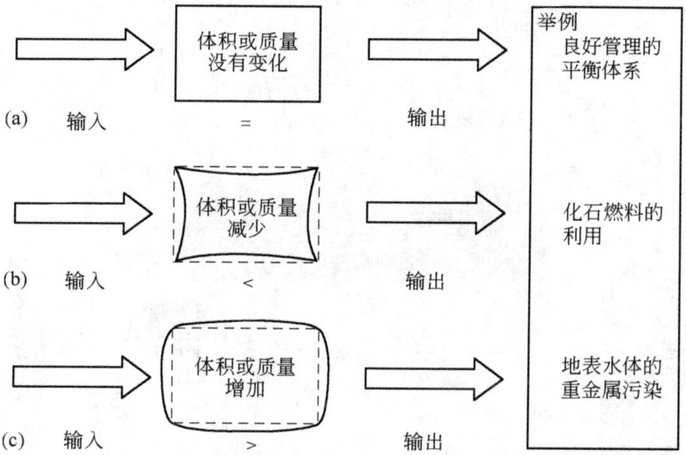

图 1-7　系统平衡或稳定状态示意图

自然体系在受到外界的影响后，其本身将产生自我调整、平衡作用，以维持体系自身的稳定。然而，由于外界影响的急剧变化，体系就会面临极限平衡的临界状态（阈值），一旦超出临界状态，就会引起自然系统的反馈作用。比如断层的产生是由于外力作用破坏了岩土体的极限平衡状态后，引起物体的快速位移，这些反馈作用包括一些地质灾害，如地震、火山活动、洪水、滑坡等。因此，自然体系的阈值在人类预测行为中是有用的，包括在地质学和其他学科中的应用。如物理学根据体系的变化提出的临界体，工程学上用临界负荷描述构造的稳定性，地理学用承载容量（Carrying capacity）来评价地方的人口与资源的关系。它们都表明体系受到外界的巨大影响后，体系的动态平衡突然间受到破坏。

维持系统的动态平衡是非常重要的，关系到系统能否发挥正常的功能；一个子系统的破坏，将会影响到其他子系统的物质与能量的输入输出，进而会影响更大规模的系统平衡。

### 1.4.4 生态学、生态系统与生态平衡

“生态学”（Ecology）一词最早是由德国生物学家黑格尔（Ernst Haeckel，1869）提出的。其英文的词首和“经济学”（Economics）是相同的，均为 Eco，来源于希腊文 oikos，表示家庭、居处或环境的意思，可见生态学和经济学、家庭、环境等，从词源和词义上来说是有密切关系的。生态学原是一门研究生物与其生活环境相互关系的科学，是生物学的主要分支学科之一。由于人类环境问题的普遍存在以及环境科学的快速发展，生态学更扩展到人类生活和社会形态等方面，公众对“生态”一词已不再陌生。

一个生物物种在一定范围内所有个体的总和在生态学中称为种群（Population），任何一个生物群落与其周围非生物环境的综合体就是生态系统（Ecosystem）。生态系统中各种生物彼此间以及生物与非生物环境因素之间关系密切，相互作用，不断地进行着物质和能量的交换（图 1-8）。

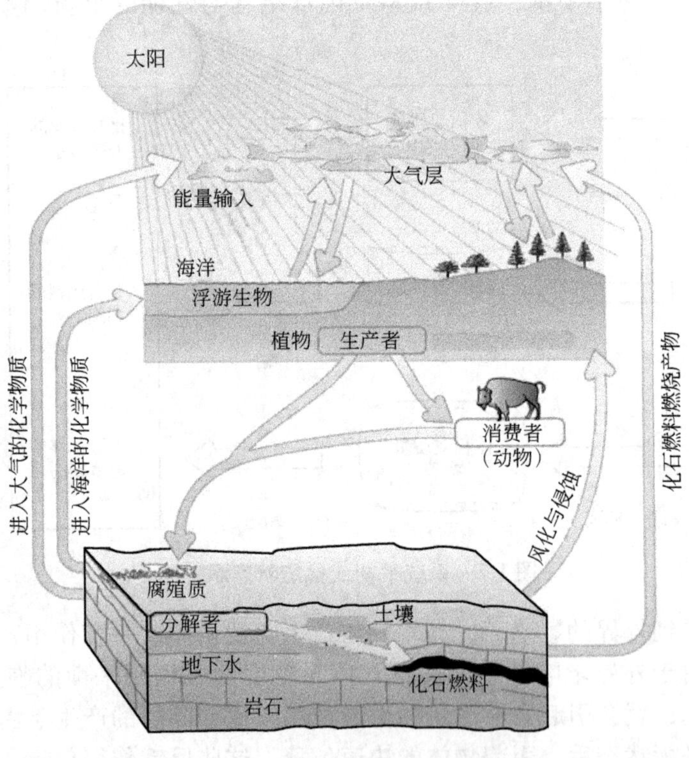


图 1-8　生态系统物质与能量交换示意图

人类所生活的生物圈内有无数大小不同的生态系统，在一个复杂的大生态系统中又包含无数个小的生态系统。如池塘、河流、草原和森林都可以组成典型的生态系统，城市、矿山、工厂等等从广义上可以说是一种人为的生态系统。许多各种各样的生态系统组成了一个统一的整体，即人类目前生活的自然环境。地质环境本身是一个大的生态系统，又包含许多大小不同的子生态系统，其中水陆生态系统（Land-water ecosystem）即是一个典型的生态系统。

生态平衡（Ecosystem balance）是指生态系统发展到成熟阶段，其结构与功能，包括生物种类的组成，各个种群数量的比例及能量与物质的输入、输出等都处于相对稳定状态。这也是社会、经济与环境发展中追求的可持续目标。

生态学所揭示或遵循的下述规律，对资源与环境保护有重要的指导意义：

（1）物物相关，即自然界中各种事物之间有着相互联系、相互制约、相互依存的关系。自然界是由各种各样的生态系统组成的，每一个生态系统又包含多个组成部分，各组分之间有着错综复杂的相互关系，改变其中的某一部分，必然会对系统内的其他组分产生影响，以致影响系统整体，进而影响到其他系统。这种影响有些是直接的，有些是间接的，有些是立即表现出来的，有些则在一个很长的时期后才显露出来。因此，我们在生产建设中，务必注意调查研究，即查清自然界诸事物之间的相互关系，统筹兼顾，即要对与某事物有关的其他事物加以认真的、通盘的考虑，包括考虑此种建设可能会产生的影响，短期的和长期的、明显的和潜在的，从而做出全面安排。特别是在需要排放废弃物、施用农药、采伐森林、开垦荒地、猎捕动物、修建大型水利工程及其他重要建设项目时尤应加以注意。

（2）相生相克，即在生态系统中，每一生物物种都占据一定的位置，具有特定的作用。各生物种之间相互依赖、彼此制约、协同进化。被食者为捕食者提供生存条件，同时又为捕食者所控制，反过来，捕食者又受制于被食者，彼此间相生相克，使整个生态系统成为协调的整体。当向一个生态系统引进其他系统的生物物种时，往往会由于该生态系统缺乏能控制它的物种（天敌）存在，使该物种种群暴发起来，从而造成灾害。大多数农业害虫在它们原来的乡土环境里是无害的，但当它们一旦侵入或被无意地引进到一个新区域或新的农业系统中时，就往往成为害虫。从一个生态系统中消除某一物种，也会对该系统造成或大或小的影响。因此，在从事农、林、牧、渔各业生产时，对引进某一新物种或在原有生态系统中消灭某一物种要十分慎重。

（3）能流物复，生态系统中，能量在不断地流动，物质在不停地循环。但是，通常在自然生态系统中，能量只能通过生态系统一次，当它沿食物链转移时，每经过一个层次，就有一大部分转化为热而逸散到外界，无法再回收利用，因此为了充分利用能量，必须设计出能量利用率高的系统，如在农业生产中应设计出对农业资源（谷物、饲料、秸秆、加工剩余物、畜禽排泄物等）加以多级利用的系统。物质则与能量不同，它在生态系统中反复地进行循环，其中有些还会通过食物链在生物体内发生富集。如果这些物质是有毒物质，最终将会对人类造成直接或间接危害。因此，必须控制进入环境中的有毒物质的量及寻找和发现它们进入环境的地点、渠道及其迁移、转化规律，以便加以有效的控制。

（4）负载定额，任何生态系统的生物生产力通常都有一个大致的上限，它是由生物物种自身的特点及可供它利用的资源和能量决定的。每一个生态系统对任何的外来干扰都有一定的忍耐极限，当外来干扰超过此极限时，生态系统就会被损伤、破坏，以致瓦解。因此，放牧强度不应超过草场的允许载畜量；采伐森林、捕鱼狩猎、采集药材时不应超过能使各种资源永续利用的产量；保护某一物种时，必须要有足够它生存、繁殖的空间；排污时，必须使排污量不超过环境的自净能力等。

(5) 协调稳定，即只有各部分协调的生态系统才是稳定的。自然界的生态系统都在不断地变化和发展。一般说来，在发展过程中，随着生物物种多样性的增加，连接各物种的食物链增多，系统的稳定性亦相应增强，所以对于某一地区说来，该地区的自然资源种类越多，抵抗外来干扰的能力便越强。然而由于生态系统稳定性的机制，主要是由其结构和功能的协调、物质输出输入的平衡决定的，因此，稳定的系统不一定必须是结构复杂的系统。我们在开发利用自然资源时，应特别注意保持生态系统中各物种的合理结构，以维持自然机制的正常运行，确保系统稳定，防止因过度利用而导致资源枯竭，系统瓦解。

(6) 时空有宜，即每一个地方，都有其特定的自然和社会经济条件组合，构成独特的区域生态系统。同时，这种区域生态系统也随时间发生变化，因而在开发利用和经营管理时，都必须适合它们的特点。例如，在成熟林多的地区，可以根据用养结合的原则，对林木进行采伐；但河流上游的水源林和用于保持水土的林区，其主要的功能是涵养水源，防止水土流失，那就只允许少量的更新择伐，绝对不允许皆伐。又如，当某地某种狩猎动物的种群数量过大时，则应根据“密度过大将会发生自然稀疏”的原理有计划地猎取一部分，以使该物种与所需资源相协调，从而保持它们的生活力；反之，当某地某种狩猎动物种群很小或正处于生育期时，就不应猎捕，以促进其种群的繁衍，防止物种的灭绝。也就是说，这种规律决定了我们在对某特定地区、特定时期的生态系统采取某种行动时，必须遵守“因地因时制宜”的原则。

### 1.4.5 自然系统的复杂性

自然系统的复杂性与系统内部的组成及外界影响因素有关，与体系的反馈作用表现形式有关，还与人类的认知准则有关。

在自然界某一行为过程中，要受到许多因素的共同影响。比如滑坡的成因就可能是多个因素共同作用的结果，而过量的降雨、地震、人类的干扰等可能只是外部的诱发因素，还要有一个滑坡发生的内因，即地质体内一定存在软弱夹层或断层破碎带。另一方面，自然界中完全不同的行为作用也可能导致相似的特征现象。比如冲积扇与洪积扇叫法不同，形成的动力条件也不同，但却有许多类似的地质特征。

当自然体系临近极限平衡状态时，会引起负面的反馈作用（负效应）。由于其表现的方式、程度、时间均有所不同，使得自然体系更加复杂化。有些人为变化可能在很长时间后才引起反馈作用，而有的则可能很快就引起反馈作用；负效应的出现也不一定在原位产生，如大坝的建立可以使下游河床受到冲刷，下游产生淤积；当地的问题解决了，而环境体系的反馈作用可能在异地产生。环境的反馈作用还具有连锁性，如过量的开采地下水，不仅会导致当地水资源的枯竭，而且还会扩大地下水影响范围，同时因为地下水位下降可能导致地面沉降、塌陷以及地下水硬度、矿化度增高等环境地质问题；农田灌溉时不仅会造成土壤盐渍化，还会降低土壤的肥力，提高农业成本等，这一系列的影响都是负效应的连锁性表现。

另外，复杂性还表现在盲目地遵循“均变法则”或“递变法则”而导致的误解。“均变论”（Uniformitarianism）是英国人詹姆士·贺登（Jamez Hutton）在1789年提出的，强调“现在是通往过去的一把钥匙”（The present is the key to the past）。后来的查尔斯-莱伊尔（Charles Lyell，1797～1875）在《地质学原理》（Principles of Geology）中对均变论进行了发展，认为要认识地球的历史，用不着求助超自然的力和灾变，看来“微弱”的地质作用力（如大气圈降水、风、河流、潮汐等），在漫长的地质历史中慢慢起作用，就能够使地球的面貌发生很大的变化。根据“均变论”，人们相信可以用现在的测量结果推断地形的演变。但这样的推论会产生许多错误，究其原因，是由于过去的地形是历史上气候、地质过程长期形成的产物，在经历了许多人为的改造作用后，如果用现代反演历史，则没有考虑到地形变化与人类作用的复杂性。与“均变论”不同的是，还存在一个“突变论”：居维叶（Georges Cuvier，1769～1832）是突变论的主要代表，他在《论地球表面的革命》一书中根据岩层不整合面上、下生物群的不同，提出海盆一定经历过革命，并改变了自然的进程，没有一种现在还在起作用的因素足以产生古代地质作用的结果。

可见，只有认识到自然界中各种事物之间的复杂关系，才能为解决环境问题做出可行的决策。

### 1.4.6 资源的有限性

在一定的技术经济条件下，自然界中对人类有用的一切物质和能量都称为自然资源，如土壤、水、草场、森林、野生动植物、矿物、阳光、空气等等。认识资源的两种分类是很必要的：即可更新资源（Renewable resources）与不可更新资源（Unrenewable resources）。前者是指那些被用了一次之后可以更新再被利用的资源，如水、土壤、动物、植物（包括森林、草场）、微生物等等；后者是指储量有限，能被用尽的资源，比如矿物，对这种不可更新资源必须合理地综合利用，在使用过程中尽可能减少耗损和浪费。

在将来人类资源可利用性的问题上，有不同的观点：一种观点认为它依赖于人类发现新资源和替代资源的技术与创新。资源是具有时代性的，与社会经济与技术发展水平有关，曾经认为无用的物质在后来变成了有用的资源，今天的废物或许是明天的资源。例如，远古时代人类不知道煤有用，后来知道煤可用来做燃料，今天煤不仅用来做燃料，还可从中提取多种化工原料。又如，在缺少淡水的某些沿海地区，由于目前咸水淡化技术的成本很高，非当地居民的经济能力所能负担，丰富的海水还不能成为他们生活和生产用水的来源。另一种观点是相信自然资源是有限的，随着人口的快速增长，资源将不能满足人类的需求，这种观点所指的资源也多指不可更新资源。

需要注意的是，即使是可更新资源，但一旦遭受污染也会因为难以修复而失去利用价值，比如土壤在受到重金属或有毒有机物污染后，往往很难修复，使得利用价值丧失或受到限制。

不能认识到资源的有限性是导致目前全球资源紧张的一个重要因素。人们充分认识不可更新资源的有限性以及可更新资源能否再生是很重要的。

### 1.4.7 美学考虑

谈到美学，人们通常会想到传统意义上的自然美学，多注重那些“如画”的、有形式美感的风景和自然对象带给我们的快乐，比如日常旅游的审美欣赏。传统自然美学一般有如下表现：人类中心主义（自然的价值在服务于人类中体现）；景致迷恋（把风景性较弱的环境从欣赏中排除）；肤浅（不能把自然当自然来对待）；主观性（对自然审美价值判断纯属个人主观）；伦理真空（醉心于画意和形式美感）。

与此相应，环境保护主义提出了当代环境美学的五项建构方法和评价标准：非人类中心的，而不是人类中心的；环境聚焦的，而非景致迷恋的；严肃的，而非肤浅和琐碎的；客观的，而非主观的；伦理参与的，而非伦理真空的。

与传统自然美学相比，当代环境美学有了长足的发展且更加完善。不仅要像传统自然美学那样只欣赏风景式的自然，而且还应欣赏那些被忽略甚至是“丑陋”的自然景物（如湿地、热带雨林），如此才能够更好地保护自然。

### 1.4.8 义务

人类活动对地质环境的影响是巨大的，而这样的影响是日积月累的，我们有责任、有义务为后代做出努力，不能总是考虑我们自己。

然而，“你不可能总是让所有人高兴”，这条公理的正确性也体现在环境事务中。处理环境问题的人们很快就会发现，不管决策如何，“假如你干，你会受到谴责；而如果你不干，你也会受到指责”，这表明人们在认识上缺乏一致性。在年轻人和老年人、富人和穷人、城市居民和非城市居民、受过教育的人和未受过教育的人之间，这样的问题尤其如此。由于不同的认识，在环境管理中就没有绝对可言。

因此，在制定环境管理决策过程中，我们不仅需要兼顾到各个方面，产生某些折衷，以便于产生共同的标准，得到反对者的认可，而且需要强调我们所有人都应该自觉提高环境保护意识，具有环境保护的义务。实现这一点，环境道德准则的教育十分重要。

## 1.5 小　结

在现实社会中，大多数人都相信人类具有无穷的适应力，如果给以足够的金钱和时间的话，人类能够解决任何问题。本章所提出的这些概念表明人类对自然界能开发什么、能要求什么，是有限度的，需要环境伦理来约束。随着全球人口的不断膨胀，资源有限性、人类需求和废弃物处置已成为环境危机的三个集中表现。毫无疑问，全球人口的指数增长已成为首要的环境问题。在评价人类对于自然界的行为时，必须考虑到经济、社会与环境的可持续及其之间的相互关系。人们依赖的自然环境是一个开放性系统，由于环境的复杂性、相互联系性、反馈机制，维持其动态平衡是非常重要的。资源是有限的，充分认识不可更新资源的有限性以及可更新资源能否再生能力是很重要的。

**关键术语**

Carrying capacity
Environmental crisis
Environmental ethics
Environmental geology
Ecosystem balance
Exponential growth
Geological environment
Land ethics
Population bomb

Quiet crisis　　Sustainability　　System
Uniformitarianism　　Unrenewable resources

## 复 习 题

1. 什么是环境地质学？
2. 环境危机的根源是什么？
3. 我们为什么如此关注人口的增长？
4. 什么是可持续性？
5. 什么是指数增长？
6. 地球系统性的重要性体现在哪里？
7. 在环境地质学中如何理解均变论？

## 思 考 题

1. 如果现在发生了一种环境危机，有什么可利用的解决办法来减轻它？在发展中国家与高度工业化国家，解决办法有什么不同？
2. 我们一直在控制人口的增长，否则难以供养每个人，如果地球能够承受100~150亿人口，我们还需要控制人口吗？为什么？
3. 我们将持续性作为环境目标，这在贫穷地区、发展中地区和发达地区有差别吗？如果有差别，为什么？

# 2 地球物质及其作用

前面我们了解了环境地质学的基本原理和基本概念，本章将着重于地球物质及其作用的学习，包括地质循环，岩石及其特征，以及地表作用等。如果你没有接受过地质学教育，应仔细阅读这些内容，因为本章是以后章节的基础。

## 2.1 地质学

环境地质学是以地质环境的研究为基础的，与地质学是密不可分的。简单地说，地质学是一门研究矿物、岩石起源及其随时间变化过程的学科，它起初来源于地球科学，但目前很大程度上只限于对岩石圈的研究。

自然界本身是一个巨大的天然试验场，已经完成或正在进行着很多的试验，人类能够通过观察了解到一些自然现象是如何、为什么、什么时候发生的规律。从这方面看，地质学很大程度上是一门观察性科学，不同于物理、化学等自然科学，它的很多研究是借助于人、且在一些人为控制条件下完成的。当然，地质学的许多现象也可以通过实验室内进行一些模拟来弄清其产生、发展、演变规律。

由于早期地质科学的先驱一般来自于社会上流，地质学又叫“贵族科学”。回顾200年前地质学形成阶段，地质学是在狭窄的空想思维中发展起来的，这就需要一些必要的条件，主要有以下几个方面：

（1）观察时间。大多数工薪打工阶层的平民为了生计，从早到晚忙碌，而不像贵族阶层的权贵人物有充裕的时间，对自然界现象进行仔细的观察。

（2）旅行的时间与资金。由于地质环境的差别，地质学不同于其他自然科学，尤其对一个杰出的地质学家来说，他需要四处周游，观察、比较各种自然现象的相似与不同。与数学、化学不同，$2+2=4$ 和 $Na^+ + Cl^- \rightarrow NaCl$ 不论地点、条件，其规律性总是存在的。早期地质学家必须有机会、时间及足够的财力去观察各种不同的地质环境。美国地质学家沃尔特（Walter Bucher，1889～1965）就信奉这样一句话“见过岩石最多的地质学家才是最好的”，那时这个领域以能见到许多不同的岩石为荣。

（3）思想的独立性。只有那些家产富有的人才敢于与当时一些教条言论作斗争。比如，很少有人敢反对圣经上所讲的“地球诞生了6000年时间”，持有相反意见的人是要被驱逐出当时社会阶层的。从学科发展角度来看，这需要在学术上具有独立见解、敢于坚持己见的勇敢者。

尽管在19世纪早期就有地质学这方面的专业书籍出版，但直至1830年，查尔斯·莱伊尔（Charles Lyell，1797～1875）写出了第一本综合性的专业著作《地质学原理》（Principles of Geology）。可以说，它是所有学科中的最年轻的学科。另外，地质学作为年轻学科的原因还在于：地质学像天文学一样，必须从微观到宏观来研究物质，从瞬间到几百万年来研究事件的发生。相对于地质形成与演化的时间规模，地质学的研究历史是极其短暂的。实际上，对地球上形成物质、导致变化的各种因素、过程和特征进行理解、汇编、分类与预测，则需要很长时间研究积累。

早期时候，地质学几乎处于定性描述阶段。然而，近几十年来，地质学已更多地进行定量研究，广泛地运用统计学、数值方法进行各种研究，高科技的发展也给这门科学带来了新方法、新的技术和手段。主要表现在：

（1）数学应用更广，参数趋于定量化；

（2）各种模型如仿真、数值化、概念、物理模型等都有了长足发展；

（3）实验手段科学化，实验设备先进化；

（4）探测地球内部变化及地球运行轨迹的应用装置更为先进；

（5）平衡—非平衡体系的边界条件、压力、受力极限等概念在模拟、评价、管理环境系统中越来越重要。

（6）与其他学科尤其是环境科学的关系越来越密切，形成了如环境水文地质学、环境工程地质学、环境地球化学、岩溶环境学等新的学科和研究方向，在环境、社会与经济可持续发展中发挥着巨大作用。

## 2.2 地球的内部结构

地球内部结构是指地球内部的分层结构。今天探测器可以遨游太阳系外层空间，但对人类脚下的地球内部却鞭长莫及。目前世界上最深的钻孔也不过12km，连地壳都没有穿透。科学家只能通过研究地震波、地磁波和火山爆发来揭示地球内部的奥秘。地震波在地球内部的传播速度会发生变化，这种变化主要是因为地球内部的物质成分、密度与物理状态的不同。

地球的平均直径为12742km，半径大于6000km，图2-1反映了地球的内部结构以及从地心至地表的分层。其中，岩石圈包括地壳和部分地幔，软流圈分布在地幔内部。各个分层的属性估测依据主要包括三方面：

（1）地球物理数据的解释（主要是对不同地震的地震波解释）；

（2）板块活动暴露的内部岩石特征；

（3）与地球相似行星的陨石。

地球的基本结构的组成包括地核、地幔和地壳，由两个波速变化明显的界面区分。第一个界面深度不太一致，在大陆区较深，在大洋区较浅，这个界面称“莫霍面”（Moho）；第二个界面深度约在2900km，称“古登堡面”（Gutenberg discontinuity）。

### 2.2.1 地核

地核（Core）分内核与外核。其内核呈固态，厚度大于1300km，与月亮大小相近，但温度与太阳表面的温度差不多，主要由金属组成，其中铁占90%的重量，还有少量的硫、氧和镍元素。外核呈液态，厚度大约2000km，成分与内核相似，但流动性很强，甚至与水相似，比蜂蜜流动性强。内核与外核的平均密度大约10.7g/cm$^3$，几乎是地球平均密度5.5g/cm$^3$的两倍，地球中心处的密度最大，约13g/cm$^3$。

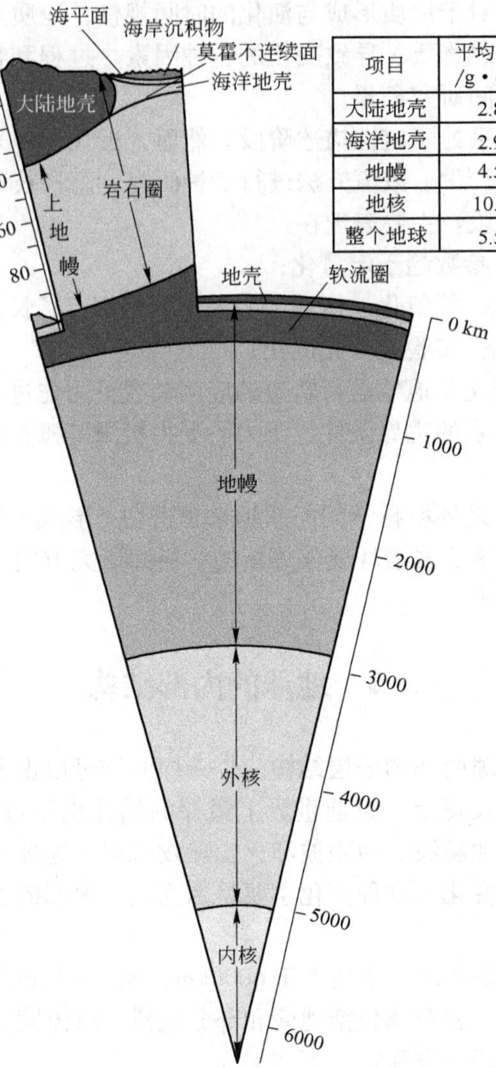


| 项目 | 平均密度 /g·cm$^{-3}$ |
| --- | --- |
| 大陆地壳 | 2.8 |
| 海洋地壳 | 2.9 |
| 地幔 | 4.5 |
| 地核 | 10.7 |
| 整个地球 | 5.5 |

图 2-1 地球的内部结构及其分层

### 2.2.2 地幔

地幔（Mantle）厚度接近 3000km，包围在外核的外部，大部分呈固态，平均密度约 4.5g/cm$^3$。地幔中的岩石主要以富铁镁质的硅酸盐为主。有意思的是，外核与地幔的密度差异大于地球表层岩石与大气圈的密度差异。目前了解的原因可能与流动性物质与固态物质的相对关系有关，即流动性的外核处于地幔下部，而流动性的大气位于岩石圈表层的上部。

在地幔的最上部至地球的表面，一些术语变得复杂起来。比如，冷的、刚性的地球外部圈层被称为“岩石圈”（Lithosphere），其下部热的、具有轻微流动性的软弱岩层被称为“软流层”（Asthenosphere）。岩石圈的平均厚度约为 100km，变化范围为几千米至 120km，地壳就位于岩石圈的顶部。

### 2.2.3 地壳

地壳（Crust）由固体岩石组成，位于岩石圈的顶部。大洋地壳较薄且匀称，厚度为6～7km；而大陆地壳较厚，平均35km，最厚可达70km。因此，整个地壳平均厚度还不到地球半径的1/100。大陆地壳的平均密度约为2.8g/cm³，海洋地壳的平均密度稍高，为2.9g/cm³。

## 2.3 地质循环

在地球演变的历史长河中，各种物理、化学和生物化学过程创造、维持、毁灭、重建了地球表层的物质，形成了人类赖以生存的物质基础，这些过程被统称为地质循环（Geologic cycle，图2-2）。实际上地质循环是由多个次循环组成，包括构造循环，水文循环，岩石循环和生物地球化学循环（Biogeochemical cycle）。这些次循环相互影响，能够产生各种地质作用，比如滑坡、地震、火山活动、洪水、地下水运动和气候变化。同时，这些次循环内在或外在的作用，致使地球物质（如矿物、岩石、土壤和水）一直处于不断产生、改变和破坏的状态之中。

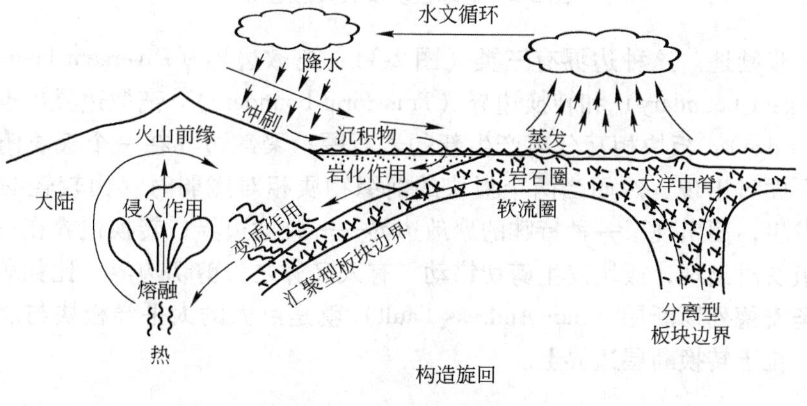


图2-2 地质循环示意图

### 2.3.1 构造循环

构造作用受地球深部内力的控制，它们塑造地壳，形成海洋盆地、陆地与山脉等地貌外形，这些过程被统称为构造循环（Tectonic cycle）。现在，知道了地球外层岩石圈，是不连续、致密的，它包括陆地与海洋。在构造作用下，岩石圈破裂形成相互分离的板块，包括太平洋板块、欧亚板块、北美板块、南美板块、非洲板块、南极板块和印度-澳大利亚板块等（图2-3）。板块的产生、运动与破坏过程称为板块构造（Plate tectonics）。当这些板块运动、侵入岩石圈下面的软流层时，就会导致陆地运移，陆地的这种运动被称为大陆漂移（Continental drift）。板块移动的速度很慢，速度平均约20～150mm/a不等，相当于人手指甲生长的速度。

相邻板块之间的接触带在地质上是活动的，许多地震、火山活动都在这里出现，后面

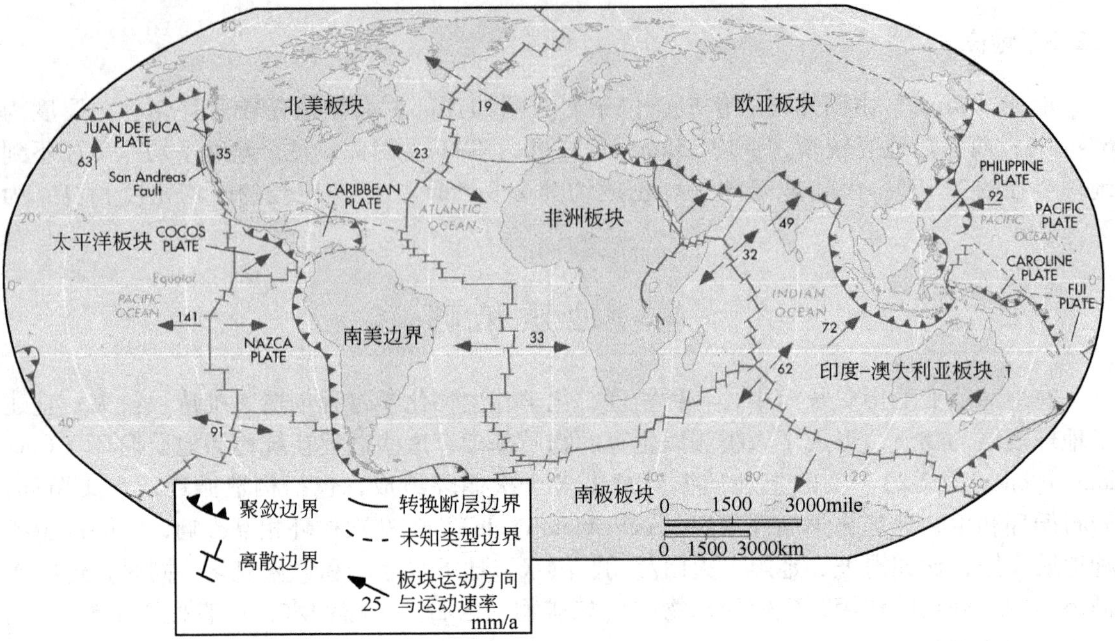


图 2-3 地球板块及其接触边界

的章节将进一步阐述。这种边界有三类（图 2-3）：离散边界（Divergent boundary）、聚敛边界（Convergent boundary）和转换边界（Transform boundary）。离散边界出现于大洋中脊（Mid-oceanic ridge），板块相互分离产生新的岩石圈；聚敛边界在一个板块俯冲到另一个板块前缘的下面时出现，然而当两个板块的前缘物质相对脆弱时（由较轻的物质组成），俯冲就难以发生，而出现了一种特殊的聚敛边界——碰撞边界；转换边界在一个板块滑动越过另一个板块时出现，板块发生剪切错动，有人又称之为剪切边界，比如著名的美国加利福尼亚的圣安德列斯断层（San Andreas Fault）就是巨大的太平洋板块与北美板块相互作用的结果，位于转换断层边界上。

### 2.3.2 水文循环

水在地球表层与大气圈之间的运动过程，称为水文循环（Hydrologic cycle）。水在蒸发作用下从地球表层进入大气层，在风的作用下漂移，经凝结作用形成云、雨，再以液态或固态形式降落到地面，形成地表和地下径流。水文循环主要包括水的凝结（云雨的形成）、入渗、径流、蒸发和降水等五个环节（图 2-4）。在任何时刻，海洋中也只是极少的水参与水文循环，然而，对于化学元素的迁移、地貌的塑造、岩石的风化、物质的搬迁与沉积、人类水资源的供给等，这些水分却是极其重要的。因此，了解水文循环，将有助于我们认识和利用这种重要资源。

### 2.3.3 岩石循环

岩石是指除了水、沉积物、土壤和有机物以外的地球组成物。岩石的分布很广泛，矿藏、油井、地震波的传输介质可深达地下几十公里的岩层。由于地表各处土壤、松散沉积

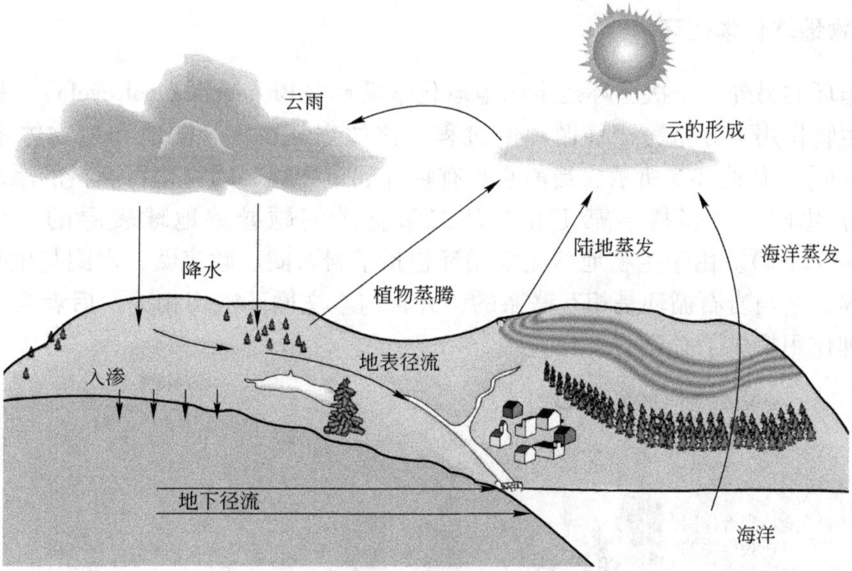


图 2-4　水文循环过程示意图

物、填土的厚度不一，因而基岩面的埋藏深度也是各种各样的。在美国西南部的松散沉积物可达几公里厚，岩石风化的土壤层厚度可达 100m 之多。岩石是由一种或更多的矿物组成，通常根据其成因可分为三种类型：火成岩、沉积岩和变质岩。三大类岩石构成了地壳或岩石圈，因地质条件发生变化，它们会相互转换。任何一类岩石都可以变为另外一类岩石，这三类岩石互相转变、不断更新循环的现象，称为岩石循环（Rock cycle），如图 2-5 所示。岩石循环受其他地质次循环的影响。例如，板块活动过程中的压力和能量能够使得某些或所有矿物重结晶，并导致岩石类型转化。

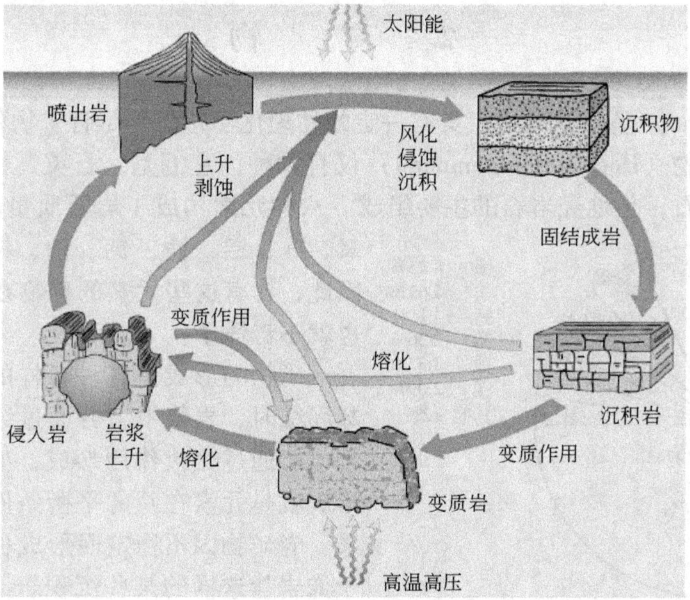


图 2-5　岩石循环系统

### 2.3.4 生物地球化学循环

地质循环的另外一个次循环是生物地球化学循环（Biogeochemical cycle），是指地球化学元素在生物作用下分布、迁移循环的过程。比如空气、水、陆地和生物体中的碳循环（Carbon cycle），如图 2-6 所示。当前它具有特殊的重要性，因为化石燃料的燃烧可以产生大量的二氧化碳，许多科学家正在关注二氧化碳问题导致地球表层的“温室效应”（Greenhouse effect）。由于生物地球化学循环包括了岩石圈、软流圈、水圈与生物圈中化学元素的迁移，它与岩石循环是相互联系的，并且与水文循环密切相关，后者为前者的许多化学、物理作用提供了必要的水分。

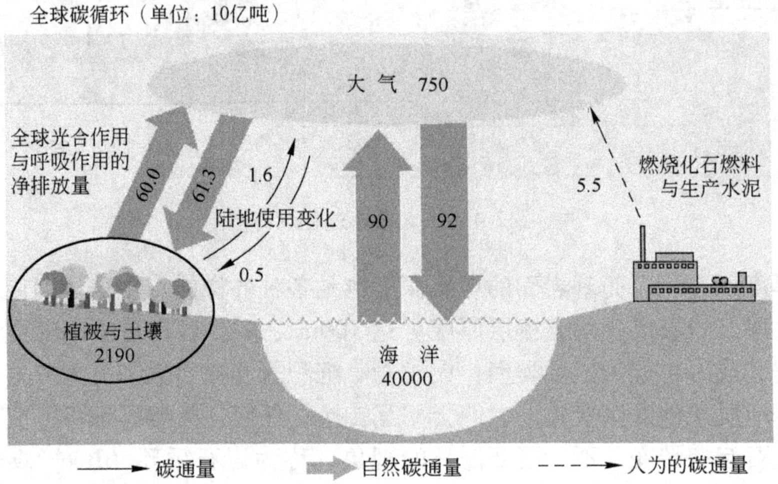


图 2-6 全球碳循环

## 2.4 矿 物

矿物（Mineral）呈晶体形式，具有一定的物理化学特征。尽管矿物种类有 2000 多种，但主要的造岩矿物（Rock-forming mineral）仅有六种，它们是：石英、长石、云母、角闪石、辉石、橄榄石，是地壳岩石的主要组成。八种元素构成了岩石质量的 98%，它们是：氧、硅、铝、铁、钙、钠、钾、镁（图 2-7）。因此，含有这些元素的矿物在地壳中丰度很高也就不奇怪了。

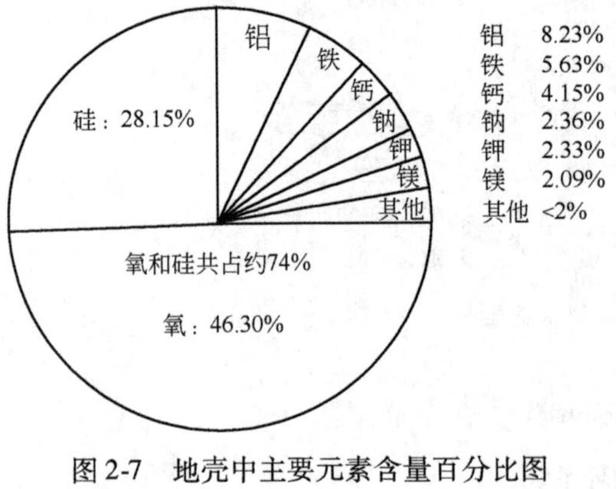


图 2-7 地壳中主要元素含量百分比图

矿物的形成是各种各样的，当熔融物质冷却固结时，岩浆中组分通过结晶形成矿物。矿物也能通过交代作用形成，如变质岩中矿物的形成就是元素在新的平衡条件下重新组合的结果，老矿物因不稳定而形成稳定的新矿物。对于像岩盐这样的某些沉积岩，蒸发过程也可以形成矿物。在沉积岩中，也存在交代作用，如石灰岩可以交代成白云岩。

矿物的分类方法较多，但按化学组分的分类方法是最为普遍的，该方法主要是根据矿物特征和矿物出现的阴离子或阴离子团来进行分类的。通常分为：

(1) 硫化物类：如黄铁矿($FeS_2$)、方铅矿(PbS)、闪锌矿(ZnS)、辰砂(HgS)、辉锑矿($Sb_2S_3$)、辉钼矿($MoS_2$)；

(2) 氧化物类：如赤铁矿($Fe_2O_3$)、磁铁矿($Fe_3O_4$)、石英($SiO_2$)、软锰矿($MnO_2$)；

(3) 卤化物类：如萤石($CaF_2$)、石盐(NaCl)；

(4) 碳酸盐类：如方解石($CaCO_3$)、白云石($CaMg(CO_3)_2$)、孔雀石($CuCO_3 \cdot 10H_2O$)；

(5) 硫酸盐类：如石膏($CaSO_4 \cdot 2H_2O$)、重晶石($BaSO_4$)；

(6) 磷酸盐类：如磷灰石 $Ca_5[PO_4]_3[F,Cl]$；

(7) 硅酸盐类：高岭石 $Al_2(Si_2O_5)(OH)_4$；

(8) 自然元素类：金(Au)、银(Ag)、石墨(C)。

在矿物方面，地质学家研究较多的有以下几方面： (1) 矿物形成岩石的途径；(2) 是否具有经济价值；(3) 在风化、成土过程中矿物的稳定性；(4) 作为材料的强度与工程特征。

## 2.5 岩 石

### 2.5.1 岩石类型

岩石 (Rock) 是由一种或更多的矿物组成，通常根据其成因可分为三种类型：

(1) 火成岩 (Igneous rock)。火成岩由熔融物质形成，分为喷出岩和侵入岩。喷出岩也称为火山岩，是岩浆喷出地表冷凝而成，典型的喷出岩是玄武岩 (图 2-8 (a))，尤其是出现于大洋盆地的橄榄玄武岩；侵入岩可深达地表以下若干公里，当覆盖层被剥蚀后也可在地表看到，如花岗岩是最典型的侵入岩 (图 2-8 (b))。

(2) 沉积岩 (Sedimentary rock)。沉积岩是由各种外力地质作用形成的沉积物 (碎屑物、化学和有机化学沉淀物、黏土等，通常还包括其他岩石在地表的堆积物)，在地表或近地表条件下，经过固结成岩作用形成的岩石。由地质营力产生的沉积物如页岩、砂岩，由化学沉积物形成的沉积物如岩盐、石灰岩。压力作用可以使沉积物成为坚硬、致密的岩石，沉积岩通常呈层状分布，几乎覆盖了 75% 的地表。在陆地上，沉积岩的平均厚度达 2300m。另外，像煤、珊瑚这种有机岩也是一种特殊类型的沉积岩。

(3) 变质岩 (Metamorphic rock)。变质岩是地壳中已形成的岩石在高温、高压及活动性流体的作用下形成的岩石 (图 2-8 (e)、(f))。在不同的环境条件下，原来的岩石转变成一种新的具有不同特征的岩石。侵入火成岩的热量、流体以及深层地热都可以引起围岩的变质作用，这种类型的变质岩一般都没有片理构造；另一种类型的变质作用是由造山过程中高压作用所致，这种成因的岩石具有片理构造，主要表现是片状矿物 (如云母) 或柱状矿物 (如角闪石) 按一定的平面呈定向排列；沿片理面易劈成薄片状；片理面多是平整

(a) (b) (c) (d) (e) (f)

图 2-8 三大岩石部分类型

火成岩：(a) 玄武岩，(b) 花岗岩；沉积岩：(c) 砂岩，(d) 石灰岩；

变质岩：(e) 片岩，(f) 角砾岩

的，也可以是波状弯曲的，主要是受压力条件、原岩层理等多种因素控制。在变质过程中，矿物可重新结晶而形成结晶质结构，即变晶结构，变晶结构与片理构造是变质岩的两大特点。

## 2.5.2 岩石构造

岩体是非均质的，而且许多构造和要素破坏了岩体的连续性。构造（Structure）可分为原生构造与次生构造，两者区别是成岩前后的两种产物，次生构造的两种主要形式褶皱

(Fold) 与断裂 (Fracture)，都是由于地壳运动导致岩石变形形成。弯曲形成的褶皱可以分为背斜（地层由最高点沿轴部向下弯曲）、向斜（地层由最低点沿轴部向上弯曲）以及单斜褶皱（地层向同一个方向倾斜），如图 2-9 所示，通常用走向、倾向、倾角来描述褶皱的产状。

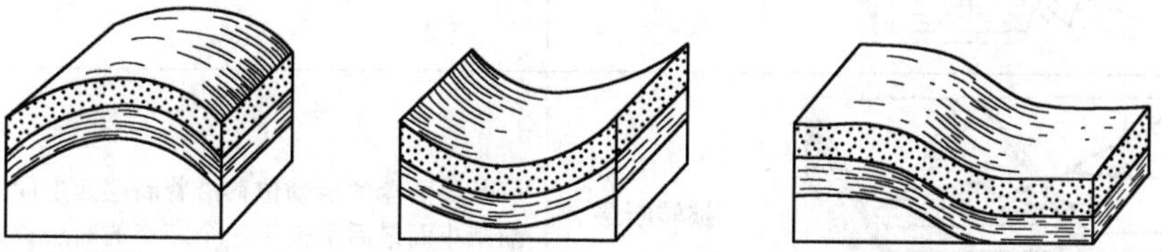

背斜　　向斜　　单斜

图 2-9　褶皱的类型

构造的另一个主要形式是断裂，又可分为节理（Joint）与断层（Fault），前者表明岩层沿破裂带的两侧没有发生明显位移，后者则表明岩层沿破裂带的两侧发生了较大位移。常见的断层类型如图 2-10 所示。

| 立 体 图 | 断层名称 | 定 义 |
|---|---|---|
| 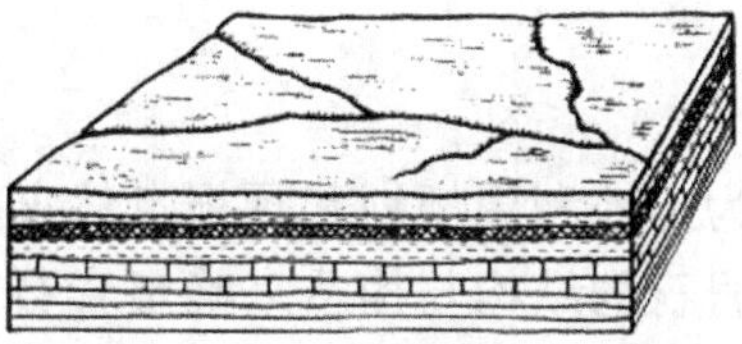 | | 断层错动前的参照块，水系从左流向右 |
| 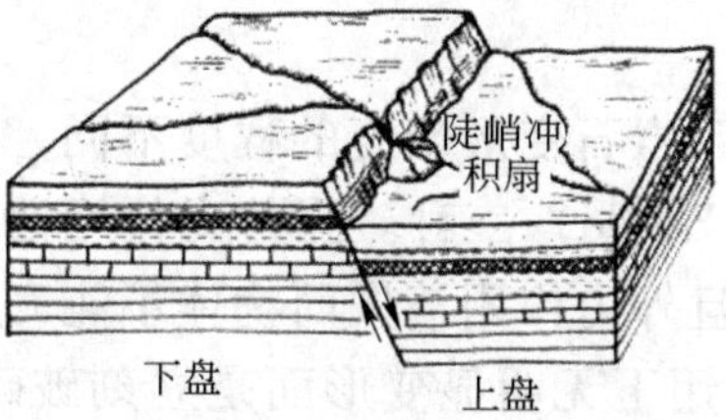 | 正断层 | 上盘相对下降，下盘相对上升，断层面一般较陡的断层称为正断层 |
| 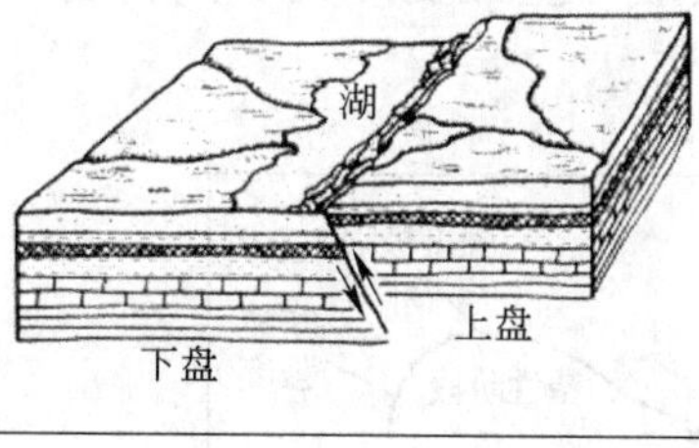 | 逆断层 | 上盘相对上升，下盘相对下降，断层面一般较陡的断层称为逆断层。<br>其中仅有部分运动沿断层面走向作垂直滑动的逆断层是一种倾向滑断层 |
| 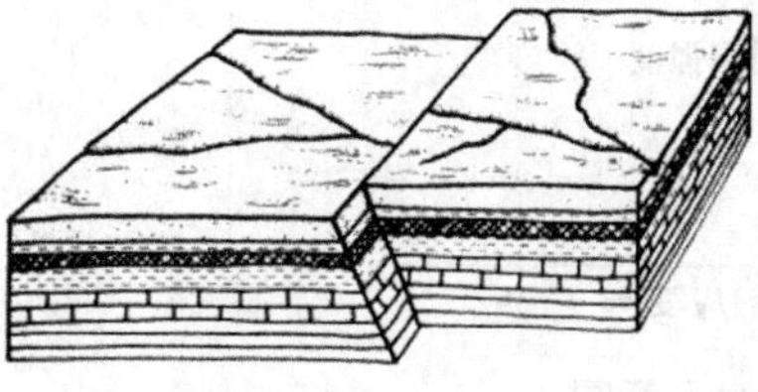 | 平移断层 | 两盘沿断层面走向相对水平移动的断层称为平移断层。通过直接查看断层及注意对盘的运动方向可对一个平移断层进行描述。左图所示的例子是一个左旋断层，这是因为对盘向左移动。如果对盘向右移动，则是一个右旋断层。要注意，水平地层没有显示有垂直位移 |

| 立体图 | 断层名称 | 定义 |
| --- | --- | --- |
|  | 斜滑断层 | 在水平和垂直方向都有移动的断层称斜滑断层 |
| 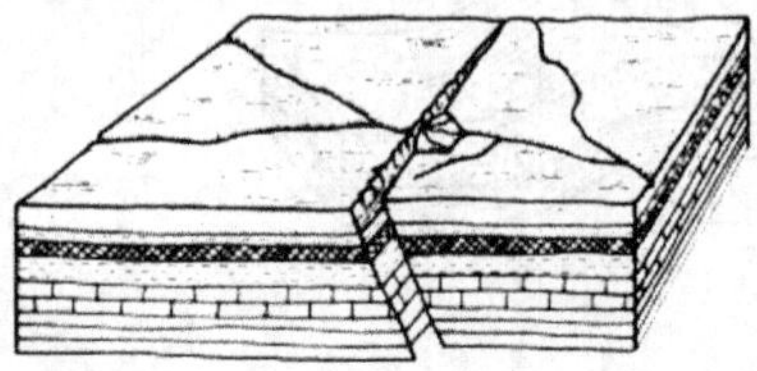 | 掀转断层 | 断层两盘的滑动位移沿着断层面走向（明显地）逐渐减小而最后消失于一个定点的断层称为掀转断层 |

图 2-10 常见的断层类型

断层的规模大小不一，有的小到1cm，有的大到几公里。一些平移断层如加利福尼亚的圣安德列斯断层平移距离达几百公里。断层也可以使岩层发生垂直位移，断距大的可达几公里，比如，美国加利福尼亚东部内华达山脉的东麓由于断层作用抬升超过8km。这样巨大的运动常常伴生火山活动、地震、造山，产生岛弧海沟等一系列现象。

### 2.5.3 岩石力学

环境地质工作者必须能够了解地球物质的可靠强度，为土地利用规划和预报自然灾害服务。通常，可以通过测试岩石破裂前的应力响应和检验岩石的结构与构造来确定岩石的强度。然而，岩石不是均质的，在不同方向上的性质也会不同，因此实验室对小样品的测试结果与野外非均质条件下是有差别的。

在力的作用下，岩石的特征将出现多方面的变化。按照岩石变形恢复的程度不同，岩石可分为弹性的（Elastic）、塑性的（Plastic）和脆性的（Brittle）三种。当外力作用消失时，岩石的大小、形状能完全恢复，称岩石为弹性的；一旦外力作用消失而物体不能完全恢复到初始状态，则称岩石为塑性的；如果岩石在外力作用下无明显变形而是立刻破碎，表明岩石是脆性的（图 2-11）。根据岩石在破坏前的弹性变形与塑性变形大小又将岩石分为弹塑性的和弹脆性的。

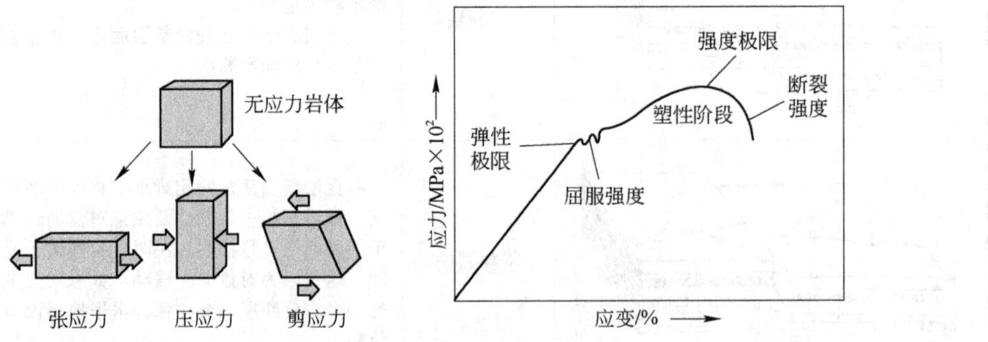


图 2-11 岩石受力时应力-应变关系曲线示意图

岩石抵抗外力作用而不被损坏的能力为岩石的强度，常用安全系数（Safety factor，SF）来表征，它是一个反映岩石抗外力能力上限的工程参数。其主要受以下五个因素影响：

（1）力的类型与大小。岩石在压应力作用下的强度，通常大于在剪应力与张应力作用下的强度。比如，典型的花岗岩可承受200MPa的压应力，但仅能承受4MPa的张应力与22MPa的剪应力。

（2）岩石类型。岩石的行为特征常常反映了组成矿物的类型、大小、晶格与矿物间的连接类型，因此，在力的作用下，片状岩石与均质岩石的受力表现则不一样。

（3）承受围岩压力。随着深度的增加，岩石承受围岩的压力也会越来越大。在较高的侧向压力作用下，岩石强度增加，因此深部岩石常常表现出一定的韧性。通过一种石灰岩力学试验表明，当样品在一个大气压作用下，受力破坏时外荷压力为280MPa；而在100MPa的侧向作用力下，受力到塑性变形时的外荷压力可达到400MPa。

（4）温度。随着地表以下深度的增加，温度也会升高，岩石受温度的影响其强度也会降低。地表或接近地表的岩石，其变形基本上是脆性的，而深部岩石的变形常表现出塑性。

（5）时间。岩石在短时间内集中受压与在长时间内缓慢受压，产生的变形是不一样的。

### 2.5.4 岩石的风化

早期的观察相信，矿物岩石与动物、植物一样会发生“器官”的退化，且寿命较短。同样类型的岩石在当地可能是高强度的稳定岩石，而到了另一个地方则变成低强度的退化体（图2-12），对前者可描述为“年轻、有生命力的”，后者为“老的、垂死的”。现在，称因大气、地表作用力而使岩石强度衰变的作用为风化作用（Weathering）。这个作用可以使地球表层的固体岩石发生物理崩解和化学分解。图2-12显示了由干湿变化而导致岩石破碎的球状风化作用。风化作用一方面使岩石易于搬运、腐蚀，另一方面为成土作用提供了必要物质条件。

图2-12　岩石的风化

影响风化作用的因素主要有以下四个方面：

（1）岩石类型。硅质成分含量高的石英岩，其风化速度要慢于含铁、锰高的玄武岩、辉长岩。对于能溶解于水的岩石，如石灰岩，在潮湿环境中风化速度则较快。

（2）气候。由于气候决定了影响植物群与动物群类型的温度与湿度，因此，气候是影响岩石强度并导致破坏、地形转化的重要因素。比如，在湿润气候条件下，石灰岩易形成峡谷，而在干燥气候下石灰岩则能形成悬崖地形。另外，气候也决定了能否存在冻胀作用与冰楔作用这样的风化营力。

（3）地形方面。地面倾斜特征能影响岩石风化、成土的速度。若地面倾斜，则重力运移加剧，水流运动加快，携带物较多；若地面平坦，则覆盖层渐厚，新鲜岩石出露少。另外，由于面阳、背阳的不同，地面吸收太阳能数量也不同，一般地面阳山坡较缓，而阴山坡较陡，这也是风化程度不同所致。

（4）植物群与动物群。生物的数量、类型反映了不同的气候、海拔高度和纬度。在生物密集区，生物过程产生的腐殖酸以及动物、微生物的行为对地球岩石均有破坏作用，植物、树木的根系生长对岩石产生压力，加速了岩石的崩解。

对于上述四个方面的影响因素，又可分为物理因素与化学因素。岩石的物理风化伴随着以下几种应力作用：（1）应力释放，开挖岩石围岩或盖层导致岩石剥离；（2）晶体生长，如一些盐类矿物；（3）植物生长，根系发育产生膨胀压力；（4）昼夜温差变化，有时能达到50℃，可引起岩石内部物质膨胀与收缩；（5）冰楔作用，岩石缝隙中水结冰可以对围岩产生460MPa压力，从而导致局部岩石破裂。岩石的化学风化包括有机体的生物化学作用，它可以破坏岩石结构，降低矿物密度，增加岩石溶解能力，主要化学反应有：氧化作用，水化作用，水解作用和碳酸盐化。

## 2.6 土　壤

土壤学家认为土壤（Soil）是能够维持植物生长的容易流失的岩石风化产物，而工程上则认为土壤是地面以下所有的松散沉积物。地球上大部分面积被土壤覆盖，另外，10%为冰川，15%为沙漠，7%为山地。在亚热带-热带环境中表土厚度常不足1m，但下面土层及风化层厚度有时可大于100m。

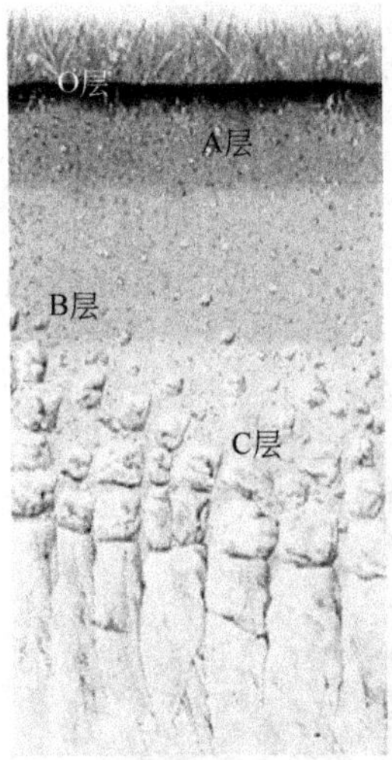

图2-13　土壤剖面示意图

具有开发前景的土壤则有一系列明显的成层性，这种平行于地表的层状体系称为土壤剖面（Soil profile），如图2-13所示。根据土壤层（Soil horizon）的性质及其在土壤剖面中的位置划分土层类型，发育成熟的土壤通常可分为以下四层：

O层：主要由有机物质组成，包括分解的和正在分解的树叶、树枝等；该层的颜色呈深褐色或黑色。

A层：该层由矿物质和有机质组成，颜色经常呈浅黑色到棕色，为淋溶层（Leaching horizon）；在水分或其他液体的渗透作用，该层的一些物质被溶解、淋滤或流失，进入下伏层位，比如黏土、钙、镁、铁等物质。

B层：淀积层（Accumulation horizon），通常沉积上覆层位淋滤下来的黏粒、铁、钙、镁等，形成富含黏粒、铁氧化物、硅土、碳酸盐。

C层：由一部分母岩风化物组成，也可能含有河流冲积成因的砾石等。该层的下伏层位是未风化的母岩。

要了解土壤之形态特征及物理、化学性质，一定要观察是否有O、A、B、C等层次，且要特别注意其母岩为何种岩石。

土壤的特征、类型与人类的利益有着密切关系，它们决定了土壤的肥力是否适合于作物生长以及其他用途。理想土壤的体积比一般是空气和水分各占20%～30%，矿物质占45%，有机质占5%。其中，土壤空气主要是二氧化碳和氧气；水分包括被土壤固体吸着的吸湿水、毛细管水和重力水；有机质来源于动、植物体的所有非矿物质，其含量多少，是衡量土壤肥力高低的重要标志；矿物质来源于岩石的风化作用，包括岩石碎屑、原生矿物、次生矿物等三个组分。

土壤系统是一个开放的系统，其物质与能量的运动与转化主要有四个基本过程：

（1）输入：碎屑物、水分、有机质、$O_2$等；

（2）输出：表土侵蚀与溶解质流失、水分蒸发与渗透、$CO_2$和$N_2$的释放等；

（3）转移：溶解质的向下淋溶、有机质和黏粒的向下淋洗、土壤动物搬运、植物吸收养分等；

（4）转化：枯枝落叶分解为腐殖质、原生矿物风化成次生矿物等。

土壤的形成过程可归结为两大类：生物过程和地球化学过程。影响土壤形成、类型及成土速度的因素主要有：母岩类型；气候；地形、地貌特征；生物过程；时间。

土壤的性质同时也影响到可侵蚀性及水的渗透性。比如，致密的土壤降低了水的渗透能力，增强了地面径流与侵蚀能力，土壤的特征也关系到采控的难易程度以及能否用来建筑堤坝，如包含黏土矿物尤其是蒙脱石的膨胀性土，当作建筑材料时可导致大型破坏。

## 2.7 重力运动

由于重力作用引起的地球物质运动是非常广泛、普遍的，而且总是不断的。重力运动的规模各种各样，有的影响单个坡面的块体坡移，有区域性陆地下沉或整个山体的重力下滑。在重力作用下，势能可以转化成动能，促使物体运动，如河水流动、冰川移动、地下水运动。

每一种地球物质都有相对保持自身静止或稳定而处于较长时间平衡状态的能力。对稳定的基岩来说，能直立保持几千年，而对于松散的未固结的砂、砾则具有相应的休止角。在这样的坡度上，它们能在短时间内维持力的平衡，而在时期较长时，所有物质都存在下坡运动，且随运动快慢、类型、物质类型的不同而不同。重力运动大致可分为三种基本运动形式：蠕动、滑动和下沉。

### 2.7.1 蠕动

斜坡上的松散堆积物或表面岩层在重力作用下，顺坡向下发生长期缓慢的移动现象，称为蠕动。蠕动（Creep）是一种微妙的、很慢的难于觉察的重力运动，它包括各种物质如风化层、各种物质、环境设施等形式的蠕动（图 2-14）。这种运动基本上是黏滞性的，其剪应力虽能产生永久性变形，但又很小，尚不致产生像滑坡体那样的剪裂缝。如在岩屑广泛分布的山脚区的融冻蠕动，这种地区在夏天融化的表土与冻结的底土之间产生缓慢的错位。

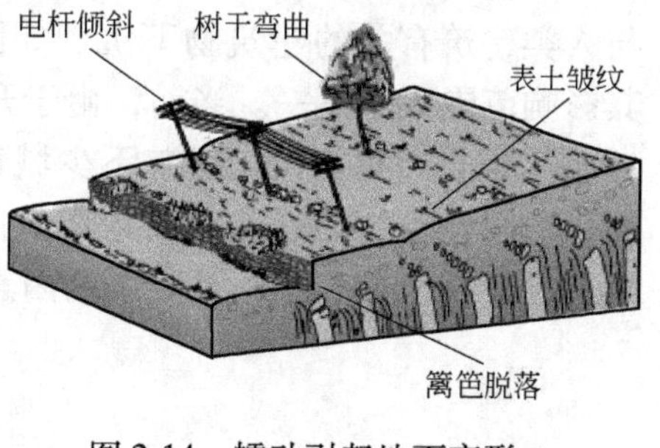

图 2-14 蠕动引起地面变形

促进物质的蠕动作用有以下几方面的作用：

（1）冻胀作用，地面冻结使土壤颗粒间距增大，融化时造成颗粒下滑；

（2）干湿作用，导致物质间膨胀与压缩现象，尤其对于黏土矿物更为明显；

（3）冷热作用，导致颗粒体积产生下移；

（4）岩石崩解，岩石风化导致块体下滑；

（5）有机质腐化，有机物腐烂留下的空隙造成上坡物质下滑；

（6）有机体的生长与运动，微生物、爬行动物、洞穴动物可以导致物质下滑；

（7）物质溶解，物质溶解形成孔隙导致物质下滑。

### 2.7.2　滑动

滑动（Slide）是物体在重力作用下沿某个坡面快速下滑的运动，其发生可以是自然的，也可以人为诱发。运动物体可以是风化层或基岩，运动形式有崩塌、滑动、流动等，如图 2-15（a）~（c）所示。详细介绍参见第 6 章。

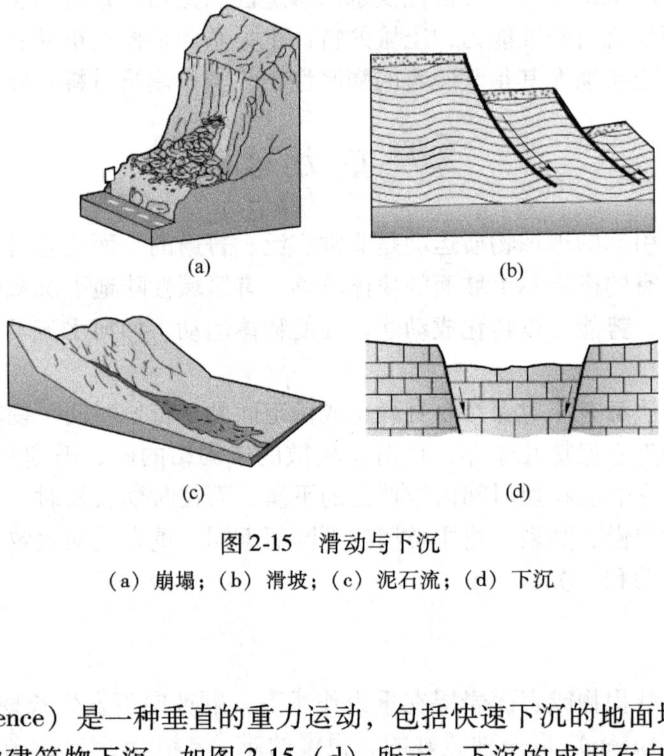


图 2-15　滑动与下沉

（a）崩塌；（b）滑坡；（c）泥石流；（d）下沉

### 2.7.3　下沉

下沉（Subsidence）是一种垂直的重力运动，包括快速下沉的地面塌陷和缓慢下沉的与人类建筑有关的建筑物下沉，如图 2-15（d）所示。下沉的成因有自然的也有人为的，其影响范围大小不一。当前，由于开采地下水引起的区域性地面沉降，已成为突出的环境地质问题。如我国长江下游不少城市出现的地面沉降问题，已经影响到地下水资源的利用、地面建筑物的稳定以及城市的防汛抢险等；因为矿产资源开采引起采空区覆盖层陷落，已成为土地利用的重要制约因素。

## 2.8　水

在太阳能的作用下，水文循环或水循环（图 2-4）几乎提供了人类所有的水资源。地球上的水大约 94% 是在海洋中的；在 6% 的陆地水中，有大约 4% 的深层、高矿化度水和

1.7%的冰川水，而供人类可以利用的淡水仅约0.3%。

按水的类型可将水分为6种，第一种是分布和起源于大气层的大气水（Meteoric water）；第二种是不参与水循环的原生水（Connate water），它通常封存于沉积物中，有人又称它为“化石水”（Fossil water）；第三种是初生水（Juvenile water），起源于地球内部而不是大气圈和地表层，通常由于火山活动而缓慢释放的水，被认为是水文循环中绝大部分水的来源；第四种是地表水（Surface water），是指存在于岩石圈表层河、湖、海等中的水；第五种是次表层水（Subsurface water），所有岩石圈的水，包括土壤水、毛细水、内在水等；第六种是地下水（Groundwater），是指位于饱水带以下的次表层水。在陆地，大气水、地表水乃至地下水都是地球物质侵蚀与沉积塑造地貌的营力，也是人们生存必要的水资源。

在潮湿气候区，降雨、蒸发与径流形成了一个平衡体系；而在干旱气候区，水文循环系统就被简单化，蒸发可能强于降水，水分运移多是从陆地到大气圈这么一条路径。

地表水与地下水的运动过程是密切相关的，它们之间存在许多可能的水量交换。在水文循环中，地表水径流的速率以及入渗率依赖于降水的数量与分布、土壤与岩石的类型、地面的坡度、植被的数量与类型以及土壤的饱和程度等。

水分入渗地下，首先进入包气带的土壤潮湿带（图2-16），然后经过过渡带进入饱水带，在饱水带与包气带之间以地下水位为界。毛细水就存在于地下水位以上狭窄的毛细带内，在水表面张力的作用下运移。

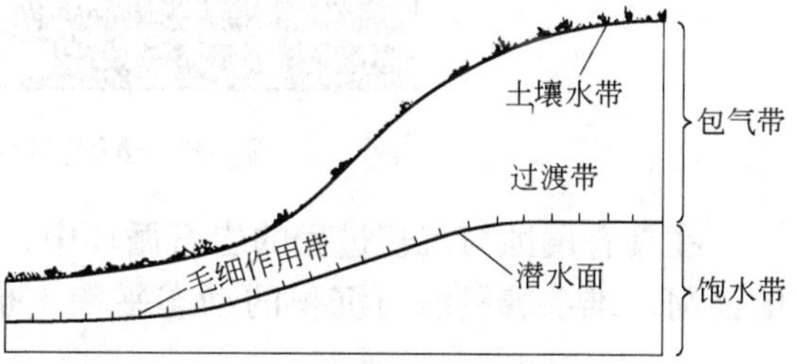

图2-16 水分入渗带示意图

地下水的运动速率依赖于岩土的渗透能力（Permeability）与水力坡度（Hydraulic gradient），前者是岩土原生或次生的允许水通过的性能，后者是地下水位的坡度。岩土孔隙占岩土体积的百分比称为孔隙度（Porosity）。对于某些孔隙度较大的物质如黏土，其渗透能力却很小，这主要是因为细小的片状的黏土颗粒尽管具有大量的孔隙，但水体仍不能通过单个的孔隙。

对于能够通过并能有效地提供地下水的地下含水层位，人们称为含水层（Aquifer）。对于含水但水分不能运移的层位，可能形成弱透水层或隔水层（Aquiclude），如黏土、页岩、孔隙度小的火成岩或变质岩。相反，卵砾石、砂土、砂岩或孔隙度大、张性构造发育的岩石就容易形成含水层。

对于那些缺乏隔水顶板且不承压的含水层，称为无压含水层（Unconfined aquifer）；相反水体被隔水顶板严格限制的含水层称为承压含水层（Confined aquifer）。这种承压含水层水体承受的压力高度超过地面高度时，就能够形成自流井（Artesian well）。在同一个地区，无压含水层与承压含水层可以同时存在。

当抽取地下水时就可以形成地下水面的降落漏斗，而过量地抽取地下水能导致地下水位持续下降并引起空气侵入。如继续抽水则有必要增大井深，然而这种措施也依赖于水文条件，并不是总能如愿的。比如，含水层是火成岩或变质岩，过量抽取则可能引起地下水枯竭。

在地下水与地表水关系中，可将河流分为出流河（Effluent stream）和入流河（Influent stream），它们的划分是相对于地下水体的，前者是地下水补给河水，后者是河水补给地下水（图 2-17）。出流河是常年性的，在干旱季节河水依赖于地下水补给赖以维持；入流河处于地下水位之上，其河水维持依赖于降水，水从河道补给地下水形成隆起的“水丘”。

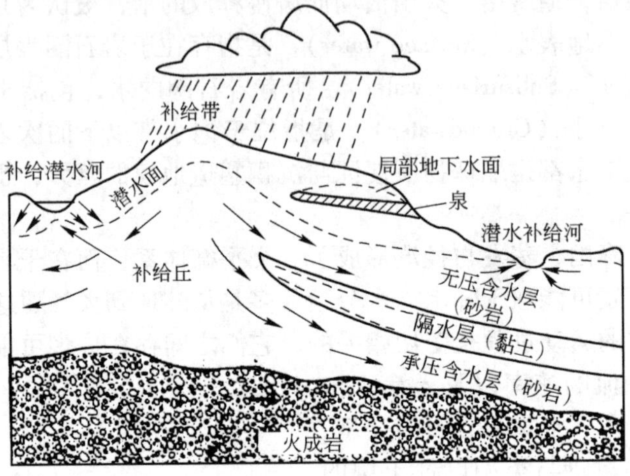


图 2-17　河流与地下水相互关系示意图

在具有侵蚀与沉积过程的岩石循环中，江河是基本的运输系统。通常，作为开放系统的江河，维系着侵蚀与沉积的动态平衡，也维系着水流与泥沙的动力平衡。当河流中水流、泥沙的数量增多或减少时，根据河床坡度和横断面的形状，水流的速度将被有效地调整，而这种速度的变化又将增大或减少泥沙的携带量。

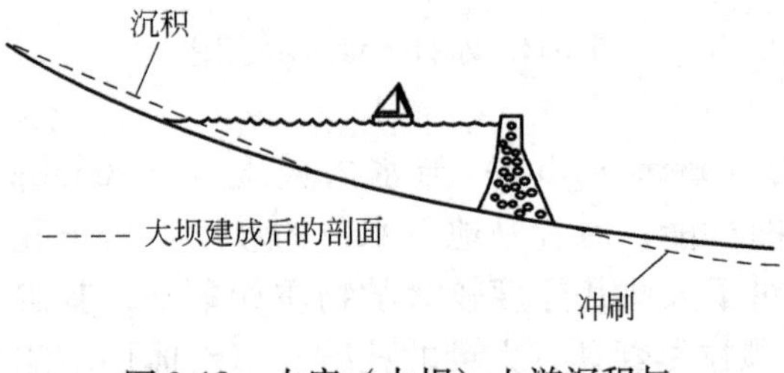


图 2-18　水库（大坝）上游沉积与下游冲刷示意图

在河流上筑坝能够导致水库上下游的巨大变化。在上游，明显的是水流速度减慢，沉积作用加剧，沉积物坡度变陡；在下游，水库流出水会携带少量的泥沙，但却具有很大的速度，不断冲刷河床（图 2-18）。

## 2.9　风　和　冰

与风和冰相关的作用引起了无数地球表层物质的侵蚀、搬运与沉积，改变并创造了当今的地形地貌。

### 2.9.1　风

风可以引起堆积沙粒的异地搬迁，形成风沙，并进一步引起堆积。风沙一般不容易在离开地面几米的空中搬运，然而沙尘则不同，可以随几千米高空的云层一起搬运。一场方圆 500～600km 的沙尘暴能够搬运 $10^8$t 的沙尘，足以形成一个高 30m、直径 3km 的沙堆。

世界四大沙暴区是：中亚部分及中国西北部的中亚沙暴区、澳大利亚中部的澳大利亚沙暴区、美国中西部的北美沙暴区和非洲撒哈拉沙漠中的中非沙暴区。近十多年来，中亚沙暴区已成为世界上沙暴活动最剧烈地区，主要原因是当地未将资源开发与环境保护结合起来，沙漠化问题日趋严重。在中国西北地区，沙尘暴成灾的 $6.4\times10^4hm^2$ 耕地中，风蚀深度一般约为 10cm，最深的地区达到 50cm。大量有机质被吹走，沙埋厚度一般为 20cm，最厚达 150cm。中国科学院兰州沙漠研究所记录表明，仅宁夏沙坡头地区从 1980 年以来，风沙引起的降尘量年平均递增率高达 192.5%。

由于风的作用引起的堆积通常分为两类：沙的堆积（主要是沙丘）和黄土堆积。

（1）沙丘。沙丘（Sand dune）主要由贴近地面运动的沙粒组成，不同条件下沙丘的体积与形状都各不相同。不管它们分布在哪里、如何形成、是活动的还是稳定的，它们通常都会引起环境问题，如流沙。维持沙丘的稳定性是风沙地区公路与铁路维护当中的主要问题；在沙丘地区修建和维护水库则有更多的麻烦，其费用很高，因可能存在大量水的流失与水库淤塞。

（2）黄土。黄土（Loess）是细沙、粉沙与黏土的混合物，多孔。随着沙土的不断积累，植物的根系相应发育，导致了黄土的垂向渗透能力大于水平渗透能力。尽管黄土能够形成几近垂直的陡壁，然而当黄土负载或遇水时，就会很快地压缩固结，颗粒之间的胶结物容易被溶蚀流失。因此，黄土是一种危险的建筑材料。另一方面，当黄土经过压缩改造，就不容易被侵蚀，经过压缩改造处理的地基，是适于建筑的。

### 2.9.2 冰

第四纪曾有过几次大规模的冰川活动，引起了自然环境的巨大改变，其中包括地形与堆积物的变化。陆地表面大规模的冰体，称为冰川（Glacier），根据冰川发生的区域地形、冰雪补给状况、冰川的形态和规模，将冰川分为山岳冰川和平原冰川。前者出现于山岳地区，是由冰川上源和两岸山坡上的冰雪补给的；后者分布在两极和中纬度地区，是由直接降落在冰川表面的雪补给的，规模很大，可以覆盖整片大陆，故又称为大陆冰川。

在地球表面，除了覆盖在陆地基岩和松散堆积物表面的冰川外，还有一种是分布在这些岩层近地表的冻土，是一种与土壤中水和地下水有联系的冰冻或结冰现象。根据冻土作用的时间，将其分为季节性冻土作用和永久性（常年）冻土作用。前者是冬季冻结、夏季融解的冻土现象，而永久性冻土现象出现在季节冻融深度以下。两类冻土的厚度取决于当地的和区域的地形、气候条件，以及冰冻岩的成分、结构、湿度和地下水的类型等。

在冰冻地区，典型的环境问题是融冻岩层的重力运动，冰川的滑塌、冻土的蠕动与滑塌，可能会对该类地区构筑物如公路、铁路、管线等造成破坏，而不了解冰冻现象，又会导致建筑费用与维护费用的提高。另外，冻土地区水土流失与冰雪融化导致洪灾的现象也很严重。

## 2.10 小　　结

地质循环过程产生了地球上诸如矿物、岩石、土壤和水等物质，并使他们处于不断演变、消失的动态平衡中。总体上，地质循环是由一系列次循环包括构造循环、水文循环、岩石循环和地球化学循环等组成。人类从各种不同的循环中发现并利用各种物质，这些物质有单质的，也有混合的，在被人类利用后，可能经过特征改变或污染，成为可以继续利用的或不能利用的，经排放后也进入地质循环。

应用地质知识处理环境问题需要了解地球物质的地质与工程性质。不同的矿物、岩石和土壤具有不同的用途。如黏土与页岩通常不能作为大型结构工程的基础材料，而完整致密的花岗岩则是理想的建筑材料了。另外，岩石的强度很大程度上受到活动断裂的影响，老断裂由于受到风化而导致矿物不稳定。

径流塑造了大部分的陆地地貌，了解地表水文和地下水文过程对处理许多环境问题是必要的。河流与地下水系统是开放系统，其各个组成部分都处于一个动力平衡状态。一些变化，无论是人为的，还是自然的，都会导致各个组成部分的适时调整乃至新的平衡产生。

风沙、沙尘覆盖了数千平方公里的陆地。移动或稳定沙丘导致了构筑物如公路、高层建筑、水电工程高昂的建设与维护费用；未固结的黄土由于其湿陷性常常造成工程隐患；地质上近期的大陆冰川产生了各种各样的地球物质，因此充分评价地表和地下沉积物是工程规划、设计与建筑的前提。

## 关键术语

| | | |
|---|---|---|
| Aquifer | Aquiclude | Asthenosphere |
| Biogeochemical cycle | Continental drift | Convergent boundary |
| Core | Crust | Creep |
| Divergent boundary | Effluent stream | Fault |
| Fold | Geologic cycle | Groundwater |
| Hydrologic cycle | Influent stream | Igneous rock |
| Lithosphere | Mantle | Mid-oceanic ridge |
| Moho | Metamorphic rock | Mineral |
| Porosity | Permeability | Plate tectonics |
| Rock cycle | Sedimentary rock | Soil profile |
| Slide | Subsidence | Surface water |
| Tectonic cycle | Transform boundary | Weathering |

## 复习题

1. 地球内核与外核的主要差别是什么？
2. 岩石圈与软流圈的主要性质有什么差别？
3. 板块边界有哪三种主要类型？
4. 什么是矿物？
5. 三大类岩石有什么主要差别？岩石循环的主要组成有哪些？
6. 什么是风化作用？
7. 影响岩石强度的因素有哪些？
8. 土壤剖面通常分为哪四层？
9. 重力运动通常有哪些类型？
10. 水的存在形式主要有哪几种？

# 3 地　震

地震（Earthquake）称地动、地振动，是地壳快速释放能量过程中造成振动，期间会产生地震波的一种自然现象。它是所有改变地貌、引起人类文化巨大灾难的自然灾害中最可怕的灾害（图3-1）。地震的可怕之处在于它的极其突然性，人们在地震来临之前往往不能及时安全转移。

图 3-1　地震对建筑物的破坏

我们所指的地震通常是一种发生于地球内部而在地球表面呈现灾变性事件的现象，其常常起因于地壳中地层的错位移动、能量的突然释放。在历史上人类都对这种突然的振动以及地震声音具有神秘感和困惑感，并把这种现象与他们的宗教文化结合在一起，认为是上帝的意旨，人类是无法预测和控制的。

认为地球是坚实稳固的观点是不合理的，因为地球并不稳固。全球每年要发生 500 万次地震，绝大多数是人们感觉不到的小地震，大地震相对较少，其中 6 级以上强震每年发生 10 ~200 次；7 级以上大震平均每年 18 次，达到 8 级或 8 级以上的巨大地震每年平均 1 ~2 次。另外，人类活动也创造了许多诱发地震的条件，如用注水方法进行二次采油、蓄建水库等。

地震预测是近几十年来才开辟的新的研究领域，对地震的发生和发生时间有了更为深入的认识。然而，随着地球上城市化现象越来越明显，以及易发地震区的增多，地震带来的破坏性也越来越突出，持续作出进一步努力是非常紧迫与必要的。

# 3.1 地震的分布

在叙述地震分布之前，有必要介绍“震源”（Focus）这个概念。震源是地球内部能量释放的地方，震源至地表的垂直投影点称为震中（Epicenter），它是地震反映在地面的地理位置，通常也是标在图上以说明地震位置的点。震源深度小于60km的地震称为浅源地震，60～300km的称为中源地震，300～700km的称为深源地震。每年都有不少于100次震级大于6级的地震，对居住区造成很大的破坏。所幸的是，大多数海洋或陆地上的地震发生区，人口稀少。

## 3.1.1 全球地震的分布

全球地震的分布与“板块”的边界非常一致。“板块”是板块构造学中的基本概念。该学说认为地球的岩石圈并非整体一块，而是分割为几个相互独立的构造单元，每个单元就是一个板块。板块在地幔软流圈上运动，各个板块之间或分离或汇聚，由于板块内部都是比较稳定的区域，板块的边界就构成了构造活动带，是地震、火山等频繁发生的地方。

从图3-2可以看出，世界上的地震主要集中在四个地震带（Earthquake belt）上：

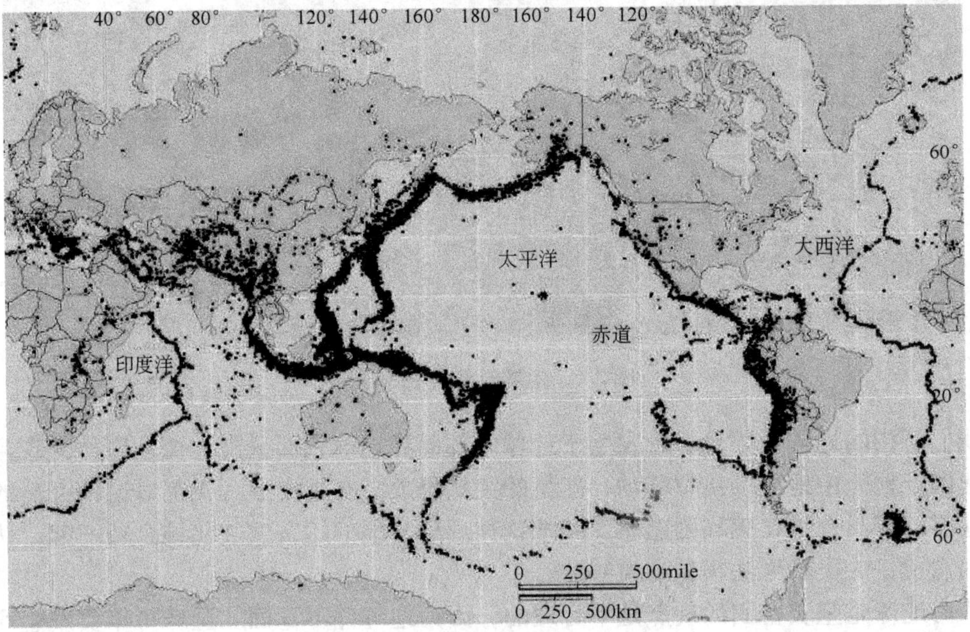


图3-2 全球地震环带

（1）与火山活动分布一致的环太平洋地震带。这个带分布着一系列连续的年轻火山，也分布有构造不稳定的岛弧体系和西半球海岸地区，大约80%的浅源地震和90%的中源地震以及几乎全部的深源地震都集中在这个带。

（2）沿西班牙地中海到中东和喜马拉雅山的狭长地带。这个带以浅源地震为主，而且多分布在大陆上。

（3）大西洋和印度洋中部地震带。是一些巨大海底山脉所在地，在板块构造学说中叫

"大洋中脊"。这里的地震一般为小震，震源也较浅。这些地震的集中不是偶然的，相反与大陆板块结合带及新的造山运动带在分布上是一致的。

（4）大陆裂谷地震带。其主要是沿东非裂谷，以及红海、亚丁湾、死海裂谷系分布，均为浅源地震。

### 3.1.2 我国地震的分布

我国地处环太平洋带和地中海—喜马拉雅带之间，是一个多震的国家。自 20 世纪以来，我国共发生 5 级以上的破坏性地震 3000 余次，仅在 1966 ~ 1976 年期间就发生了 8 次 7 级以上的大地震。我国的地震主要分布在下面 5 个地区（图 3-3）：

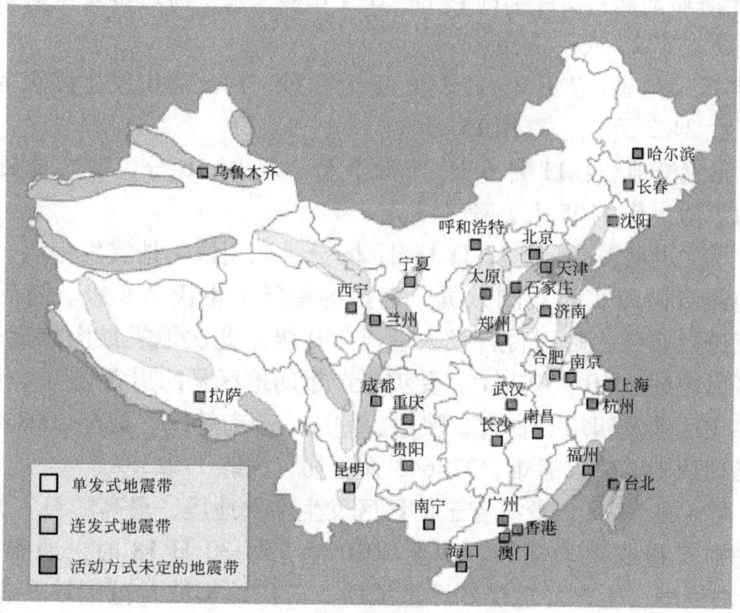


图 3-3 我国地震带分布

（1）东南沿海和台湾地区，它属于环太平洋地震带的一部分；

（2）郯城—庐江带，北起辽东半岛的营口，经过渤海、郯城、庐江到黄海，位于郯庐大断裂上；

（3）华北地震带，北起燕山，经山西到渭河平原，略呈"S"形；

（4）横亘我国中部的南北向地震带，北起贺兰山、六盘山，南越南岭，经四川盆地到滇东，是一条较大的强烈地震带；

（5）西藏—滇西带，属于地中海—喜马拉雅带的一部分。

近百年来，我国发生了 7 级以上的强震达十余起，简列如下：

（1）1920 年海原地震：12 月 16 日 20 时 5 分，宁夏海原县发生震级为 8.5 级的地震，震中烈度 12 度，震源深度 17km，死亡 24 万人。

（2）1927 年古浪地震：5 月 23 日 6 时 32 分 47 秒，甘肃古浪发生 8 级地震。这次地震，震中烈度 11 度，震源深度 12km，死亡 4 万余人。

（3）1932 年昌马地震：12 月 25 日 10 时 4 分 27 秒，甘肃昌马堡发生震级为 7.6 级的大地震。此次地震，震中烈度10度，死亡7万人。

（4）1933年叠溪地震：8月25日15时50分30秒，四川茂县叠溪镇发生震级为7.5级的大地震。此次地震，震中烈度10度，叠溪镇被摧毁。

（5）1950年察隅地震：8月15日22时9分34秒，西藏察隅县发生震级为8.5级的强烈地震。此次地震，震中烈度12度，死亡近4000人

（6）1966年邢台地震多次：3月22日16时19分，河北宁晋县发生7.2级地震，震中烈度10度。两次地震共死亡8064人，伤38000人。

（7）1970年通海地震：1月5日1时0分34秒，云南通海县发生震级为7.7级的大地震。此次地震死亡15621人，伤残32431人。

（8）1975年海城地震：2月4日19时36分6秒，辽宁海城县发生震级为7.3级的大地震。此次地震死亡1328人，重伤4292人。

（9）1976年唐山地震：7月28日3时42分2秒，河北唐山发生震级为7.8级的大地震。此次地震死亡24.2万人，重伤16万人。

（10）1988年澜沧地震：11月6日21时3分、21时16分，两次地震相隔13分钟，两座县城被夷为平地，伤4105人，死743人。

（11）2008年汶川地震：5月12日14时28分，四川汶川地震发生后，中国地震台网中心利用国家地震台网的实时观测数据，速报的震级为里氏7.8级。随后，根据国际惯例，据此对震级进行修订，修订后震级为里氏8.0级。此次地震最大烈度达11度，破坏特别严重的地区面积超过$10 \times 10^4 km^2$。受灾最严重的地区是四川省北川、什邡、绵竹、汶川、彭州等地，灾区涉及四川、甘肃、陕西、重庆、云南等地。截至2008年9月25日12时，汶川地震已确认69227人遇难，374643人受伤，失踪17923人。

（12）2010年4月14日，青海省玉树地区发生两次地震，最高震级7.1级，玉树地震给灾区人民生命财产造成重大损失。截至2010年5月30日18时，遇难2698人，失踪270人。山体滑坡崩塌，生态环境受到严重威胁。玉树地震波及范围涉及青海省玉树藏族自治州玉树、称多、治多、杂多、囊谦、曲麻莱县和四川省甘孜藏族自治州石渠县等7个县的27个乡镇，受灾面积$35862 km^2$，受灾人口246842人。

## 3.2　地震的成因、过程与测量

### 3.2.1　早期思想

古代人认为地球是不动的，其绕行星旋转是一种静止。他们认为一定有什么东西支撑着地球以免下掉，并想象各种各样的动物充任这个角色，而地球的震动是动物难以支撑或行走时产生的一种现象。在印度尼西亚巴厘岛、亚洲婆罗洲岛及保加利亚，这种动物是野牛，对印度阿尔冈琴族人来说，这种动物是龟，在印度尼西亚西里伯斯岛这种动物是野猪，在印度尼西亚摩鹿加群岛这种动物是蛇，在波斯（现伊朗）这种动物是蟹，在蒙古这种动物是青蛙，而在日本，人们认为这种动物是猫或者蜘蛛。

在希腊，哲学家毕达哥拉斯认为地震起因于他们自己的搏斗。而另一个提出开创性理论的是古希腊哲学家、科学家亚里士多德，他认为地震是因为炽热气体奋力挣脱地球内部

束缚的缘故。

另外，还有一种思想来源于圣经，即认为地震是“由于山体愤怒而发生的颤抖”。直到1750年，伦敦基督教主教 Tomas Sherlock 告诉他的教区居民，最近两次地震是罪人的旨意，要求人们去忏悔。

### 3.2.2　现代思想

#### 3.2.2.1　与断层的关系

现代的地震学家比古代人更致力于用大量的迹象、数据去研究地震的起因，发展新的思想，用新的理论解释前震、主震与余震的一系列现象。地震的发生是瞬时的，在几秒钟到几分钟内可以影响到几百万平方公里以外。地震的发生是与断层有关的普遍现象，使人们认识到断层活动是自然界大多数地震的主要原因。

20世纪初期人们已经注意到地震活动都集中于最近时期火山和构造活动强烈的地带。1907年，美国的霍布斯提出地震构造线的概念。1911年，美国的里德根据对1906年旧金山大地震的研究提出了关于地震成因的“弹性回跳”（Elastic rebound）假说，把地震的发生和断层活动相联系。他认为地震的直接原因是沿地壳薄弱部位能量聚集与释放，最终导致岩石破碎形成断层，然后断层两盘明显松动但仍维持某一导致局部回弹的准弹性，“回跳”的结果导致能量以地震波的形式释放。图3-4所示为“弹性回跳”的篱笆模型，篱笆的断裂表明断层的发生。

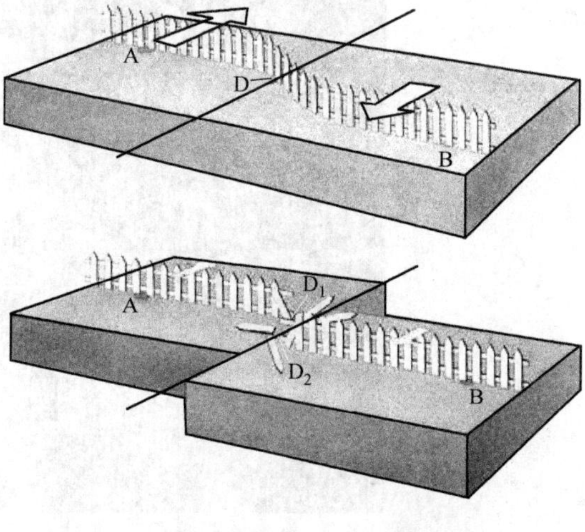

图3-4　断裂“弹性回跳”模型演示

断层有三种基本类型：正断层、逆断层和平移断层。前两种是垂直方向上的滑动，而平移断层则是水平方向上的滑动。在自然界，断层活动很难遵循一个方向，通常是沿着某个倾斜方向的混合滑动（图2-10）。由于地下深处岩层错动、破裂所造成的地震称为构造地震。这类地震发生的次数最多，破坏力也最大，约占全世界地震的90%以上。

我国汶川8级地震发生后，国土资源部、中国地震局、中国科学院等多部门认定地震成因：

（1）印度板块向欧亚板块俯冲，造成青藏高原快速隆升。高原物质向东缓慢流动，在高原东缘沿龙门山构造带向东挤压，遇到四川盆地之下刚性地块的顽强阻挡，造成构造应力能量的长期积累，最终在龙门山北川—映秀地区突然释放。

（2）逆冲、右旋、挤压型断层地震。发震构造是龙门山构造带中央断裂带，在挤压应力作用下，由南西向北东逆冲运动，致使余震向北东方向扩张。

我国汶川地震与断层的关系如图3-5所示。

#### 3.2.2.2　与火山活动的关系

由于火山作用，如岩浆活动、气体爆炸等引起的地震称为火山地震。只有在火山活动区才可能发生火山地震，这类地震只占全世界地震的7%左右。其特点是震源较浅，一般

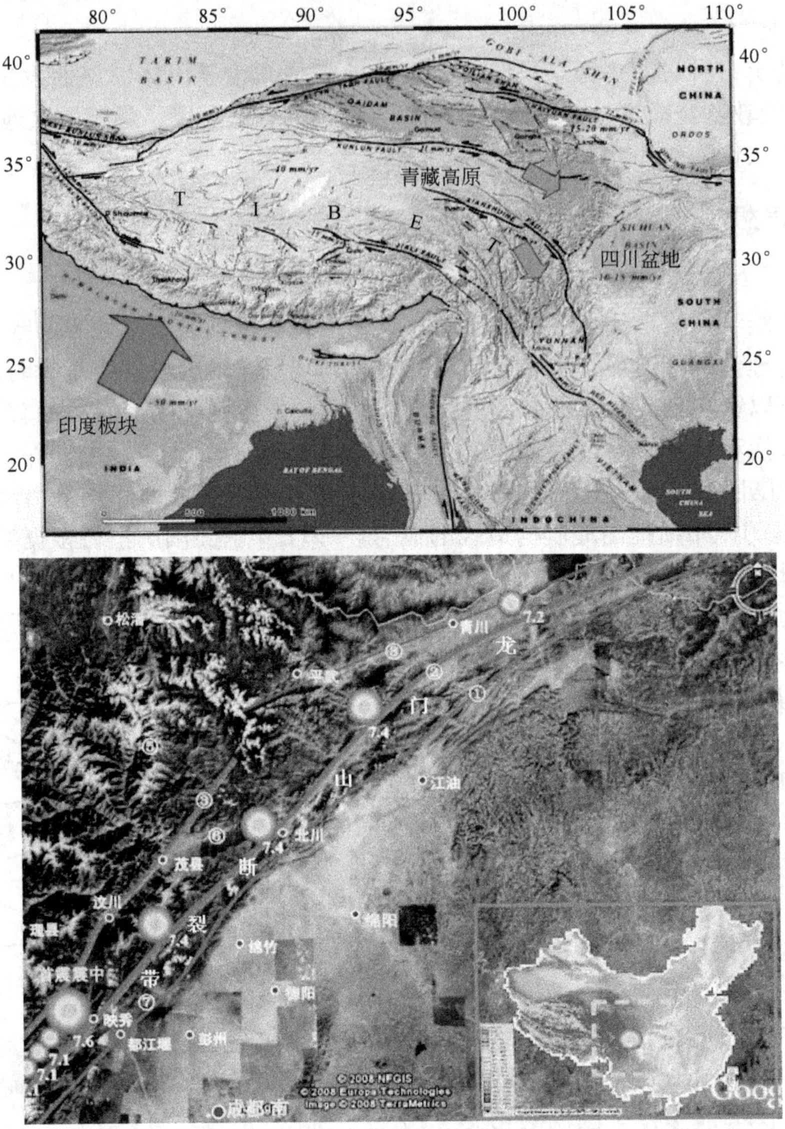


图 3-5 我国汶川地震与断层的关系

不超过 10km，影响范围较小，主要集中于火山活动带，一般是由中性和酸性岩浆喷发的火山所引起的。

3.2.2.3 与人为活动的关系

在 20 世纪，人类模仿地震的能力大大提高。现在人类能够通过各种途径诱发地震，其中一些地震是无意识产生的副作用，另一些则是有准备有目的的行为结果，这些地震有时能导致很大的损失，而在严格对待时也能同样带来好处。

A 坝体与水库

1931 年，在希腊人们首次发现人工水库与地震是有联系的，因为水库诱发地震的例子不少于 40 处。世界上 11000 座大型坝体（坝高大于 10m）中，0.3% 的大坝产生了地震。然而，对于库深大于 90m 的水库中，10% 的水库与地震有关，21% 的水库（库深大于

140m）产生了较大地震，其中有微震也有大到震级为6.4m的大地震。

1935年，美国科罗拉多胡佛坝开始蓄水，1936年其附近地区就有地震活动，1937年地震监测网显示了大约100次地震，1939年5月出现最大的地震，其震级为5级，1942年以来地震活动逐步加强。

1962年3月，我国广东河源市新丰江水库有过一次由于水库蓄水诱发的“大地震”：震中在大坝下流约1000m，震源距离地下5000m，强度为6.1级。图3-6反映了新丰江水库水位与地震频次及较强地震的关系。新丰江水库库容量达$139.8\times10^{8}m^{3}$，大坝为钢筋混凝土结构，大坝高124m，长440m，顶宽为5m，是世界上第一座经受6级地震考验的超百米高混凝土大坝。

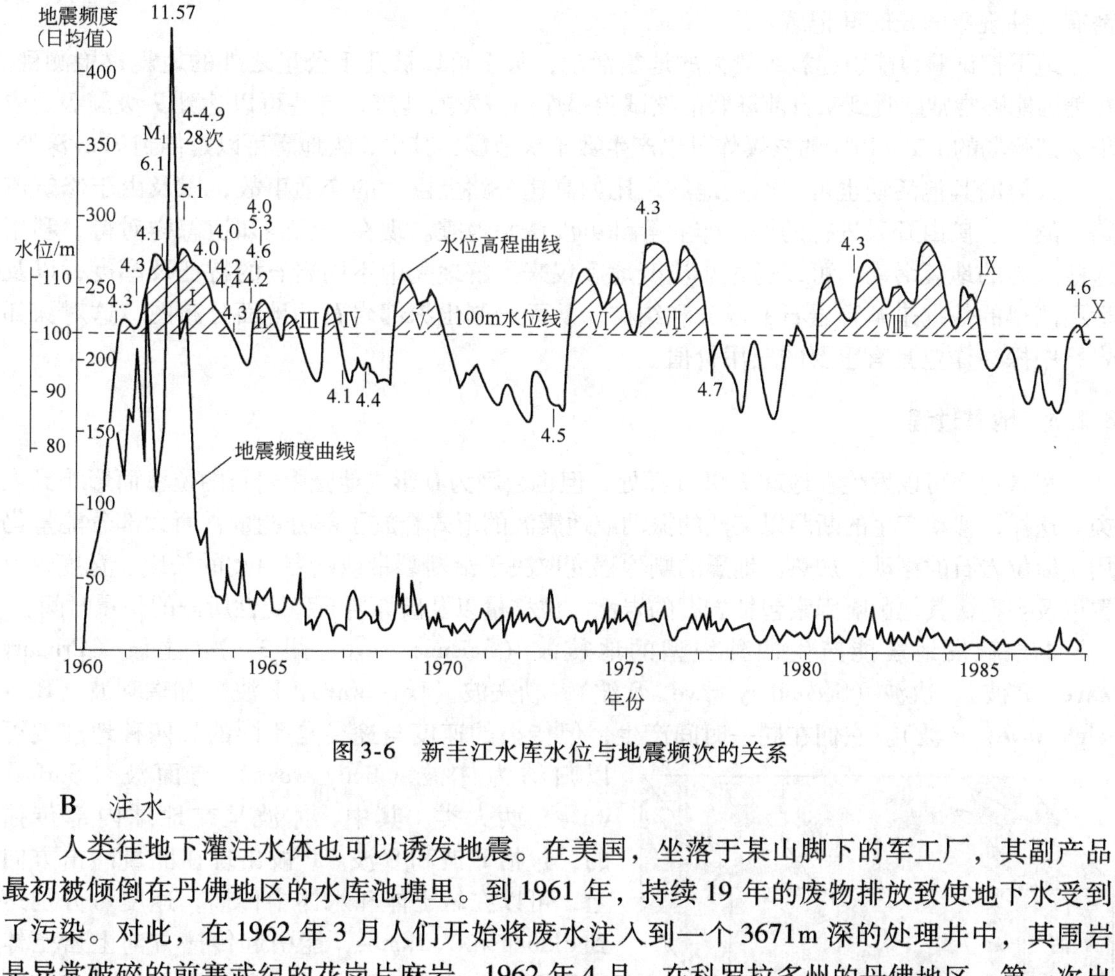


图3-6　新丰江水库水位与地震频次的关系

B　注水

人类往地下灌注水体也可以诱发地震。在美国，坐落于某山脚下的军工厂，其副产品最初被倾倒在丹佛地区的水库池塘里。到1961年，持续19年的废物排放致使地下水受到了污染。对此，在1962年3月人们开始将废水注入到一个3671m深的处理井中，其围岩是异常破碎的前寒武纪的花岗片麻岩。1962年4月，在科罗拉多州的丹佛地区，第一次出现了该地区前所未有的地震。1965年11月，人们意识到了地震与注水的内在联系后便停止了注水，然而地震还是一直持续到1969年，其中包括两次3.5级地震和14次2.5级地震。在1962～1967年期间，共发生至少1500次地震，震级最小为0.7级，最大为4.3级，影响的最大范围达方圆8km之外。

井下注水也是二次采油的一种方法。1957年某公司在科罗拉多的Rangely油田成功地用注水方法二次开采了大量的石油。在1962年，位于65km之外的新型地震台检测出来自油田的微小地震。1967 年秋，美国地质调查局在该地区装置了地震记录仪，其 10 天之内记载了 40 次小型地震。1969 年 10 月，调查局就此地区的四口井进行了周期性注水、停注及抽水试验。试验的第一年就出现了 900 次地震，其中 367 次地震发生于井口 1km 范围内。到 1973 年，当重新从井下抽回水体时，地震几乎立即停止。在这四年的试验期间，近 1/3 的地震震级超过 1 级。

C 其他的人为因素

矿山开采可以产生意外的地震波，这是由于开掘地球内部的岩体引起矿田压力场的重新分布，当突发事件发生时，随之而来的是更多未掘岩石的崩塌，这种现象被称为“岩爆”。其结果可导致能量大量释放而引起地震。在加拿大、南非及美国东部的深采煤矿，都有这种现象的长时间记载。

地下核试验也能引起震级较大的地震活动，甚至可以被几千公里之外的地震仪检测到。在美国能够常常感觉到来自前苏联的核试验爆炸而诱发的地震，有些可以达到 7 级震级。内华达试验场的 $1.1\times10^6$ t 的核爆炸可以产生数千次地震，其中 5 级地震可以延伸到 7km 深处。

人类的其他活动也可以产生地震。比如高速公路上巨大的交通事故，以及由于修筑道路、隧道、矿山开采进行的爆破作业等都可以诱发地震。现在，已经知道怎样对待、利用这些人为的地震活动。可以通过小应变地震仪来了解地壳中不同岩石的特征及厚度，以及运用测得的数据来解释岩石的成分和结构，从而绘制出深部岩石的地面分布图，这对深部岩石中探油作业具有重要的应用价值。

### 3.2.3 地震过程

尽管地震可以发生在地球 700km 深处，但也会因为其影响地壳中岩石的位移而影响到人类。这样，移动产生的断距以突然的振动或地震波的形式释放了部分能量，而大部分能量仍用于原位岩石的移动、加热。地震的剧烈程度取决于沿断裂带或断层滑动的长度、宽度、位置以及类型，其他影响因素包括岩石的岩性、位移量以及破坏岩石稳定性所需的积累时间。

断层触发地震能产生四种类型的地震波（Seismic wave，图 3-7）：主波（Primary wave，P 波），次波（Secondary wave，S 波），勒夫波（Love wave，L 波）和瑞利波（Reyleigh wave，R 波）。它们在同一时间产生，但传播的速度与途径是不同的。四种地震波可以归纳为体波（Body wave）与面波（Surface wave）两大类。其中，体波是在地球内部传播的，包括 P 波和 S 波。P 波出现在能量冲击方向上，可以在岩土体和水体中传播，速度可分别达到 6km/s 和 1.5km/s，能引起传播方向上岩土体的压缩，并首先到达地表；S 波也是剪切波，速度较慢，可达到 3km/s，仅在固体中传播，可引起与波传播方向正交的剪切。

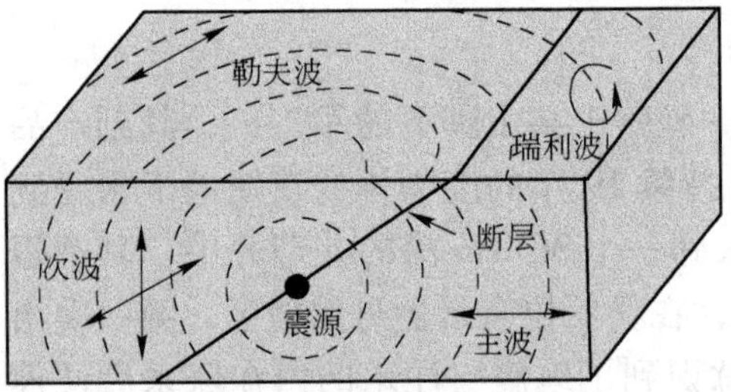

图 3-7 地震波在地球内部的传播

面波是在地面传播的，包括 L 波和 R 波，L 波引起滑动，而 R 波引起滚动，两种波的联合可导致地面凸起和建筑物摇晃，可对建筑物、桥梁和道路实施毁灭性破坏。

地震波的产生是通过地表物质、地貌以及水体的变化反映的，其可以用地震仪检测（图 3-8）。P 波和 S 波到达地表的时间、两种波速度比率、振幅可以用地震记录仪测定记录，同时提供地震的严重程度、震中及震源深度。

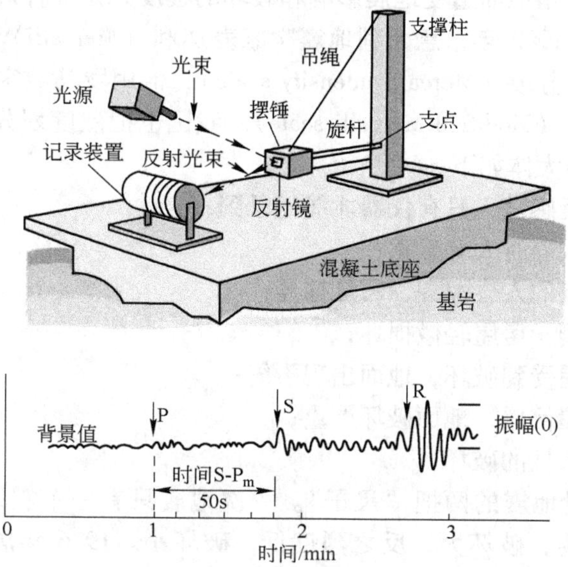


图 3-8　地震记录仪及地震波监测结果示例图

### 3.2.4　地震测量

3.2.4.1　震级

震级（Magnitude）是地震释放能量的大小。1935 年，查尔斯（Charles F. Richtes）博士根据里氏震级表（Richter magnitude scale），提出了地震震源震级的测量方法，用 M 表示震级。在理论上里氏震级是由阿拉伯数字组成，上限为 10。然而最严重的地震只达 8.9 级，最轻微的微震达 -3 级。震级在数学变化上呈对数关系，因此震级为 8.8 级并不代表 4.4 级的两倍。一般的，人们能够感觉到的震级是 2 级，而对人们集聚区造成灾害的震级是大于 6 级。

按照震级大小，可对地震进行分类。震级小于 3 级的地震为弱震；震级大于或等于 3 级，小于或等于 5 级的地震为有感地震；震级大于 5 级小于 6 级的地震为中强震；等于或大于 6 级的地震为强震，其中震级大于或等于 8 级的地震为巨大地震。地震的严重程度一般取决于震级。按照里氏震级表，震级是相对于能量释放数量的地震波的振幅对数值。根据统计，全球每年发生的地震级别如表 3-1 所示。

表 3-1　地震强度分级及地震次数统计表

| 种　类 | 震　级 | 每年发生次数 |
|---|---|---|
| 巨　震 | >8 | 1～2 |
| 强　震 | 7～7.9 | 18 |
| | 6～6.9 | 120 |
| 中强震 | 5～5.9 | 800 |
| 有感地震 | 4～4.9 | 6200 |
| | 3～3.9 | 49000 |
| 弱　震 | 2～2.9 | 3000000 |

3.2.4.2 烈度

烈度（Intensity），指地面遭受地震影响和破坏的程度，是一种揭示产生破坏程度的有关灾变特征的相对值。1902 年，意大利地震学家麦加利（Mercalli）根据地震对人类影响提出了麦加利地震烈度分级（Mercalli intensity scale），他用罗马数字Ⅰ~Ⅻ来表示地震的烈度，后来进行了修正（Modified Mercalli scale）。我国也把烈度划分为十二度，不同烈度的地震，其影响和破坏大体如下：

（1）小于Ⅲ度人无感觉，只有仪器才能记录到；

（2）Ⅲ度在夜深人静时人有感觉；

（3）Ⅳ~Ⅴ度睡觉的人会惊醒，吊灯摇晃；

（4）Ⅵ度器皿倾倒，房屋轻微损坏；

（5）Ⅶ~Ⅷ度房屋受到破坏，地面出现裂缝；

（6）Ⅸ~Ⅹ度房屋倒塌，地面破坏严重；

（7）Ⅺ~Ⅻ度毁灭性的破坏。

震级与烈度是衡量地震的两把“尺子”。一次地震只有一个震级，但烈度不止一个，离震中近的地方烈度高，破坏大；反之烈度低，破坏小。1976 年唐山地震，震级为 7.8 级，震中烈度为Ⅺ度；受唐山地震的影响，天津市地震烈度为Ⅷ度，北京市烈度为Ⅵ度，再远到石家庄、太原等就只有Ⅳ至Ⅴ度了。

地震的毁坏程度取决于震级、震中、震源深度，以及当地的地质条件、地形地貌、建筑物的设计以及人口密集程度。比如说，在其特性相同的情况下，不稳定地面（岩性为砂岩、黏土岩）所经受的影响要比稳定地面（如花岗岩地层）明显得多（图 3-9）。

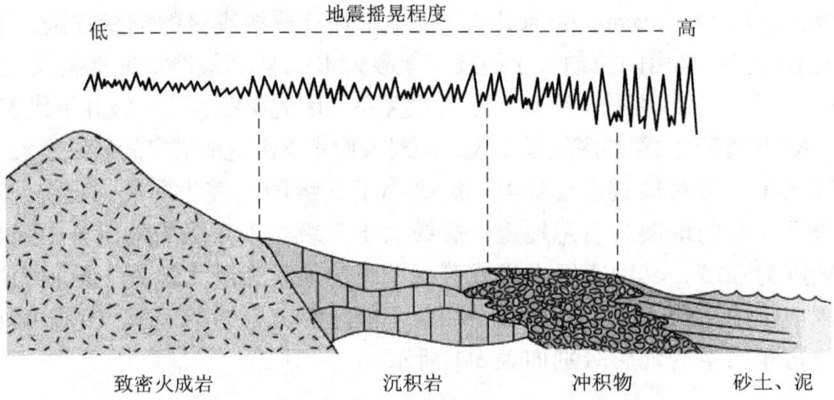


图 3-9 地面稳定性与不同类型岩土的关系

## 3.3 地震的影响

地震的影响可以分为永久的与衍生的两种，前者具有永久的特征，包括断层崖，地面破裂、河流的堰塞等（图 3-10）。而由于地面运动衍生的破坏包括滑坡、海啸、砂土液化、泥石流、水库大坝崩溃、火灾、化学物质泄漏、财产与生命的损失以及心理创伤等。衍生影响比地震本身造成的永久影响更为剧烈。地震震级越大，带来的损失也越大，影响也越大。

图 3-10 地震造成地形永久性破坏

### 3.3.1 建筑物毁坏

建筑物的破坏通常是因为地震面波对建筑物施加了水平作用力所致，而多数建筑物在建筑时一般仅考虑到垂直负载的作用。由于建筑物的建筑材料在性质上都存在着差异，因此它们承受的力也是不同的。承压能力差的部分被压碎以及连接处松动，可以导致整个建筑物的倒塌。木质、钢质框架由于不易变形而具有良好的安全性，混凝土与钢材浇制材料则具有良好的抗震能力。

### 3.3.2 滑坡与崩塌

地震诱发滑坡和崩塌非常普遍，根据我国对 1949 ~ 2005 年以来震级大于 5 级的 300 多个地震震例研究表明，全国 20 多个省区都有地震诱发崩塌、滑坡灾害发生，特别是地震较多的西部地区，地震诱发崩塌与滑坡尤其严重。

汶川地震是我国建国后最为惨重的一次地震，同历史上海原地震、叠溪地震相比，其造成的地震滑坡灾害程度无论从影响面积，还是从发生数量上都不亚于这些历史震例。汶川地震诱发的崩塌滑坡具有数量多、密度大、影响广、规模巨大、崩滑分布受断层影响明显等特点。据国土资源部门对有人居住区和公路沿线初步统计崩塌滑坡达 2 ~ 3 万个，而实际数量应该远远超过这个数。在灾害严重的区县，平均灾害点密度达到 29 处/百平方公里，公路两侧滑坡、崩塌特别密集，甚至连续成片。这些崩塌、滑坡不仅造成了巨大的经济财产损失，对灾后救援与重建带来了极大的困难。

### 3.3.3 海啸

海啸（Tsunami）由海底地震、火山爆发或巨大岩体塌陷和滑坡等导致的海水长周期波动，能造成近岸海面大幅度涨落的现象。产生的巨浪是所有波浪中最惊人的，在深水区运移速度最快，在7200m深处，速度达900km/h，在140m深处达180km/h，在20m深处可达50km/h，1.5m高的海底水体隆起到达海岸时可达到30m高的巨浪。大多数海啸是因为海底地震或偶发的海底滑坡、火山活动引起的。1976年4月1日，由地震引起的发生在美国阿拉斯加州阿留申群岛的海啸，将一座房屋抛至空中13.5m高，然后扔进海中，导致5个居民丧生，此后在不到5小时之内，巨浪到达夏威夷，造成133人死亡，163人受伤。1960年5月22日，智利沿海大地震引起的海啸进入到太平洋，使1000多人丧生，且以710km/h的速度运移到10600km之外的夏威夷，清除了许多建筑物，轻而易举地移动了20t的岩石，使61人丧生。

2004年12月26日8时58分，印尼苏门答腊岛附近海域发生8.7级地震（百年以来第5次大地震），其引发的海啸波及了东南亚和南亚至少10个国家，截至2005年3月5日已造成28万人死亡和重大财产损失。这是自1964年3月以来世界上发生的最强烈地震，此次海啸是1900年以来这一地区发生的最大海啸（图3-11）。

图3-11　2004年印尼地震引起的海啸过程

（a）海啸前的平静；（b）异常退潮；（c）上岸；（d）淹没；（e）海啸巨浪；（f）海啸能量推移示意图

### 3.3.4 生命与财产损失

影响生命、财产损失的因素是多方面的，其中包括地震的烈度、发生的时间、区域的稳定性、人类建筑的抗震强度以及人口密度等因素。而影响人类建筑的主要因素包括：地震烈度、地震的持续时间、建筑物的设计及材料类型以及地基特征与基础类型。我们不能从地震对建筑物的破坏程度了解到更多的地震特征，但可以了解到更多的有关建筑物结构类型的信息。

强烈地震常常以其猝不及防的突发性和巨大的破坏力给社会经济发展、人类生存安全和社会稳定、社会功能带来严重的危害。历史上各种自然灾害曾毁灭了世界各地 52 个城市，其中因地震而毁灭的城市有 27 个，包括 1906 年美国旧金山 8 级大地震、1923 年日本东京 8 级大地震、1976 年中国唐山 7.8 级大地震等。20 世纪以来，全球共发生 1700 多次 7 级以上（含 7 级）大地震，其中 85% 发生在海洋，15% 发生在陆区。由于大陆是人类最主要的聚居地，所以 15% 的大陆地震造成了全球 85% 的地震灾害。

我国是大陆地震最多的国家，在占全球 7% 的国土上，发生了全球 33% 的大陆地震。历史上有记载的地震达 4000 多次，造成人员伤亡的有 346 次，死亡人数高达 230 余万人。特别是 20 世纪以来，我国就占有全球大陆地震的 33%，发生 6 级以上的地震达 650 多次，其中 7 ~ 7.9 级地震 98 次，8 级以上地震 9 次。从 50 年代起，我国由于地震灾害造成死亡的人数已高达 40 万人，直接经济损失达数百亿元，每年平均 16 亿元，损失极其严重。在 20 世纪，全球因地震死亡的人数达 110 万人，我国就占了 55 万人。从我国建国以来近半个世纪的统计结果看，我国的地震死亡人数，占我国所有灾害死亡人数的 54%。可见，我国是大陆地震最频繁、地震灾害最严重的国家。

### 3.3.5 生态系统的破坏

地震导致生态特征的变化是各种各样的，可以对地形地貌及水环境产生各种影响。比如，由于地震的作用，可能导致局部地形标高的变化，从而导致地下管道的破坏、河道源头的变迁，产生新的湖泊。1964 年阿拉斯加地震使潮淹区抬升到远远超过潮汐能达到的高度，几乎导致海岸水环境生命的立即毁灭。

### 3.3.6 心理创伤

地震对人的损害除了身体伤害外，还有其他方面引起的心理伤害。诸如地震光、响声等对心理影响是巨大的。在一些地震活动中，出现许多由奇怪的光线组成的景象，这种光叫“地震光”（Earthquake light），如图 3-12 所示。首先被调查、报道的这种现象是 1930 年 11 月 26 日发生在日本 Idu 半岛的地震。这种光可以出现在地震前或地震后，在出现时相似于片状闪电，但更持久。目前对这种现象的解释，有人认为是含石英岩石的“压电效应”所致，即压力变化在岩石中产生很高的电位差，其达到临界值时由岩石通道释放到大气层中而产生这种现象。

在地震产生前或地震产生过程中有时会产生响声，这种响声与建筑物的破坏发出的响声截然不同。它有时是低沉的轰隆声，有时像枪响一样的沉闷声，有时像撕布一样的声音。这些声音在地震活动中可能持续几分钟、几个小时甚至几天时间。尽管没有产生多大

图 3-12 地震光

的生命和财产的损失，但容易使人怀疑地球是不坚固的。1971 年发生的圣弗兰西斯科（旧金山）地震使许多身体未受伤的小孩和成年人产生严重心理障碍，并且在地震之后仍持续了很长时间。由于人的反应与地震烈度并没有直接的关系，因此人的精神伤害是无法估测的。

地震发生后一段时间内人们难以摆脱严重的恐震心理，从而出现了惊慌、外逃、外迁现象，给社会生活带来影响。同时地震谣言四起，人心浮动，加剧了社会不安定状况，造成学校停课、商店停业、厂矿停产现象。

## 3.4 地震预报与抑制

地震是摧残人类文明、引起巨大伤亡的一种突发性自然灾害。1906 年美国旧金山地震、1923 年日本东京地震和 1976 年中国唐山地震等使地震所在地——旧金山、东京和唐山等城市顷刻间夷为平地；1920 年宁夏海原地震和 1976 年唐山地震死亡人数分别达 23.4 万人和 24.2 万人，成为 20 世纪地震灾害之最。尽管世界范围内的地震科学家长期坚持不懈、孜孜不倦地记录、描述和探索着地震到底是怎么回事，但对地震的成因、形成过程和影响因素等仍然知之甚少。

我国地震专家虽然曾把握了个别地区特定构造环境下地震发生的某些规律，例如对 1975 年海城地震（震级 7.3）和 1999 年海城岫岩地震（震级 5.4）都作出了相当好的短临预报，这是增强人们信心难得的实例，但更多的却是地震的漏报和虚报事件。地震的预测预报是当今人类面临的科学难题。

按距离地震发生时间，预报（Prediction）分为中长期预报、短期预报和震前预报。中长期预报主要通过地震和地质情况的调查研究来实施；短期预报，既要靠地震和地质情况的调查研究，还要靠运用各种监测手段来实施；震前预报主要靠各种监测手段来实施。

### 3.4.1 地震的监测

地震带来的灾难是巨大的，及时警报、预防地震尤其重要，这离不开地震监测工作。

承担地震监测任务的就是地震科学战线的广大科技工作者，通过日日夜夜的监测，形成一个对大地活动进行严密监视的网络，以观察地下的动静。

这就像大夫给病人查血压、做 CT、进行各种理化检验一样，地震部门对地震的监测可归纳为四大学科、八大手段。

第一，测震学科，专门负责记录地下大大小小破裂引起的震动。1000 多年前东汉的大科学家张衡发明的候风地动仪，就属于这种仪器。现在的地震仪比过去完善多了，采用先进的电子反馈技术和卫星通讯技术以及计算机技术，形成一种称作“宽频带、大动态、高精度数字化地震仪”。这种地震仪可记录小到 1 级以下的微震、大到 8 级以上的巨震，而且还可以给出完整的地震波形。目前，全球发生的大于 7 级、邻国大于 6 级、国内大于 5 级、首都圈地区大于 4 级的地震，在发生以后 15min 就可以准确地给出地震的震级、位置、时间和深度，为人们减轻地震灾害的损失争取了时间。

第二，地震形变监测学科，专门负责监测地球板块的运动、断层的移动，尤其是一些重点地震区地下应力应变的微小变化。如 1975 年辽宁海城地震前，金县水准测量站就发现地壳出现显著性变化，为这次地震的成功预报立下大功。在大地形变监测中，“全球定位系统（global position system，GPS）”具有极其重要的作用。

第三，地震地球物理场监测，专门负责监测地球的重力场、电场、磁场、应力场、温度场等变化。由于地震的能量是由地球岩石层的构造运动、地幔物质的迁移、地核高压高温物质的热运动所提供的，在地震断层发生错动的前前后后，必然伴随大量物理场的剧烈变化。

第四，地震地下水体的监测，专门负责监测地下水的水位、水中氡、汞等放射性元素的变化。国外有不少地震的震前，发现水位有明显的向震中趋近的变化，而且震中附近的氡含量等大幅度跳跃。

以上这四方面的监测，重点可分为微震、强震、地磁、地电、地形变化、地应力、地下水位和地下水化学八种，成为我国当前监视地下变化进行地震预测的主要手段。

### 3.4.2 地震前兆

地震前兆可以分为四种类型：地震波变化、物理化学变化、地形变化及动物行为异常。

#### 3.4.2.1 地震波变化

（1）P 波与 S 波速度比率的变化：这不是一个普遍存在的现象，其可能只出现在某一类型的地震活动前后。

（2）前震或微震的数量、频度变化：这样的地震群可以预告一些地震的来临，但有时作为预报又缺乏充分性，因为有时地震也会发生在地震群出现区以外的地方。如 1978 年 1 月 14 日发生的日本伊豆（Izo）半岛地震，就是在 1 月 13 日起发生了多次有感地震和无感地震后发生的强震，震级 7.0。

3.4.2.2 物理化学性质变化

（1）电阻变化：岩石电阻变化表明了岩石含水量的变化。当岩石饱水时，在岩石膨胀期间，电阻降低。由于裂隙的开启常使扰动区充水，导电性增强即电阻降低则意味着地震的来临。

（2）井中水位变化：几十年来，人们都已认识到地震能够引起井水位的波动。在1950年8月印度阿萨姆地震后，美国地质调查局在威斯康星州的一口观察井发现水位波动振幅达4m；在1964年阿拉斯加地震时，佛罗里达井水位剧烈变化。有些时候，水质也会有明显变化。这种变化已为更多的事实证明，在地震预报中具有重要意义。

（3）氡气辐射：地震区这种惰性气体从深井中或断层带释放出来的例子已经不少。如1966年发生在苏联Tashkent的地震，震前深井中氡气含量超过了正常值的两倍，震后又恢复到正常值。根据膨胀说可以合理解释这种现象。然而，由于许多地震发生区缺乏氡气背景值、加上连续监测的困难以及缺乏深井长系列的数据等因素，这种方法并没有得到广泛的应用。

3.4.2.3 地形变化

地形变化可能是报道最多的前兆特征。最翔实的例子是1964年发生在日本Niigata的7.5级地震。该地区在19世纪后期就开始了准确的测量监测，监测结果表明1898～1955年期间该地区处于缓慢、稳定的上升阶段，而在1958年出现了较高的抬升速度，但1964年地震后几乎没有什么运动。

3.4.2.4 动物行为异常

大量事实证实，动物在临震前会表现出反常行为。中国关于这方面的材料比较多，在许多大城市人们都有受过这种教育的经历，知道震前动物反常行为特征。如牛、羊、马等不肯进入圈栏；老鼠、蛇四处出洞逃窜；兔子竖起耳朵，惊慌失措；鱼受惊后不断跳离水面；鸟不停飞行而不归巢等等。

1976年中国根据动物的反常行为并结合其他前兆，成功地预报了三次7级以上的地震。它们分别是5月29日发生的云南地震、8月16日发生的四川地震及11月7日发生的四川云南边境地震。在1975年2月4日发生在海城的7.4级地震，动物的异常行为对地震的预报起到了巨大的作用。虽然整个城市被毁灭了，但人员伤亡很小，这是由于震中附近的100万居民在震前已经提前撤离。然而由于动物没有表现出很反常的行为，以及缺乏其他的地震前兆，1976年发生的唐山地震和2008年发生的汶川地震伤亡惨重。

### 3.4.3 地震安全性评价

地震安全性评价（Earthquake security evaluation）是根据对建设工程场地和场地周围的地震活动与地震地质环境的分析，按照工程设防的风险水准，给出相应的地震烈度等参数以及地震灾害预测结果。

地震安全性评价工作的主要内容包括：工程场地和场地周围区域的地震活动环境评价、地震地质环境评价、断裂活动性鉴定、地震危险性分析、设计地震动参数确定、地震地质灾害评价等。我国自2002年1月1日开始实施《地震安全性评价管理条例》。

地震发生后，建筑物是否倒塌是与抗震设防要求直接相关的。抗震设防要求是指建设工程抗御地震破坏的准则和在一定风险水准下抗震设计采用的地震烈度或地震动参数。

我国一般建设工程抗震设防要求是采用三个水准概率来设防，这三个风险水准分别相当于80年一遇、500年一遇和1000年一遇。即要求所设计的工程在常遇的小震下，工程基本无损，无需修理即可继续使用；在难得一遇的中震下，经修理后仍可继续使用；而在不大可能遭遇的特大地震下，可以造成工程破坏，但仍不倒塌，以保证人身安全，对应的地震分别为小震不坏、中震可修、大震不倒。对于一般的建筑物依据中国地震局编制的《中国地震动参数区划图》（GB18306—2001）确定。

## 3.5 小　　结

地震是所有改变地貌，引起人类文化巨大灾难的自然灾害中最可怕的灾害。地震是时常发生的，只不过我们有时感觉不到而已。地球上地震的分布与构造单元（即板块）的边界的分布非常一致。

地震的发生常常起因于地壳中地层的错位移动、能量的突然释放。然而人类的活动也能够诱发地震，这些行为有些是无意识的，有些是有目的的。如水库蓄水、井下灌注水体、开采矿藏都可能引起地震。同时人类也通过采用地下爆破方法，来研究深部岩石矿床分布。

地震前兆微妙，且具有突发性，虽然不像洪水、滑坡等灾害，但衍生的灾难性影响以及建筑物由于震动影响而倒塌带来的影响却是灾难性的。这不仅包括建筑物的倒塌、心里的恐惧，还包括伴有灾害如海啸、火山爆发、滑坡等的发生。由于地震而导致地貌与水生环境的改变也是灾害之一。

我国地处环太平洋带和地中海—喜马拉雅带之间，多发的地震给我国带来了巨大的灾难。我国是大陆地震最多的国家，在占全球7%的国土上，发生了全球33%的大陆地震，近半个世纪我国的地震死亡人数占我国所有灾害死亡人数的54%。

然而，地震的预报与抑制研究却是极为艰辛的，尽管地震科学家长期坚持不懈、孜孜不倦地记录、描述和探索着地震到底是怎么回事，但对地震的成因机理及其形成过程和影响因素等仍知之甚少。值得一提的是，地震前兆尤其动物在震前的反常行为曾为我国成功预报三次7级以上地震作出了巨大贡献。在地震抑制工作上，不能忽视的是地震安全性评价。

### 关键术语

Active fault
Body wave
Earthquake
Earthquake belt
Elastic rebound
Epicenter
Focus
Liquefaction
Modified Mercalli scale
Magnitude
Richter magnitude scale
Seismic wave
Surface wave
Tectonic creep
Tsunami
Earthquake security evaluation

### 复　习　题

1. 解释断层蠕动的概念，它与破坏性地震有什么关系？

2. 地震震源和震中有什么区别?
3. 里氏震级与麦加利烈度有什么不同?
4. 如何判断活断层?
5. 地震波的主要类型有哪些? 描述它们的运动特征。
6. 人类活动如何引起地震?
7. 地震的主要影响有哪些?
8. 地震减灾程序的主要目标是什么?
9. 人们如何应对地震的出现?
10. 全球地震带主要有哪些?
11. 地震安全性评价的概念与内容是什么?
12. 地震监测主要监测哪些内容?

## 思 考 题

准确预报地震是非常困难的，其主要原因有哪些? 社会上有不少人对地震预报的必要性持否定态度，你如何看待这样的问题?

# 4 火山活动

火山活动（Volcano activity）是地下的岩浆沿地壳中的裂隙通道或地壳的薄弱环节喷出地表的一种现象，是自然界最剧烈的地质活动现象之一，其过程的景象非常壮观（图4-1）。在生命出现很久之前，火山活动就已存在。人类出现之后，人们对火山爆发时的壮观既感到稀奇，又惊吓于火山带来的突然灾变。最早时候，人们认为火山是神圣的地方，是神的归宿，火山活动是神愤怒与恩惠的象征。比如，剧烈的火山爆发导致“恶魔存在于地球深部任何一个地方”这样的信念，“Volcano”一词意义即来源于古罗马上帝之火。这种当地的民间观念是历史上关于火山活动最重要的古老信息。

图4-1 华盛顿圣·海伦（St. Helens）火山爆发的壮观（1980）

火山活动与地震一样，是由地球深部强大能量释放导致的地质灾难。地震导致固体岩石的搬迁，火山活动是液体岩石的运动。倘若我们将火山活动与其他地质灾害比较，可以看到一些差别，也就是说，我们分析火山活动对人类的影响时就会发现存在一些矛盾。尽管火山爆发时会产生可怕的埋葬，对附近生命、财产造成毁灭，但长期以来记载的所有损失却小于其他灾难。而且，火山活动是唯一的对人类存在广泛有利影响的灾难，火山活动形成的土壤是地球上最肥沃的，它们富藏供水资源与地热资源，也是新生矿物主要来源。另外，火山活动能够创造出具有观赏价值的地貌景象。

不同的是，火山活动对边缘地区的影响大于对火山周围邻近地区的影响。越来越多的现象表明，多数火山爆发引起的大量烟雾进入到大气层中，从而在很大程度上改变着气候条件，同时可能引起的海啸也会导致几千公里以外的人群伤亡和财产损失。

虽然火山爆发具有突然性，但火山爆发通常给人们很多前期的征兆，可以避免人类的伤亡。像地震一样，我们没有办法，也不能去阻止火山爆发，一般情况下也不能阻止损害和管理其活动，但近年来人类可以通过新的科学技术来改变熔岩流的影响。

## 4.1 火山的活动与分布

火山是地球内部的固体或液体物质喷发而形成的山体，由熔岩与火山碎屑组成。多数火山分布于地球板块的边缘地带，其活动原因多与板块构造有关。由于岩石圈板块的扩张下沉与地球其他物质的相互作用而产生岩浆，能量积累到一定极限时喷发出地表就形成了火山。目前，世界上大约有850座活动火山，主要分布在四个火山带（Volcanic belt）上：地中海火山带、大西洋海岭火山带、东非火山带与环太平洋火山带。其中，超过3/4的火山环绕太平洋形成火山环带（图4-2）。在这个火山带上，分布着著名的火山——日本的富士山（3776m），它是世界上最负盛名的风景山。此外，在太平洋广大地区，也分布有许多星罗棋布的火山岛。

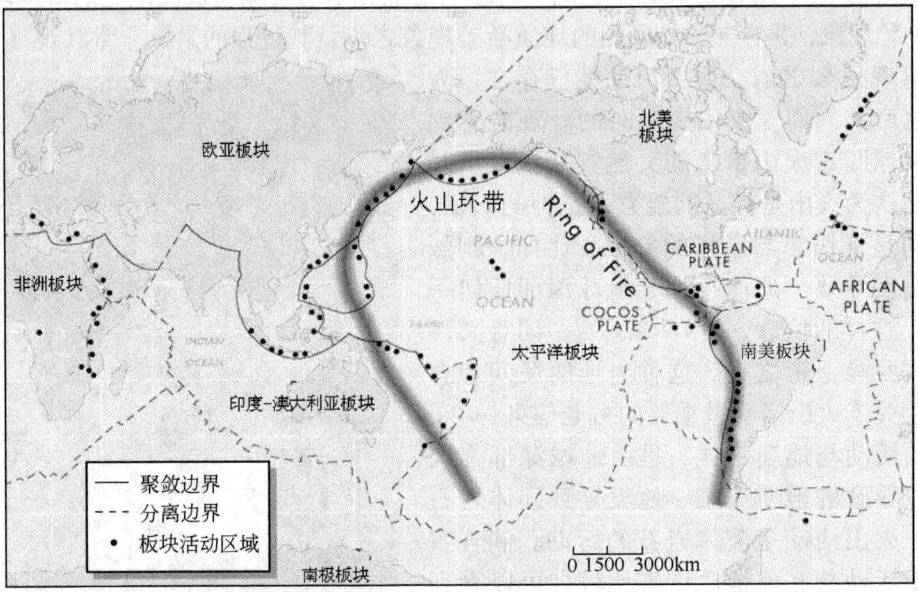


图4-2 太平洋火山环带

我国地域辽阔，虽然缺少现代火山喷发，但新生代火山分布广泛，目前已发现的火山锥有660座，其中绝大部分为第四纪的死火山，只有少数在近代有过活动，如台湾的大屯火山群（包括有16座活火山）。

中国的火山分布在成因上与两大板块边缘有关：一是受太平洋板块向西俯冲的影响，形成我国东部大量的火山分布；另一是受印度板块碰撞的影响，形成了青藏高原及周边地区的火山分布。其中很多地区已成为人口稠密的都市或旅游胜地，如长白山天池、五大连池、腾冲、海南和台湾等地区。

## 4.2 火山的分类

根据火山活动期、活动类型和活动形成的地形特征，可以对火山进行分类。

### 4.2.1 活动期

在历史上有过喷发记录的火山称为活动的火山，否则就称其为不活动的、休眠的、死的火山。这是一种简单而满意的分类方法，即活火山（Active volcano）、休眠火山（Dormant volcano）或死火山（Extinct volcano）。然而，有许多火山被认为是死火山，但过了一段时间后这些火山可能重新爆发，从而给原以为安全的居民带来了灾难。火山可以在重新爆发之前休眠几百或几千年。

比如，坐落在意大利那不勒斯海湾且风景秀丽的四周光滑的维苏威（Vesuvius）火山，由于历史上没有它活动的记录，人们一直认为它是一个死火山，然而在公元79年，火山苏醒了，开始了一系列的无法预料的间歇性喷发，附近的三个城市被火山碎屑物掩埋深达15m，死亡2000多人。

我国的火山喷发有多处历史记载，如五大连池、长白山等，在过去300年内都有过喷发，最近一次火山活动是发生于1951年5月27日的西昆仑阿什火山喷发。这些火山都是活火山，只是现在处于休眠状态。在中国历史上这些活火山的喷发基本上没有造成大的人员伤亡和财产损失，主要是因为这些火山喷发大都发生在人迹罕见的地区。

### 4.2.2 活动类型

多数情况下，可根据火山喷发的剧烈程度和爆发程度对火山进行分类，具体分为：

（1）培雷式火山（Pelean volcano）：熔岩黏性大，不易流动，含气体多，爆发猛烈，呈中心式喷发（图4-3（a））。其典型的火山是西印度群岛的培雷火山。

（2）维苏威式火山（Vesuvius volcano）：喷发时宁静—猛烈阶段性明显，间歇时间长，节奏性喷发。其典型的火山是意大利的维苏威火山（图4-3（b））。

（3）斯特隆博利式（Stromboli volcano）火山：爆发时形成炽热的碎片及白色烟云（图4-3（c））。其典型的火山是意大利的斯特隆博利火山。我国黑龙江五大连池火山群也属于该类型。

（4）夏威夷式火山（Hawaiian volcano）：流动性大，含气体少，没有爆炸现象，呈中心式喷发（图4-3（d））。

（5）冰岛式火山（Icelandic volcano）：熔岩沿构造裂隙溢出，非中心式喷发（图4-3（e））。

### 4.2.3 地形地貌

从形成的地形地貌上，可以把火山分为四种基本类型：

（1）火山锥（Cinder cone）。火山锥是一种由中心溢出的火山碎屑物形成的四周陡峭堆积体，形成的地形呈锥形。喷发的火山碎屑物包括火山灰、火山渣，以及在爆发过程中被抛到天空的火山弹和岩石块。火山锥的形成很快，如1945年爆发于墨西哥的巴尼古丁（Paricutin）火山，在一个月内形成的火山锥体就高达300m，其数个火山锥呈点状环绕，它们的高度一般都低于400m，形成了美丽的火山锥风景。

（2）盾火山（Shield volcano）。这类火山具有广阔的隆状特征，山体坡度很缓（2°～10°），通常由玄武岩（Basalt）、熔岩流和大的喷火山口组成，具有巨大的体积。世界上最大的单个盾火山体是夏威夷的冒纳罗亚（Mauna Loa）火山，其规模是长约96km，宽48km，高9000m（距太平洋海底），总体积达67000km$^3$。盾火山的玄武岩浆多呈液体状，黏滞性小，熔岩多从山体裂隙中缓慢地溢出，气体释放稳定。

（3）复式火山（Composite volcanoes）。这是一种完全不同的火山体，由内部层状分布的熔岩，如安山岩（Andesite）和玄武岩组成的山体匀称而陡峭，爆发时可以达到几千米

图4-3 不同活动类型的火山

（a）培雷火山；（b）维苏威火山；（c）斯特隆博利火山；（d）夏威夷火山；（e）冰岛火山

高度，景象壮观，如圣海伦（St. Helens）火山（图4-1）；同时具有最大危险性的不可预测特征，这是由于内部气体、岩体的快速积聚，常常导致内部巨大压力的形成，结果造成突然的“冲顶”爆发。美国俄勒冈州的1200m深的喷火山口，目前变成了火山湖（Crater Lake），就是复式火山的典型实例（图4-4）。这种火山常常在沉睡几个世纪后产生灾难性的活动。

（4）火山穹隆（Volcanic dome）。这种火山爆发时，极其黏稠的流纹岩岩浆从火山口喷出地表，由于岩浆的黏滞性，且夹带部分岩石块体，因此岩浆流动距离较短，且多堆积

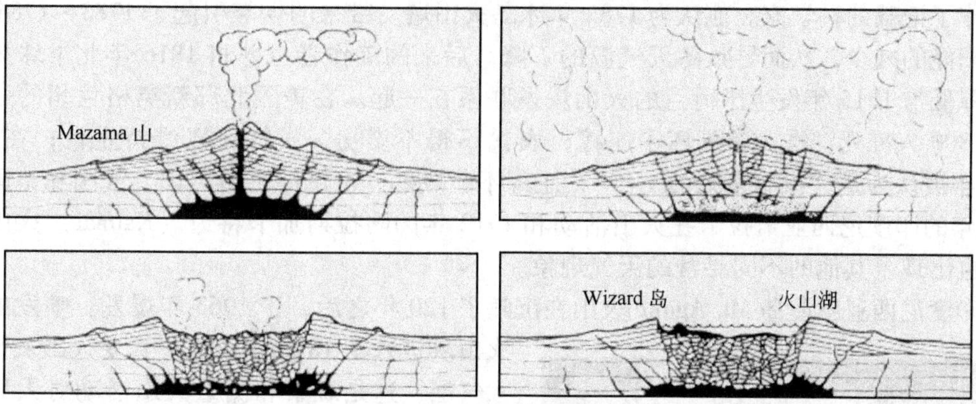


图 4-4 火山口湖形成过程示意图

于火山口周围。对于喷出岩穹隆，岩浆喷出地表形成一系列厚的巨大的熔岩流，而对于侵入岩穹隆的产生多是岩浆挤压出地表形成的，同时随着穹隆的膨胀，通常导致坚硬的火山岩覆盖层破碎成棱角状的岩块。世界上著名的穹隆火山是美国加州北部爆发于 1915 ~ 1917 年的拉森火山（Mt. Lassen）。

以上对火山类型的各种分类，并不适用于所有火山，这主要与火山本身特征的复杂性有关。

## 4.3 火山活动的影响

### 4.3.1 火山活动的益处

尽管火山活动带来了明显的严重危害，但长期以来其带来的益处还是远大于坏处。在过去的地质年代里，火山活动喷发的气体营造了大气圈和水圈，而且火山活动也是陆地地表的主要营造过程。

火山活动常常产生意外的肥沃土壤，尤其在气候温暖湿润的地区，快速风化使火山物质变成了利于植物吸收的营养物质。世界上几个农业产量最高的山脉，都是位于火山活动的地区，尤其当肥沃的火山灰频频降落的时候，如在印度尼西亚群岛一带农业产量更高。然而，这样的好处也使这些地区的人口不断增加，从而带来了更多的承受火山突发灾难的风险。

火山活动也为人类提供了许多有价值的矿藏。早期有人利用黑曜岩做挖掘工具；坚硬的熔岩常被用来作为建筑材料；火山渣常被用来作建筑填料，这是由于火山渣是由轻的泡沫状岩石组成的，且常被用来制作轻型的混凝土。可惜的是，仅仅因为火山渣是最便宜的直接资源，所以许多景色优美的火山渣锥被严重破坏。

火山活动能产生各种有价值矿物，其中包括火山岩中的金属和硫元素，以及积累在火山口周围的其他矿物和来自地壳深部强大的压力沿火山口通道产生的世界上大部分的天然钻石。另外，由火山灰形成的膨胀土也是一种很有价值的黏土；火山活动也常常提供重要的地热资源。

### 4.3.2 对气候的影响

本杰明·富兰克林（Benjamin Franklin，1706 ~ 1790）是第一位提出火山活动影响气候并作了记载的科学家。他认为1783年冰岛火山爆发带来的烟雾引起了1783~1784年夏季太阳能的减少，从而导致冬天气温的下降。后来的工作者也曾将1816年北半球夏季气温的降低与1815年发生于荷兰的火山爆发联系在一起。在美国北部新英格兰州的一个夏天，1800人冻死，雪、霜毁坏了庄稼，农民不得不卖房、卖牲口以维持生计；在欧洲，1816年被认为是“没有夏天的一年”，庄稼不能成熟，饥饿冲击着英国、法国和德国。在1883年的印度尼西亚卡拉卡托火山活动和1912年的阿拉斯加卡特迈（Katmai）火山活动中，也出现了其他的不同寻常的天气现象。

印度尼西亚巴厘岛 Mt. Agung 火山在沉睡了120年之后，于1963年爆发，喷发的大量火山灰进入了1895年以来一直受火山灰影响的大气层，这是观察和测量火山活动对天气影响的好机会。通过精密的仪器和技术，可以测量到对流层温度变化数据，以及可直接采集到同温层烟雾的成分。通过研究这些数据，Hansen et al.（1978）认为，火山活动在1~2年内使对流层温度下降了十分之几摄氏度。

图4-5 火山爆发烟雾影响太阳能的辐射

火山灰的作用能引起能见度的降低，这是由于喷出物对能量消散的结果。另外大气层中的烟雾以及地球表面硫酸分布，加上其他反射太阳光线的粒状物质，可加速天气的转冷，见图4-5。

### 4.3.3 灾变性爆发

直至1883年，许多人仍认为位于印度尼西亚爪哇岛与苏门答腊岛之间的卡拉卡托火山是沉睡了200多年的死火山。然而，在当年的5月份，开始了时断时续的喷发，仅仅过了3个月，在1883年8月26日到8月28日，出现了灾变性的埋没喷发，开始发生一系列强烈的爆发。8月27日上午10点，人们听到了历史最大的爆炸声，可以传到4800km以外，同时诱发的海啸激起了36m高的海浪，导致36000人丧生。喷发的火山灰升入80km高空的大气层，导致火山80km范围内暗无天日长达57小时，风携带着尘埃扩散全球。在以后的几个月里，不安、恐惧一直笼罩着北半球。爆发后，在原来位于海平面以上120~420m的陆地上，发现了一个深达海底以下270m的火山口，其中坍塌了大量的岩石碎块。

像这种灾变性爆发的例子可以举出许多，死亡可以直接归因于火山爆发本身，而由于大规模的埋没和熔岩的移动而导致的死亡则相对较少。

### 4.3.4 熔岩流

独特的熔岩流（Lava flows）表现出的特征是多种多样的。较为黏滞的熔岩通常产生表面粗糙不平、短而厚实的流体，而对于非常黏滞的熔岩来说，大的坚硬岩块、棱角状熔岩常常被熔岩流、碎石流推动，岩石碎块随着后期的熔岩流而搬运，从而形成渣状熔岩。

黏滞性小的熔岩经常产生较光滑而起伏的表面。薄层的熔岩泡沫可以形成绳状熔岩（图4-6（a））。在玄武岩熔岩流中，由于熔岩通过裂隙管道而形成的管状熔岩是很普遍的，像石灰岩岩溶地貌一样，这样的地形也可以形成塌陷，并且也是地下水富集之地。

熔岩的流动是很缓慢的。当黏滞性小时，典型的夏威夷玄武岩熔岩每小时可达300m，而对粗厚、黏滞性大的块状流，可能每天仅达几米。熔岩流动的速度取决于温度、液体成分以及山体坡度。有些熔岩的运移速度较快，但通常都有足够多的征兆提醒人们。当熔岩覆盖面大时，可以导致很大的财产损失，如农田埋没、河道与道路堵塞及建筑物焚毁（图4-6（b）、（c））。历史上规模最大的熔岩喷出是1783年发生在冰岛的火山活动，其爆发一次性地覆盖了560km$^2$的土地。

(a)

(b)

(c)

图4-6 熔岩流及其危害
（a）绳状熔岩；（b）道路堵塞；（c）焚烧建筑

可以通过分散或者堵截，使熔岩流分布达到预期的效果。一种方法是实行爆破。良好的点爆破可以开启流体旁侧的凝固熔岩，开辟熔岩流体新的流动方向。炸开火山口熔岩通道，可以避免有用土地的覆盖，同时爆破可以畅通熔岩堵塞的河道。如在1992年意大利埃特纳火山大喷发的时候，火山熔岩直扑有7000居民居住的扎夫拉纳镇，意大利军方靠爆破力量使熔岩改道，从而使小镇免遭灭顶之灾，当时被许多人称为奇迹。在夏威夷的Hilo城市（人口27000），通过有计划的爆破分流，已能有效地控制熔岩流，达到成功的效果，这在很大程度上依赖于当地地形以及熔岩喷发的规模。

另外，可以构筑人工障碍物，来分散熔岩流。构筑障碍必须用硬性材料，且有一个宽阔坡度较缓的基座以降低熔岩对障碍物的冲击压力。筑坝可以暂时阻止流体，同时再通过人工隧道避开人口密集地区。

对流动的熔岩喷水也可以减慢其向前的流动速度，1973 年冰岛曾成功地运用这一方法。

### 4.3.5 火山灰流与炽热的火山云

当火山爆发时，熔融的岩石一下子使压力降低，同时使其中气体瞬时膨胀。当岩浆进入大气层时，其逐渐固化并释放气体，这通常导致凝固的岩浆裂解成碎块，尽管这些碎块有时很大，但过热膨胀的气流也会使碎块飞行。

炽热膨胀的气体夹带着不同体积的火山碎屑从火山口呼啸而出，我们称这种包含炽热的熔岩块、火山渣及火山灰的炽热岩团为炽热火山云。火山灰流与火山云是很类似的，不同的是前者包含细粒的炽热玻璃质浮石碎块。炽热火山云与火山灰主要是复式火山与穹隆火山的产物。有记载的火山灰流大量出现的一次爆发是阿拉斯加卡特迈火山爆发，但这样的情况并不多，而炽热火山云的出现是相当普遍的。

### 4.3.6 有害气体

在火山爆发中，喷发出的气体中水蒸气占大多数，然而也不乏存在如 $SO_2$、$CO_2$、$H_2S$ 及 HF 等威胁生命的有毒气体（Toxic gases），导致水体、土壤与空气污染。1912 年阿拉斯加卡特迈火山在爆发一个月之后引发了一场酸雨，酸雨烧坏了当地人的皮肤，损坏了温哥华、英国人的衣服。公元 79 年维苏威火山爆发以及 1902 年培雷火山爆发导致意大利无数人死亡的原因就是因为有害气体的危害。

### 4.3.7 火山碎屑

在火山爆发中，通常都有大量火山碎屑（Pyroclastics）从空中降落。一般的，降落下来的岩屑、火山灰及浮石碎块都已冷却。人遇到这种降落的火山碎屑，很可能由于有害的浓烈的烟气或缺氧而窒息。在公元 79 年加拿大的维苏威火山爆发期间，至少 2000 人受难于这样的情况，这次爆发给这个城镇铺上了厚达 4m 的火山灰及火山碎屑。万幸的是，18000 人在爆发前听到警报而安全转移。

大量降落的火山碎屑可以像熔岩一样毁灭所有的植被与建筑物，从而形成新的地面，如 1963 ~ 1965 年 Costa Rica 的 Irazu 火山曾导致 150 万美元的农田损失；少量降落的火山碎屑会污染水体、河流及农作物，玻璃质火山灰能够影响牲口的视力，而含有有毒物时可以威胁到植物与动物的生长与生存。

在火山爆发过程中，人们几乎无法阻止火山碎屑物降落带来的地表侵害，只有爆发停止后才能做一些清除工作。1978 年日本 Mt. Usn 火山爆发导致的严重“岩雨”使 20000 旅游者和 7000 居民不得不撤离爆发影响区。当然，这种侵害从长远利益出发，只是暂时的，它在某种程度上可以改良土壤的肥力。

### 4.3.8 火山泥流

火山泥流（Lahar）是由于火山爆发而导致的泥石流。复式火山喷发出大量的火山灰和松散的岩屑在陡峭的斜坡上易造成泥石流，这种泥石流推移速度可高达 90km/h，可以运移到距离火山 160km 之外，甚至更远，这对人类的损害有时更甚于单个火山活动过程。

火山泥流的作用与大的降雨、火山湖的爆发、冰雪的瞬时熔化的作用相仿。1919 年，印度尼西亚爪哇岛的 Kelut 火山湖爆发导致了 5000 人死亡，毁坏了 200$km^2$农田。

### 4.3.9 火山爆发引发的洪水

火山融冰洪流（书面表达为“冰川爆发”）是冰川融化引发的灾变性洪流。这种灾难多数是发生在冰岛。当火山被冰川覆盖时，火山释放的热量融化冰川中大量的冰，从而在冰川中形成强大的压力，最终导致冰川的爆发，引起灾变性洪流。

尽管这种现象持续时间不长，但洪流流量却大得惊人，如 1918 年冰岛卡特拉（Katla）火山引发的冰川洪流流量远远大于亚马逊河的平均流量，幸运的是，冰岛的人口密度很低。

## 4.4 火山活动的预警

从地质研究和记载火山历史角度来说，在火山附近居住的冒险精神是值得肯定的。许多火山爆发的规模特色跟以前爆发相比基本上是相似的，这就有利于对其进行预测和研究。

然而，很少有火山像冒纳罗亚火山那样具有周期活动的特征，因此，对大多数火山的再次活动进行预测几乎是不可能的。尽管火山活动有各种各样的前期征兆，但至今仍然没有得出一个完全可循的预测规律。

地震和微震能引起火山爆发，但在火山爆发前，他们可能持续几年时间，也可能在火山爆发前一小时内发生，有时在火山爆发前完全停止，这就使得根据地震来预测火山爆发面临许多困难。一些能够预示火山爆发的火山前兆（Volcanic precursor）包括：

（1）喷气、热泉、火山湖特色和行为的变化；

（2）地球磁场的强度与定位变化；

（3）有时红外照片能够检测出某个地区地热流的增强；

（4）地球电流在研究区的改变；

（5）通过测量大地岩层倾斜状况来判断由于火山岩浆作用导致有地层向上凸顶现象；

（6）观察动物及其事物的反常现象来判断可能的地震降临。

科学家对中新世以来的火山活动进行了广泛的研究，利用这些成果，人类有可能避免火山活动带来的生命财产损失。其中，密切注视火山爆发前的征兆是非常重要的，生活在火山附近的人们因此可以安全转移。1978 年菲律宾群岛的 Mayon 火山附近的 8 千多人因为得到征兆的警告而安全脱离危险。

在过去的年代里，也有许多大规模分散并保护了无数生命的先例。在公元 79 年的维苏威火山活动中，18000 名附近居民被安全撤离，然而仍有 2000 人死亡。1914 年位于日本九州海湾 Sakurajima 火山在爆发前显示了喷烟、地震及泉水断流等征兆，当地政府迫使人群全部撤离，从而拯救了 23500 居民。当火山爆发时，火山云喷至 6000m 高空，12%的山体被破坏。1902 年，位于拉丁美洲的长 27km 的加勒比岛北部 La Soufriere 火山爆发，死亡 2000 多人，而在 1979 年春季再次爆发前，地质学家根据征兆证明了即将来临的爆发，敦促政府发布撤离命令，结果20000人撤离危险区。随后火山爆发时，大量的热气流和炽热岩屑呼啸而出，导致次日天空出现高达12000m的蘑菇云，岩屑扩散至145km以外的巴巴多斯岛（Barbados）。所幸的是，由于撤离及时，没有一人在这次灾难中丧生。

只要火山地区居住人类，人类就有可能面临剧烈的火山爆发灾难，而他们的安全与拯救却有赖于科学对来临灾变的预测。因此对人口密集的火山活动区建立火山活动危险征兆网络是非常必要的。火山学家目前采用先进的设施对威胁火山的岩浆活动进行跟踪监测，随着科学技术进一步发展，多数情况下则可以对火山活动进行预警，从而拯救人类。

火山活动的预警，可以用图来表示火山附近地区的风险程度，这样的图件将有利于土地规划，以避免高度危险区被开发利用。遗憾的是，这在考虑安全的地质学家与考虑发展经营的土地所有者之间，却存在一个很大的分歧。这是因为，火山地区一般是很富饶的，分布着重要的资源，不仅具有土壤、水、矿产等物质财富，而且有大自然赐予的建筑学上惊人的壮观，过早搬迁能引起居住人群的怨恨和财政上的困难。因此，一个有效的、尽早的预报系统对居住在火山活动区的人群来说是很必要的。

## 4.5 我国火山活动的监测与研究

我国存在活火山，存在火山灾害的威胁。尽管我国火山喷发几百年才有一次，但也不能忽视对活火山的监测。然而，在1995年之前，由于对我国火山缺乏认识，我国对活火山的监测几乎是空白，火山研究大都集中在火山和火山岩的地质、地球化学工作方面，有关火山地球物理、火山监测和火山灾害的预测预防的工作规模很小且缺乏连续性。随后几年内，在科学家的大力呼吁下，火山监测与研究事业正越来越多地受到人们的关注。

1997年“中国若干近代活动火山的监测与研究”项目正式启动，这是我国第一次系统全面综合地进行火山监测与研究的项目，开始了对长白山、五大连池与腾冲火山较系统的监测与研究，初步建立了三个火山观测系统：长白山天池火山监测台，腾冲火山监测台和五大连池火山监测站。同时，对长白山、腾冲、五大连池火山的深部结构开展研究，还开展了地震监测、地形变测量、地下流体的监测和岩石化学的分析，并据此给出三个火山喷发危险性的定性结论。

2005年，国家科技部社会公益性项目《中国主要火山活动监测研究》获得验收，该项目实施了长白山、腾冲、镜泊湖3个火山区2002年的流动地震监测、火山形变观测和火山流体地球化学观测；研究了长期休眠火山再喷发的前兆特征，评估了长白山、腾冲、镜泊湖、琼北四个火山的危险性，初步建立了我国火山活动危险性分类；在火山监测的基础上编写了火山地震、火山形变及火山气体监测技术规范（试行），为火山监测的规范化提供了基础。

由于我国火山活动监测研究工作开始较晚，与国际先进水平相比较，我国火山监测研究工作仍处于起步阶段，其水平与菲律宾、印尼等发展中国家相比亦有不少差距。具体表现在：监测时间短、积累资料少及研究程度低。比如，我国火山的流动地震台网监测、GPS观测、形变、地球化学等监测时间很短，依靠这些资料难以定量地分析其活动危险性。

## 4.6 小 结

火山活动是地下的岩浆沿地壳中的裂隙通道或地壳的薄弱环节喷出地表的一种自然现象，其主要环绕太平洋火山环带分布。我国火山绝大部分为第四纪的死火山。火山活动是地球上剧烈而壮观的地质灾害，其喷发的熔岩、火山灰、火山碎屑、有害气体、火山泥流以及其突发性，给人类社会带来巨大灾害，也引起邻近地区气候异常。然而长期以来火山爆发给人类带来的益处还是远大于坏处，如肥沃的土壤、有价值的矿藏以及优美的景观等。火山爆发的许多相似特征有利于人类预警研究。对火山地区进行风险程度评价有利于土地规划与利用。我国对火山活动的监测与研究尚处于起步阶段，而风险评价则处于定性研究阶段。

### 关键术语

| | | |
|---|---|---|
| Active volcano | Andesite | Basalt |
| Composite volcanoes | Cinder cone | Dormant volcano |
| Extinct volcano | Lava flows | Lahar |
| Pyroclastics | Shield volcano | Volcanic belt |
| Volcano activity | Volcanic dome | Volcanic precursor |

### 复 习 题

1. 火山在分布上有何特点？其可分为哪几个主要火山带？
2. 夏威夷岛的火山都是盾火山，什么是盾火山？为什么它们的灾害性较小？
3. 火山活动具有哪些影响？
4. 火山爆发如何能影响全球气候？
5. 描述两种阻止熔岩流侵入的策略。
6. 描述两种警示火山爆发的征兆。
7. 为什么说火山爆发对人类是有益的？

# 5 河流与洪水

地球表面大约70%的面积是被水覆盖的，是地球上一切生命赖以生存的基础。在地貌形成过程中，山体可以由板块运动和火山活动营造，但水却是塑造地貌的极其重要的动力。然而，水又能给人类生命与财产带来重大损失，比如洪水（Flood），它是河流水位超过河滩地面溢流的现象，是人们常常经历的最为普遍的自然灾害。

洪水形成洪灾，是指一个流域内因集中大暴雨或长时间降雨，汇入河道的径流量超过其泄洪能力而漫溢两岸或造成堤坝决口导致泛滥的灾害。洪灾影响的人数相当于其他所有灾害的总和，每年在全世界都会造成令人震惊的破坏（图5-1）。它使数以千计的人和不计其数的动物丧生，它也毁坏财产、搅乱商业，造成多达数以亿计的美元损失，破坏范围从淹没较小地区直到造成数千平方公里的大泛滥。自1955年，美国每年平均因洪水造成的死亡约100人，财产损失达15亿美元；称为“中国忧患”的黄河，几乎每年都发生洪水而使许多地区荒芜；1931年长江洪水影响的面积相当于英国不列颠岛那么大，死亡人数达数百万人，并毁灭了6000万美元的房屋及财物。对于生活在洪水泛滥地区的人们来讲，这样的自然灾害常常就难以避免。

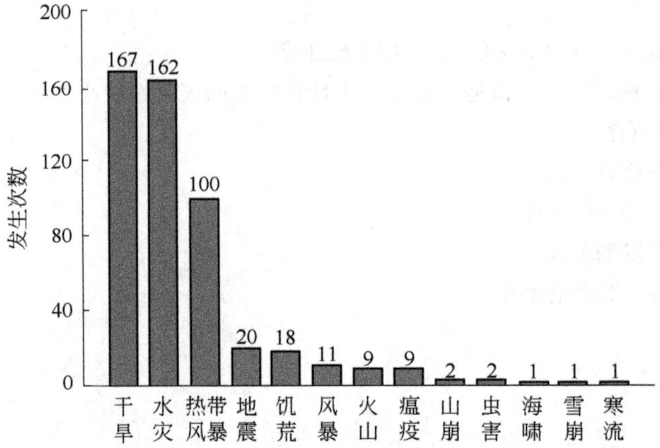


图5-1 全世界主要灾害发生次数

（1963～1992年，按涉及人数统计）

## 5.1 河 流

河流（River/Stream）是指在重力的作用下，经常或间歇地沿着地表或地下长条状槽形洼地流动的水流。通常是指陆地表面成线形的自动流动水体，是水文循环系统的组成部分。

河流是在一定气候和地质条件下形成的天然泄水输沙通道，是河槽与水流（挟沙水流）的总称。我国的河流有江、河、水、川、溪等称谓，如长江、黄河、汉水、四川大金川、湖北香溪等等，这些只是规模上的差异。

水分由地面汇流到小溪，再汇集到大的河流。在某个河流断面以上由大大小小河流组成的河网地区，被称为流域（Drainage basin）。

### 5.1.1 河流剖面

河流的结构剖面分为侧向剖面与纵向剖面。

#### 5.1.1.1 侧向剖面

在河流的侧向剖面（Cross section）上，大多数河流包含三个主要部分：河槽（Stream channel），一年中大部分时间水流流淌的部分；洪泛区（Floodplain），河槽一侧或两侧时或被洪水淹没的较高地带；高地过渡带，河漫滩一侧或两侧与周围地形相过渡的部分高地。三个组成部分可以借助结构特征与植物群落来区分。河流的侧向剖面见图 5-2。

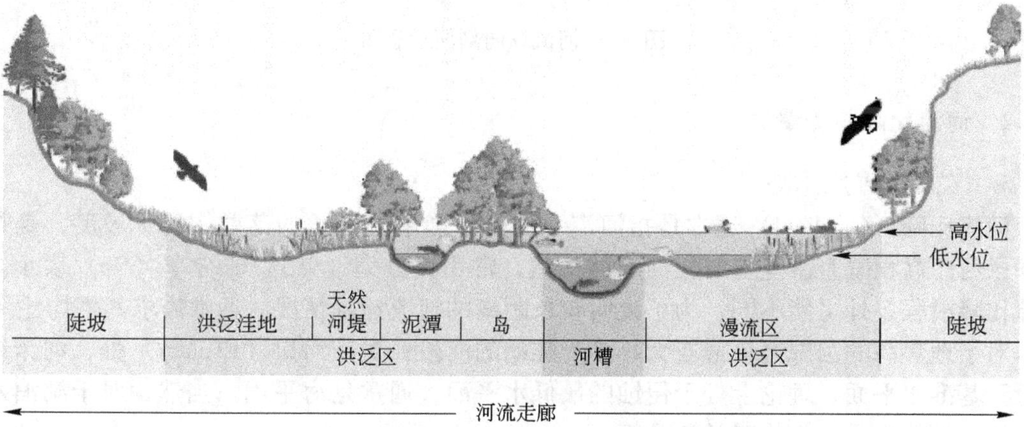


图 5-2　河流的侧向剖面

#### 5.1.1.2 纵向剖面

纵向剖面（Longitudinal profile）是指沿着河流的走向，从上游源头到下游河流侵蚀基准面（Base level）的高度转变，表示河流沿水流方向的几何形态。所谓河流侵蚀基准面，是指河流在冲刷下切过程中其侵蚀深度往往受某一基面所控制，河流下切到这一基面后侵蚀下切即停止，此平面称为河流侵蚀基准面。

河流纵剖面的几何形态多样，主要呈现为上凸形、直线形、下凹形和阶梯形。其中，以下凹形纵剖面为多。因为在河流下游，特别在河口地带，由于受河流基准面的控制，下蚀受到限制，因此河道比降（相对落差）减小。在河流上游，特别在河源处，虽然受到地形的影响，河道比降较大，但流量较小，因此下蚀也受限制。而在河流中游，汇集了足够的水量，发展纵剖面最为有利，因此河流纵剖面形态常常呈凹形。受河流纵向地形的变化，大多数河流在纵向上都可以概括地分成三个分带：源头区（Headwaters），输送区（Transfer zone）和沉积区（Depositional zone），如图 5-3 所示。

河流高度的转变，往往只是河流长度的千分之一，在绘制河流纵剖面图时，必须垂直放大，才能显示出河流高度的变化。研究河流纵剖面对航运、防洪、城市建设以及研究流域自然地理特征和分析河谷发育过程等都有着重要意义。

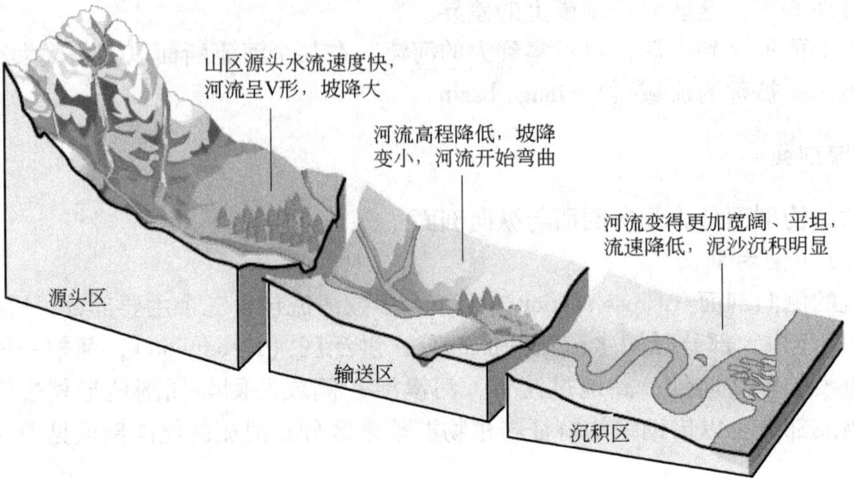


图 5-3　河流纵向剖面示意图

### 5.1.2　河流比降与流量

#### 5.1.2.1　河流比降

河流比降（Gradient）通常是指河流纵比降，即单位河长的落差，也称坡度，是指某个河段河床高程垂直落差与对应河长的比值，常用百分率（%）、千分率（‰）表示。因河流比降沿程各处可能不同，为了说明较长距离的河流比降情况，通常需求其平均比降。

对于地势高的河源区该值较大，多为陡峭的河段；对于河口（Estuary）处，河床地势接近于基准水平面，理论上处于侵蚀的最低水平面，通常是海平面。当然，对于湖泊发育的河流，湖泊也是一个临时的基准面。

#### 5.1.2.2　河流流量

河流流量（Stream flow）可分成两种基本的组成：暴雨流量，降雨在短时间内通过地表或地下到达河槽的流量；基流量（Base flow），降雨下渗地下，在较长时间内排泄到河槽的流量，它维持了少雨或缺雨期间的河流流量。

暴雨流量过程线可以较完整地反映流量随时间变化的过程。图5-4上曲线的上升翼与回退翼反映了河流流量从基流量上升到峰值和回退到基流量所需要的时间。

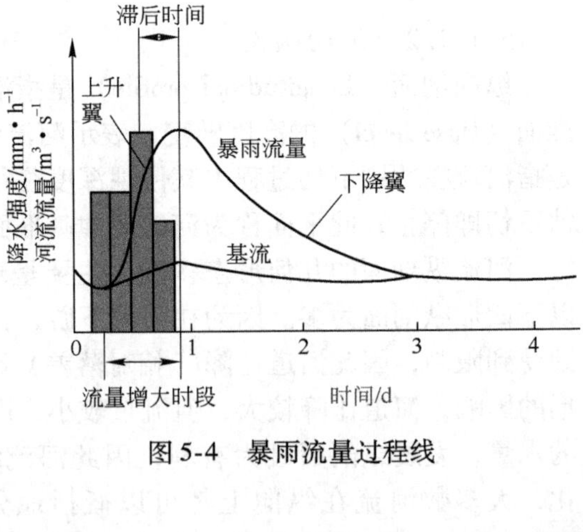


图 5-4　暴雨流量过程线

### 5.1.3　河流沉积物

地面水流汇入河流，常常携带陆地表面物质，与水流一起向下游输送。当河流的输沙能力小于其来沙量时引起泥沙迁移速度下降并停留在河床上或河道两侧，形成了河流沉积物（Fluvial deposits）。河床和河漫滩上见到的泥沙颗粒可以根据大小进行分类，漂砾是最大的颗粒，黏土是最小的颗粒。不管颗粒大小，河槽中所有颗粒均会向下坡或下游搬运。河流中最大颗粒的搬运需要一个特定的水力条件，可称之为河流启动搬运能力，通常也只有很大的流量才能搬运最大颗粒。仅次于河流启动搬运能力的一个概念是牵引力，提供提升与拖曳的力量，使得颗粒沿河床底部或岸边搬运。

这些物质按颗粒大小与在水体中运移的方式分为推移质、悬浮质和溶解质。其中，河流推移质（Bed load）沿河床的底部向下游呈滚动、跳动或滑动式迁移，多为漂砾、砂砾，一般占迁移总量的10%。稍细颗粒的搬运相对较容易，在湍流的作用下呈悬浮状态搬运，这些颗粒因此被称为悬移质（Suspended load）（图5-5）。悬浮质主要由粉砂、黏土组成，悬浮在水体当中向下游迁移，一般占迁移总量的90%，并使得水体呈浑浊状；部分悬移质可能是胶状黏土，能够很长时间呈悬浮状态，取决于黏土的类型与水化学条件。溶解质（Dissolved load）是流域中风化的化学物质，可以影响水体的水质状况，通常以重碳酸根、硫酸根、钙离子、钠离子和镁离子为主要成分，占水体中溶解物质总量90%以上。

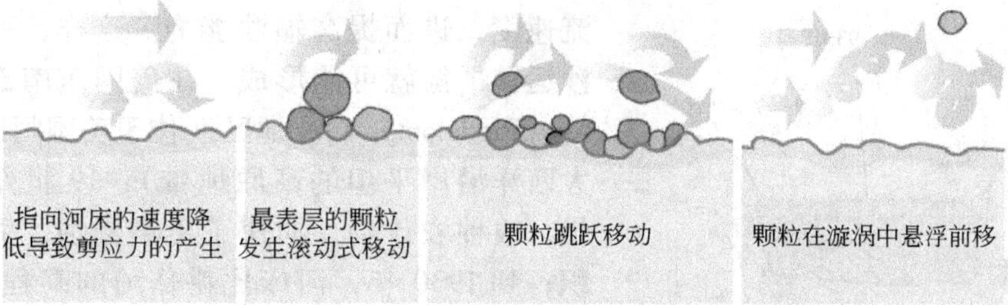


图5-5 河流泥沙颗粒的搬运

河流沉积物的量化通常用输沙量（Sediment load）表示，即特定时间段里，如一年或一天，沉积物通过河流断面的总量，是由推移质、悬浮质和溶解质三部分组成。单位常以t(吨)表示；还可以用输沙率（Sediment discharge）表示，指单位时间内沉积物通过河流断面的质量（或体积），单位常以t/d(吨/天)表示。

## 5.1.4 河流分级与水系类型

### 5.1.4.1 河流分级

流域中各种大小不等的沟道与河流，可用河流的级别来表示。河流分级方法主要有两类：一是从河流水系的研究分析方便考虑，把最靠近河源的细沟作为一级河流，最接近河口的干流作为最高级别的河流（图5-6）；二是把流域内的干流作为一级河流，汇入干流的大支流作为二级河流，汇入大支流的小支流作为三级河流，以此类推。我国许多地区习惯上按第二种方法分级。

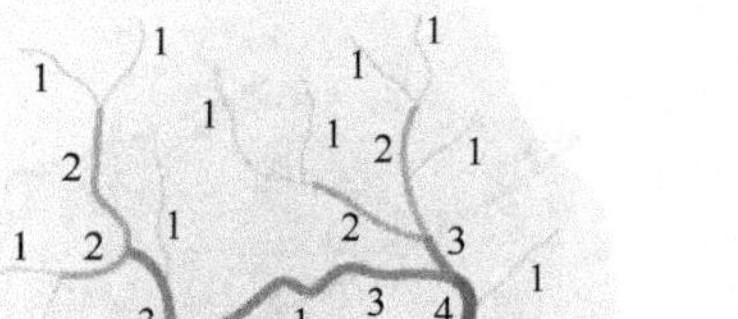

图5-6 河流的分级

### 5.1.4.2 水系类型

水系（River system）是河流的集合，是地表径流对地表土的漫长侵蚀以后，逐渐从面蚀到沟蚀、槽蚀，以至发展到由众多支流和干流所构成的复杂的河流网络系统，也通俗地称为“河网”（River net）。

水系的平面形态多样，主要受地质构造、地理条件以及气候因素所影响。常见水系形态可归纳为树枝状、平行状、放射状、环状、复合盆地状、羽毛状、格状、网状和混合状等等。

### 5.1.5 土地利用变化的影响

河流是一个开放系统，自然情况下通常能维持一个水沙运移的动力平衡或稳定状态。河流一般有一个坡度和横断面，以便水流携带沉积物向下游迁移。然而河流中水沙数量的增加或减少，能导致河床坡度和横断面形状的变化，并影响水流运动速度；反过来，水流速度的变化又影响河流系统中沉积物的数量。因此，影响河流水体与沉积物体积的土地利用变化可能影响河流原有的动力平衡，并产生新的动力平衡体系。

比如，由于农业用地的土壤侵蚀速率比森林土壤侵蚀速率大，砍伐森林改做农业耕地将增加土壤侵蚀，并导致河流输沙量增加。其结果，河流因输沙能力限制难以输送全部沉积物，而导致沉积物沉积和河床坡度增加。与此同时，增加的河床坡度又会反过来加速水流速度，进而提高输沙能力。这样，一个新的水沙运移平衡就可能形成。在美国东南部的皮德蒙特（Piedmont）高原地区（位于美国阿巴拉契亚与大西洋沿岸平坦的高原地带），19 世纪森林被砍伐，改种农作物，加速了土壤侵蚀，引起河床淤积；到 1930 年，河床比耕作前的高程高 4 ~ 5m，在水土保持号召下，退耕还林，上游侵蚀量随之减少，河床中沉积物在新平衡形成过程中被逐渐向下游搬运，河床高程下降，到 1969 年仍比原耕作前的高程高 2 ~ 3m（图 5-7）。

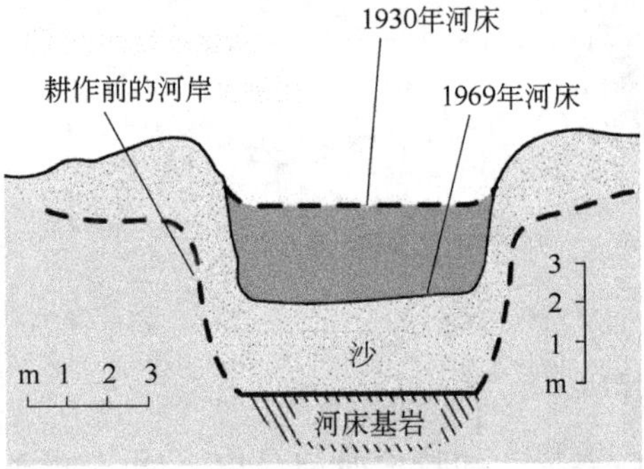

图 5-7 土地利用变化带来的河床沉积

再比如，河流大坝建筑带来的影响。在大坝建设后，河流的上游和下游都会发生巨大的变化。在上游，由于水流速度降低将增加沉积（Deposition），库区拦截了大部分的沉积物，而大坝下游沉积物侵蚀（Erosion）增强，水流有能力携带另外的物质。其结果导致新的冲刷形成，河床坡度变缓，直至新的平衡条件产生，如图 5-8 所示。

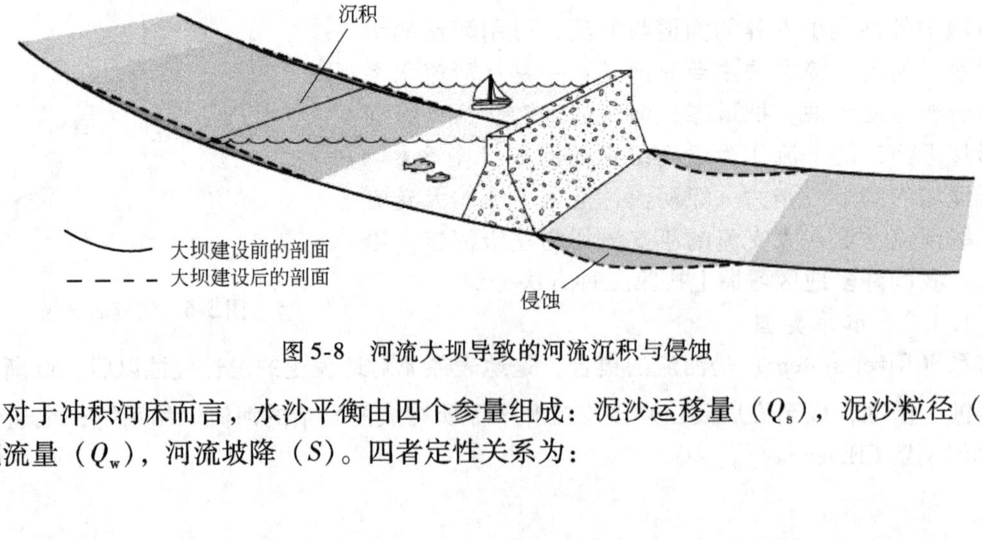

图 5-8 河流大坝导致的河流沉积与侵蚀

对于冲积河床而言，水沙平衡由四个参量组成：泥沙运移量（$Q_s$），泥沙粒径（$D_{50}$），河流流量（$Q_w$），河流坡降（$S$）。四者定性关系为：

$$Q_s \cdot D_{50} \propto Q_w \cdot S$$

对于水沙平衡的几个要素，如果流量增加而河床坡度不变，则输沙量或泥沙粒径会增加；若河床坡度增大而流量不变，则输沙量或粒径也会增加。要维持新的平衡，依赖于进一步的侵蚀来增加输沙量或增大泥沙粒径。图 5-9 直观地反映了输沙量与流量的平衡关系。指针偏向右侧，则为沉积；偏于左侧，则侵蚀。

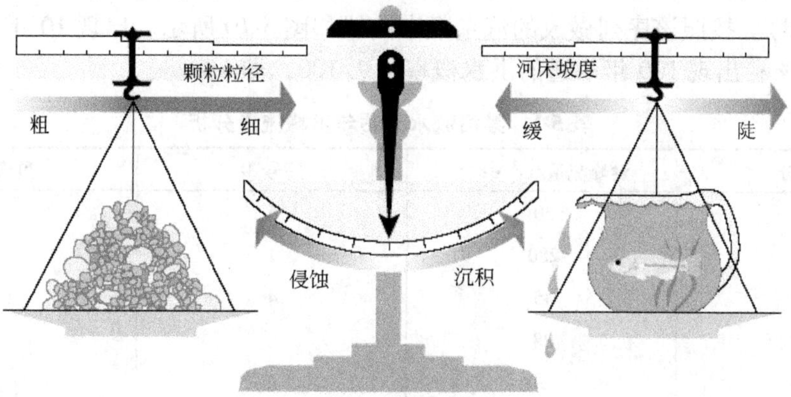


图 5-9 河流输沙量与流量的平衡关系

## 5.2 洪 水

当河床中流量溢过河岸时，就可以认为出现了洪水。对于大多数河流来说，洪水是流域中降水量、降水分布、降水入渗速率与地形地貌的函数。然而，某些洪水融冰、融雪与溃堤也可以引起洪水。另外，某些小流域的土地利用对洪水的影响也很大。

洪水流量是指某个河流断面位置洪水溢过河岸时河流流量，是洪水的量化指标，可用来进行洪水频率分析与计算。河流中某个时间的水面高程是水位（Stage），洪水水位可以警示洪水是否达到了高水条件，并可能造成生命与财产的损失。对于某个地区来讲，洪水水位有警戒水位与危险水位，取决于当地对洪泛区的土地利用状况。

### 5.2.1 洪峰流量、重现期与洪水频率

洪水与降水量、径流量及其强度有密切关系，一般电视与报纸上报道的灾害性洪水与少见的大强度暴雨有关，而由强度较小的暴雨引起的洪水则较为多见，出现的频率(Frequency)较大；反之亦然。对于一定规模的河流，一般都设有水文站（Gauging station），测量河流断面水位，计算流量（一般用 $m^3/s$ 来计量）。根据水文站记录，可以将每年的流量峰值与出现的重现期（Recurrence interval）作成流量频率曲线（Discharge-frequency curve）。该流量峰值称为洪峰流量（Flood-peak flow），而重现期则是指不小于或不大于一定量级的水文要素出现一次的平均间隔年数，以该量级水文要素出现频率的倒数表示。重现期可以根据下式计算：

$$R = (N+1)/M$$

式中，$R$ 为某个洪峰流量的重现期，单位通常是年；$N$ 为分析年数内的洪峰流量数据个数，也就是样本个数；$M$ 为样本中某个流量对应的序列号，通过流量由大到小排列后确定。

比如对于某个水文站 1995 年至 2003 年共 9 年的洪峰流量序列（表 5-1），最大值为 $280m^3/s$，对应于 1996 年，其排位第一，$M$ 值取 1，重现期 $R$ 为 $(9+1)/1=10$ 年，表示每 10 年可能出现大于或等于 $280m^3/s$ 的洪峰流量，通常也称之为 10 年一遇的洪水（10 year flood）。按照该序列做成的流量频率曲线如图 5-10 所示。出现 10 年一遇的概率为 1/10，即 10%；出现 100 年一遇的洪水概率为 1/100，即 1%。

**表 5-1 某河流水文站年洪峰流量分析**

| 年 份 | 洪峰流量/$m^3\cdot s^{-1}$ | 序号 $M$ | 重现期 $R$/a |
|---|---|---|---|
| 1995 | 30 | 5 | 2 |
| 1996 | 280 | 1 | 10 |
| 1997 | 45 | 4 | 2.5 |
| 1998 | 28 | 6 | 1.7 |
| 1999 | 120 | 2 | 5 |
| 2000 | 26 | 7 | 1.4 |
| 2001 | 100 | 3 | 3.3 |
| 2002 | 23 | 8 | 1.3 |
| 2003 | 20 | 9 | 1.1 |

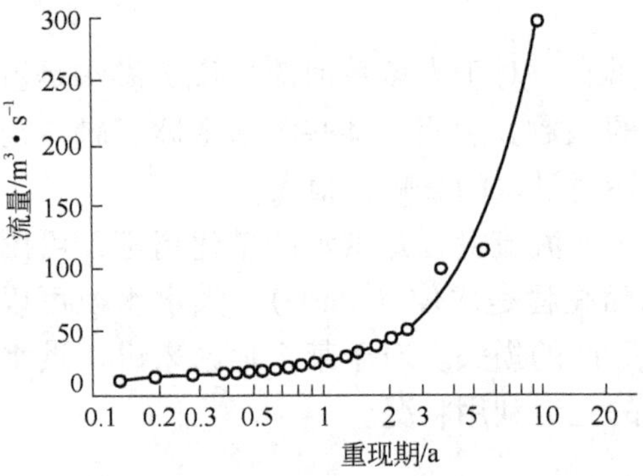


图 5-10 洪峰流量与重现期关系图

根据表 5-1 中列出的数据，外推可以得到 20 年一遇的洪水为 $450m^3/s$。然而，这样的外推是有风险的，一般不能超过分析序列长度的两倍。针对许多河流的研究表明，形成或维持河床的流量称为满槽流量（Bankfull discharge），或称齐岸流量，通常定义为重现期为 1.5 年对应的流量。比如有 100 个数据样本，1.5 年重现期的数据大致是排位第 67 位的数据。对应表 5-1 所列 10 个数据系列，满槽流量可取排位 6～7 中间的对应流量，大约为 $27m^3/s$。

随着洪峰流量系列的累积，可以更精确地预测洪水。但是，由于预测是建立在概率统计基础上的，洪水设计是有风险的。从长远观点来看，理论上 20 年一遇洪水表示每 20 年可能出现这样的洪水，但或许 20 年之内会两次出现 20 年一遇洪水，100 年一遇洪水并不代表每 100 年出现 1 次这样的洪水。

### 5.2.2 上下游洪水泛滥

区分上游洪水与下游洪水的意义，在于下游防洪措施的部署。上游洪水出现在集水流域的上部，一般是短期强降雨导致小面积范围的洪水灾害，不会引起区域性的洪水出现。但是，下游发生洪水，往往是由于大面积强降水所致，洪水组成复杂，消退时间长，造成的损失更严重。

### 5.2.3　洪水的灾害效应

20 世纪 90 年代以来我国特大洪涝灾害统计有 1991 年、1994 年、1996 年、1998 年；较大洪涝灾害为 1993 年（表 5-2）。平均大约每 2 年就要发生一个洪涝大灾年，其出现频率与 20 世纪 30 年代、50 年代相近，远高于其他时期。

**表 5-2　20 世纪 90 年代我国主要洪水灾害统计**

| 年　份 | 月　份 | 地　点 | 死亡人数 | 财产损失/亿元 |
|---|---|---|---|---|
| 1991 | 5～7 | 淮河和长江中下游地区；黑龙江、吉林、四川和贵州 | 5113 | 779 |
| 1993 | 5～6<br>7～9 | 广东、浙江、江西和福建；<br>湖南、江西、山东、江苏、四川、内蒙古、吉林 | 3321 | 630 |
| 1994 | 5<br>6～7<br>8 | 福建、江西<br>广东、广西、湖南、黑龙江、吉林、辽宁和内蒙古<br>浙江沿海 | 5000 | 1700 |
| 1996 | 6～8 | 长江、柳江、海河、黄河 | | 2200 |
| 1998 | 6～8 | 长江、嫩江、松花江、珠江 | 3004 | 1666 |

洪水的灾害效应可分为直接与间接两个方面。直接效应可归因于淹没，是洪水以其水流强度所导致的直接损失。比如，受伤与死亡，桥梁、道路、房屋等建筑物（构筑物）的冲毁，农田埋葬、侵蚀与淤积，通讯中断，景观与作物受损等等；间接效应包括河流短期污染，疾病传播，移民，以及衍生的火灾、管道的破裂、化学物质泄漏等等。

直接效应和间接效应都能进一步导致连锁反应，可大大加重因泛滥所造成的损失和破坏。比如体现在：

（1）正常公共设施的破坏和货物供应的混乱状态能导致产生饥饿、疾病和人类的其他苦难；

（2）家庭被分离，人们无家可归，以及丧失了经济生产能力；

（3）因水和卫生系统的污染而会对健康造成持续的危害；

（4）野生动物、蛇以及老鼠被赶出其常规栖息地，以致大批出没于人类聚集的群落，从而引起了另外的健康问题；

（5）学校和商店的关闭会使教育、贸易和就业受到损失；

（6）工业商品不能运往他处，销售就会耽搁甚至失去生意；

（7）田地和牧场由于其富饶表土被侵蚀和碎石的淤积这双重破坏，会丧失其生产能力；

（8）洪水在形成新河道的过程中，会损毁土地界线和航线；

（9）虽然大多数野生动物能对一定程度的泛滥作出调整而适应新的环境，但巨大的洪水仍可对一些动物的种、类、属的食物来源和繁殖地造成破坏。

然而，泛滥平原对人类很有价值，因为它有肥沃的耕地，适于建筑房屋和开办工厂，而且便于运输和使用其他服务设施。人们之所以居住在这些经常遭受洪水泛滥的地区，因为人类从这些地区获得的利益超过了由洪水带来的损失。只要我们继续居住在泛滥平原和低洼地带，我们就将面临洪水的威胁。可以说，洪水是阻碍文明、向人类适应自然环境能力挑战的一个灾害现象。

## 5.3 洪水形成的影响因素

尽管洪水主要是由暴雨引起的，但洪涝灾害形成过程中受到的影响也是多方面的，有自然因素，也有人为因素，包括气候因素、地质因素、流域泄洪能力、水土流失以及城市化等。

### 5.3.1 气候环境

我国降水的最大特点，是时间分布和区域分布上严重不均，这是导致洪涝和干旱交替频繁发生的根本原因。这种降水特征，是伴随新生代区域地壳运动和气候环境演化逐步形成的。

第三纪早期，全球气候比较温暖，我国和东亚大陆构造活动相对稳定，青藏高原，以及周缘山地尚未强烈隆起，大陆各地温差不大，气候带稀疏宽广；到第三纪末期，全球气候开始变冷，气候带增多，各带之间冷暖、干湿变化加大。一方面，我国各地区地貌形态出现比较强烈的多元化，另一方面青藏地区在全部成陆后开始向高原发展，大部分地区高程达2000m以上。在这种情况下，我国大陆气候带开始南移，而青藏高原对夏季风也开始产生更加强劲的阻滞作用，使西北地区开始出现干旱特征，华南地区的湿润热带、亚热带气候得到进一步发展。从第四纪以来，全球性降温形成大范围的东亚季风环流，并因青藏高原的急剧隆起而得到极大的加强。这加剧了西北地区的寒冷与干旱，并使华南地区夏季较同纬度地区更加炎热多雨，洪涝灾害尤其严重。从宏观上看，由于东亚季风气候和青藏高原持续隆起，我国洪涝和干旱灾害日趋频繁而又强烈。

### 5.3.2 厄尔尼诺与拉尼娜现象影响

厄尔尼诺（EI Nino）这个名称最早起源于19世纪末秘鲁沿岸的渔民中间，指季节性的向南流动的暖洋流入侵，取代了往常他们捕鱼时向北流动的冷洋流，这种现象一般发生在圣诞节前后。如今，厄尔尼诺不再指局部性的洋流的季节性变化，而是指影响全球的连续但不规则的大气和海洋循环变化的一种现象，能产生较为显著的天气影响。

与之相对应，自1985年起，中东太平洋地区海洋表层异常变冷的现象被称为“拉尼娜”（La Nina）。对居住在印度尼西亚、澳大利亚、东南非的人来说，厄尔尼诺意味着严重的干旱和致命的森林火灾。相反，厄瓜多尔、秘鲁、加利福尼亚的人则认为厄尔尼诺会带来暴风雨，然后引发严重洪水和泥石流。

根据这些年来的气候变化实况分析，厄尔尼诺和拉尼娜现象已经成为影响我国乃至全球气候的主要因素。1998年我国由于受到厄尔尼诺和拉尼娜现象的交错影响，江南、华南地区降雨频繁，长江流域、两湖盆地均出现了严重的洪涝灾害，长江流域出现了自1954

年以来的最大洪水，长江近一个月以来一直持续高水位。

### 5.3.3 主要江河河水宣泄不畅

受区域构造控制，我国地势西高东低，依次形成高原向高山、向平原过渡的三级台阶式地貌格局。由此，主要江河上游地势陡峻，水流一泻千里，而到中游或下游，地势陡降，河床坡度急剧变缓，河道曲折迂回，河水流速骤减，大量泥沙沉积，导致了行洪不畅，极易泛滥成灾。

以长江为例，出宜昌进入中游后，河道标高由100m以上陡降至50m以下，由此至长江入海口长达1800km，平均坡降只有0.28‰。特别是在江汉平原和洞庭湖平原地区，属于中新生代构造沉降盆地，从白垩纪开始沉降速率不断加大；第四纪晚更新世年沉降速率0.1mm左右；全新世时期发展为几毫米；最近几十年叠加某些非构造因素，每年沉降可达十几毫米。下游长江三角洲地区构造沉降和超强度开采地下水引起的地面沉降活动更加强烈，以上海和苏（州）、（无）锡、常（州）等城市为中心的地面沉降，使地面高程降低几十厘米到2m以上。这些局部性沉降活动，进一步加剧了积洪滞涝，加大了防洪抗洪难度。

差异性构造运动和泥沙淤积，造成河道迂回多变。以荆江河段最为典型：自湖北枝城至湖南城陵矶，全部荆江直线距离只有170km，但水流经九曲回肠，以致长达420km；其中，藕池口到城陵矶的下荆江段曲折尤甚——其直线距离只有80km，而河道水程却达240km。新中国成立以来，尽管对部分河道裁弯取直，并多次加高加固防洪大堤，但仍然是防洪险中之险。

### 5.3.4 湖泊调蓄洪水能力严重下降

湖泊对于蓄洪、分洪、调洪具有重要作用，然而湖泊调蓄洪水的能力严重下降。这种情况在全国各地区普遍存在，以长江中下游尤为严重。

据有关地区资料，1949年长江中下游地区共有湖泊面积25828km$^2$，1997年缩减至14073km$^2$，减少45.5%，到目前已不足12000km$^2$。被称为“千湖之省”的湖北，解放初期有天然湖泊1066个，到20世纪80年代末仅存309个。武汉市历史上曾号称“百湖之市”，仅市区原有湖泊池塘130多个，而目前仅剩下27个。

洞庭湖演化萎缩之剧烈，为国内外所关注。1825年以前，洞庭湖为一广阔的完整湖泊，面积6270km$^2$；此后，被逐渐肢离分解为东洞庭湖、南洞庭湖、西洞庭湖，到1949年，总面积4350km$^2$，容积近$300\times10^8$m$^3$；此后，进一步肢解萎缩，西洞庭湖已消逝，到1984年总面积只有2691km$^2$，容积只有$174\times10^8$m$^3$；20世纪90年代进一步缩减到2150km$^2$。

造成湖泊萎缩的主要原因，除了日益严重的围湖造田外，湖泊淤积也是根本性因素——正是强烈的淤积不但直接造成湖泊萎缩，而且为人工围垦造田提供了便利条件，从而进一步加剧湖泊萎缩退化过程。例如，洞庭湖平均每年接纳泥沙$1.33\times10^8$m$^3$，其中82%来自上游，其余来自湘江、资水、沅水、澧水。大量泥沙淤积，一方面使湖泊面积减小，另一方面使湖底抬高，年均抬升速率0.03m/a，同时，使湖泊容积急剧减小。长江流域众多水库也发生严重淤积，因此，每年损失库容总计$12\times10^8$m$^3$。

另一方面，湖泊淤积萎缩，实质上也是在一定环境背景下的地质动力过程。长江上游处于持续性抬升的构造剥蚀地区，加上强烈的构造活动和森林植被的严重破坏，大规模水土流失和崩滑流活动，为中下游湖河提供了大量碎屑泥沙；中下游地区是相对沉降的堆积区，地势平缓，河道湖泊开阔，自然是泥沙沉淀淤积的场所。这一过程是漫长而又强劲的自然动力活动，人类活动的影响或改造，则是有限的。因此，从未来发展看，长江流域，以及其他区域的湖泊萎缩趋势难以逆转，对洪水以及区域生态环境将产生更大的影响。表5-3列出了长江流域主要水域泥沙淤积情况。

**表5-3 长江干流及支流、湖泊、水库泥沙淤积情况**

| 江 河 | 年 限 | 淤积厚度/m | 淤积速率/cm·$a^{-1}$ |
|---|---|---|---|
| 长江（荆江段） | — | — | 3.0~5.0 |
| 平江（江西） | 1958~1980 | 0.88~1.54 | 4.0~7.0 |
| 巴水（湖北） | 1966~1980 | 1.0~1.40 | 7.0~10.0 |

| 湖 泊 | 年泥沙输入量/t | 年泥沙输出量/t | 年泥沙淤积量/t | 平均淤积速度/t·$km^{-2}$ |
|---|---|---|---|---|
| 洞庭湖 | $20600\times10^4$ | $5400\times10^4$ | $15000\times10^4$ | 55741 |
| 鄱阳湖 | $2280\times10^4$ | $1160\times10^4$ | $1120\times10^4$ | 2862 |
| 洪泽湖 | $1750\times10^4$ | $1030\times10^4$ | 7200000 | 3900 |
| 巢 湖 | 1120000 | 440000 | 780000 | 1000 |
| 太 湖 | 440000 | 100000 | 340000 | 145 |
| 合 计 | $24800\times10^4$ | $7644\times10^4$ | $17152\times10^4$ | |

| 水库类型 | 数量/座 | 库容/$m^3$ | 淤积量/$m^3$ | 淤积量占库容/% |
|---|---|---|---|---|
| 大型水库 | 23 | $2563800\times10^4$ | $129300\times10^4$ | 5.04 |
| 中型水库 | 12 | $25754.6\times10^4$ | $2418.1\times10^4$ | 9.39 |
| 小型水库 | 182 | $9234.3\times10^4$ | $1978.25\times10^4$ | 21.42 |
| 塘 堰 | 6492 | $7424.0\times10^4$ | $4148.0\times10^4$ | 55.90 |
| 合 计 | 6709 | $2606212.9\times10^4$ | $137844.55\times10^4$ | |

### 5.3.5 水土流失和崩、滑、流活动强烈

水土流失、崩塌、滑坡、泥石流与洪水灾害，具有同步消长的互馈关系。

一方面，暴雨洪水是激发水土流失和崩塌、滑坡、泥石流的重要因素，这些地质灾害时空分布明显受降雨条件控制：在区域上，多发生在地形起伏较大，新构造运动强烈，降水丰沛，且暴雨频发的地区；在时间上，以降水集中的夏季最强烈。区域性暴雨洪水，常常引发大面积群发性崩滑流灾害。如1994年6~7月，地处长江上游的云南省富源、曲靖、楚雄、昆明、思茅、临沧、红河等地区，因暴雨洪水引发大面积群发性泥石流，直接经济损失达10亿元以上。1998年因长江、松花江流域和广西、广东、新疆等地区大范围暴雨洪水，崩塌、滑坡、泥石流灾害特别严重，截至8月下旬的初步统计，全国共发生地质灾害18万处，造成1150人死亡，其中，长江中上游地区占2/3左右。

另一方面，水土流失和崩塌、滑坡、泥石流灾害又进一步加剧了洪涝灾害的活动强度：这些地质灾害严重破坏森林植被和土地资源，使生态环境恶化，导致生物、土地调蓄

涵养水分功能严重下降，从而增强了洪水的暴发强度和频次；这些地质灾害还造成河湖水库淤积，使湖泊、水库调蓄洪水能力下降，河床湖底抬高，中下游洪水水位高出两岸地面几米到十几米，使之成为地上“悬河”，从而加剧了洪水灾害，也加大了防洪难度。据有关资料，宜昌以上的上游流域水土流失面积 $35.2\times10^4km^2$，占上游总面积的35%，年均土壤侵蚀量 $15.6\times10^8t$。这些巨量侵蚀碎屑物中，除一部分淤积在长江支流和中小型水库中外，其余均汇入长江干流。长江宜昌水文站多年平均输沙量 $5.23\times10^8t$，约占长江上游年均土壤侵蚀量的1/3。

### 5.3.6　城市化影响

在一些几平方公里或几十平方公里的小流域，城市地区的土地利用不仅会增加洪水流量，而且会增加洪水的频率。其增长速率与土地硬化利用的比例有关，该类土地利用能形成非渗透的覆盖层；还与雨水排放管的服务面积有关，由于雨水管汇集非渗透地面的雨水到河流中，其汇集雨水的速率比天然条件下好。因此，非渗透地面和雨水管设施是城市化洪水出现的度量指标。比如，当非渗透地面占有比例达40%、雨水管服务面积达40%时，洪水出现的几率大约是城市化前的3倍，这个比例常被用于小频率和中等频率洪水的分析上。然而，随着流域集水面积的增大，50年一遇的大洪水受城市化的影响不明显。

洪水是降水与径流的函数，而城市化能够明显地改变这个关系。一些研究表明较大的暴雨带给城市的径流几乎是郊区的5倍，图5-11呈现了城市化前后地区洪水径流量与滞后时间（Lag time）的变化，明显表明随着城市化程度的增大，即非渗透地面面积和雨水管服务面积增大，城市径流快速增大，滞后时间减少，径流量增大。

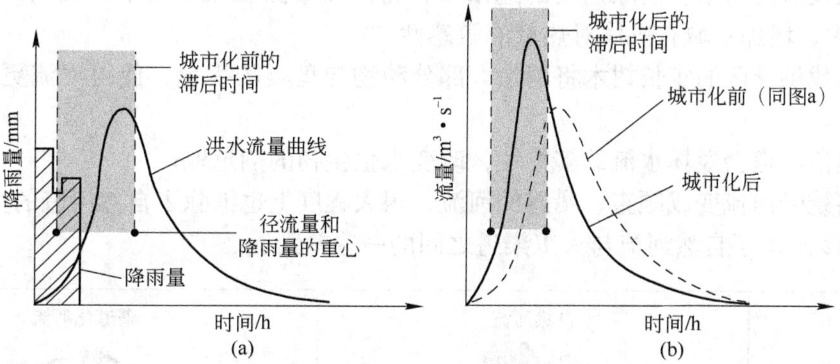


图5-11　城市化对洪水的影响

然而，如果雨水管网被堵塞或冲毁，持续时间长的中等降雨可导致城市洪水，这种情况下，城市内涝就会产生。城市化对洪水的影响，不仅体现在地面渗透性变化与雨水管网设施上，还体现在为获得水面景观而建筑的蓄水构筑物，以及小型河流上的桥梁设施，它们都能够影响河流的行洪，有时甚至是造成行洪不畅与内涝的主要原因。

## 5.4　洪水防护及对策

历史上尤其在19世纪，人类已经尝试通过河流的整治方法，比如通过建造大坝或防洪堤或河道疏浚来抵御洪水灾害。每一个防洪工程的建成都似乎告诉人们，这里不会再受洪水的侵害，以前的洪泛地也会被进一步开发利用。然而，当出现更大的洪水且防洪工程难以抵御时，人类又不得不建造更大的工程，抵御更大的洪水灾害。

近年来，人们开始比较不同防御方案的优缺点，是应该采用建造工程的方法来防御洪水，还是应该调节人类行为来适应洪水，后者包括洪水保险和洪泛区土地利用的管理。

### 5.4.1 防洪工程

(1) 防洪屏障　防御洪水的措施包括建筑防洪屏障（Flood-proofing），比如通常用混凝土来固化的防洪堤和防洪墙，河流上游可以蓄水延迟泄洪的水库，以及可以滞洪的低洼盆地。然而，由于洪泛区的不断开发利用，防洪屏障时常遭受不同程度的损毁，顺河建筑的防洪堤也年久失修，其防洪功能常常失效。不幸的是，当这些防洪工程失效时，洪水对邻近地区的侵害会更加严重，因为人们一直相信这些防洪工程是有用的，当地在洪水季节是安全的。

(2) 河流渠道化　所谓渠道化（Channelization），指顺直、加深、拓宽、清洁河流的一系列措施。这是一项工程技术，目的是能够防御洪水、排除内涝、防御侵蚀和改善通航条件，其中防洪与排涝是最主要的目标。目前，美国已经对几千公里的河流进行了改造，渠道化工程也正在规划与建设中。然而，一些不成熟的渠道化改造工程也带来了负面的环境效应。比如：

1）低洼区的排涝会消除当地某些物种的生境，恶化动植物的生存条件；

2）砍伐沿河树木会消除鱼类的遮阳带，将河流暴露在太阳底下，其结果会导致植物物种的丧失，增加水域有机体对热量的敏感性；

3）砍伐洪泛区的年长树木将消除大部分动物与鸟类的生境，使得河流更容易遭受侵蚀与盐化；

4）整治河道会毁坏水流的多样性，改变水生生物的栖息地；

5）将蜿蜒河流变成顺直、暴露的河流，很大程度上也消除了自然河流的美学价值。

图 5-12 示出了自然河流与人工渠道之间的一些差别。

| | 自然河流 | 渠道化河流 |
|---|---|---|
| 河道特征 | 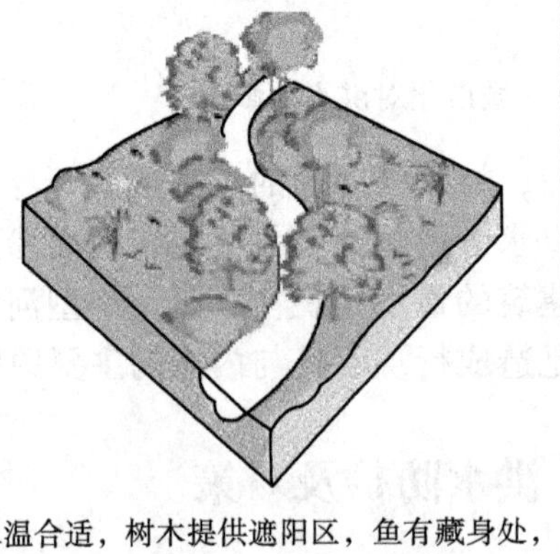 水温合适，树木提供遮阳区，鱼有藏身处，温度变化小，有丰富的枯枝落叶输入 | 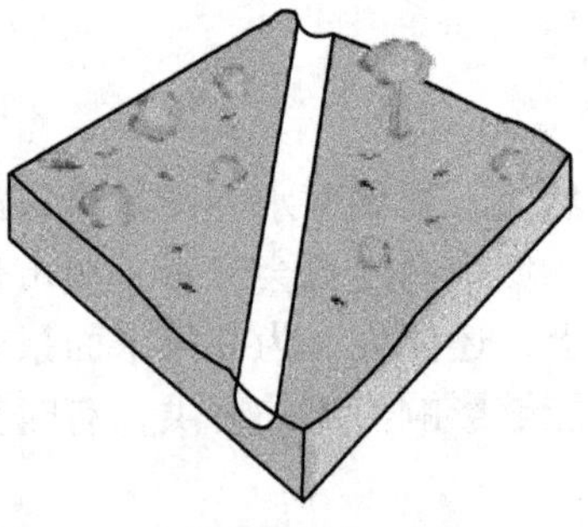 水温增加，没有遮阳区，鱼无藏身之处，温度波动大，缺乏物质输入 |

| | | |
|---|---|---|
| 深潭与浅滩具有层次 | 深潭：粉砂，细砾 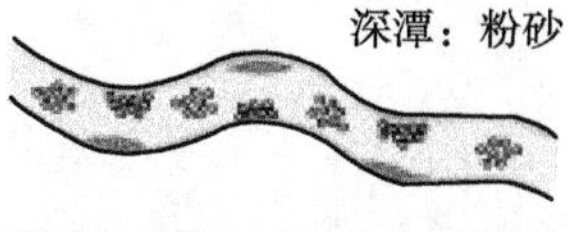 浅滩：粗砾，分选，生境多样 | 大多数浅滩 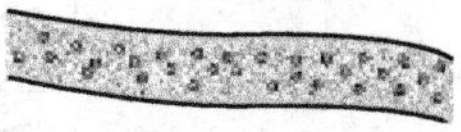 颗粒未分选，生境差，有机质少 |
| 深潭环境 | 丰水期 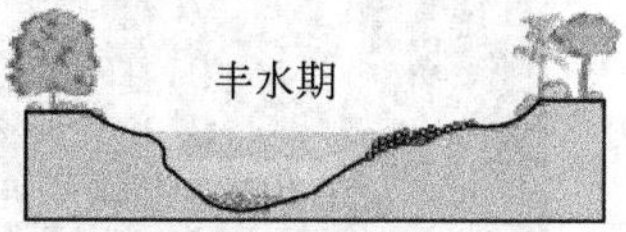 水流速度有差异，深潭大浅滩小，鱼类有休憩之处，如岸边、石块下 | 丰水期 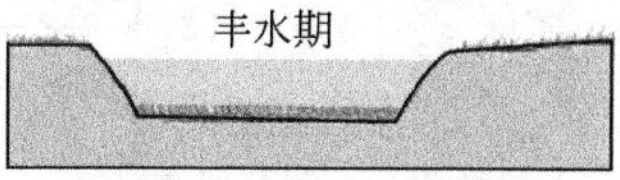 水流流速大，可能超过鱼类的适应能力，缺乏休憩场所 |
| 浅滩环境 | 枯水期 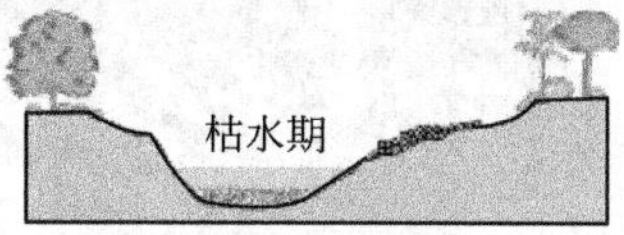 枯水季节有足够的水深维持水生物种的生长 | 枯水期 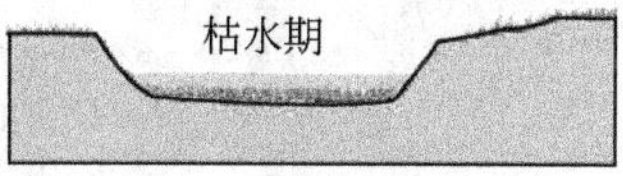 枯水季节没有足够的水深满足水生生物的生长 |

图 5-12 自然河流与渠道化河流特征对比

当然，不是所有的渠道化工程都会导致严重的环境退化。在许多地方，排涝工程是有利的，尤其对于历史上土地利用不当的城市和城乡结合部区域。另外，也有不少实例表明渠道化工程能够改善通航条件，减少洪水，并且没有引起环境问题。

### 5.4.2 河道修复

城市各项设施的建设存在填挖过程，产生了大量的建筑废土与垃圾，并阻隔了不少的小型河沟。河道修复（Channel restoration）就是采用各种技术，包括清除河道中城市沿河垃圾，使得水流畅通。由于树木能形成河流的遮阳带，树根可以防御河岸侵蚀（图 5-13），这样的修复尽量不要移植树木，保护现存河岸能够使得河流更加自然化。在修复过程中，应尽可能地允许河道保持蜿蜒，提供各种快慢不同的流速区，同时应严防侧向侵蚀，在河湾外侧（凹岸）应采用块石护岸（图 5-14）。

图 5-13 河流岸边的树木

### 5.4.3 洪水保险业

洪水保险（Flood insurance）就是对洪水灾害实行的保险。为配合洪泛区管理，限制洪泛区不合理开发，减少洪灾社会影响，对居住在洪泛区的居民、社团、企业、事业等单位实行的一种保险制度。它属于防洪非工程措施之一。一般有自愿保险和强制保险两种形式，后者更有利于限制洪泛区的不合理开发。

早在 1968 年，美国联邦政府接管了私人公司难于开展的洪水保险业务，形成了美国

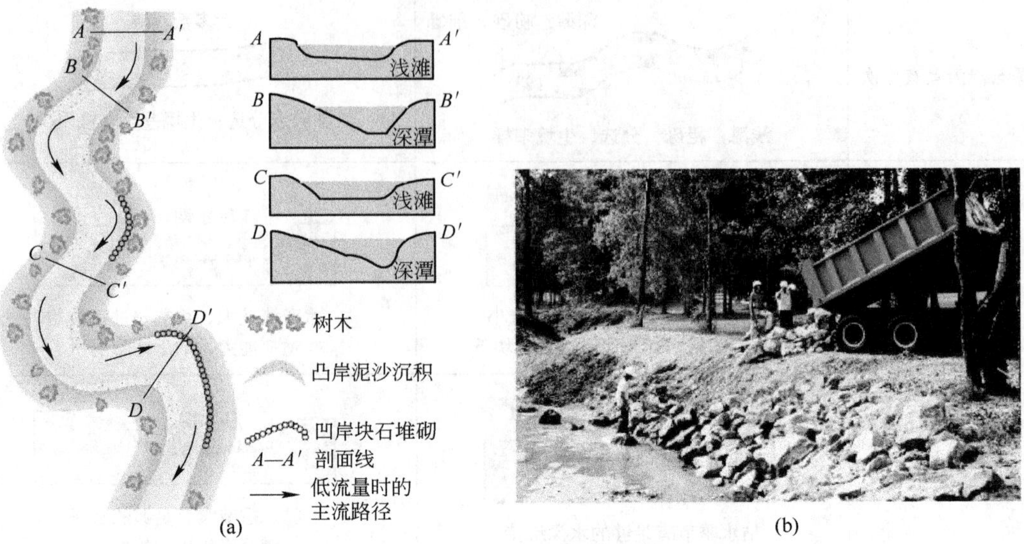


图 5-14 自然河流不同的流速区（a）和块石护岸（b）

国家洪水保险项目（U. S. National Flood Insurance Programe），要求在30天内落实洪水保险的信贷津贴。尤其在按百年一遇设防洪水的地区，新的财产拥有者必须按照风险评估来购买洪水保险。洪水保险项目目的是对短期洪水受害者提供资金资助，同时也为洪泛区确定长期的土地利用规则。

在美国，洪水评价的范围为百年一遇淹没的区域，这个范围内仅能分布防洪构筑物，并且在20年一遇洪水范围内不能有其他建筑物（图5-15）。凡是参与国家洪水保险项目的团体，必须遵守这样的洪泛区土地利用规则。在20世纪90年代，美国对保险项目进行了改革，并在1994年形成了国家洪水保险改革方案，以减轻洪水灾害，包括防洪设施建设、重新安置、政府购置常被洪水淹没的财产等。

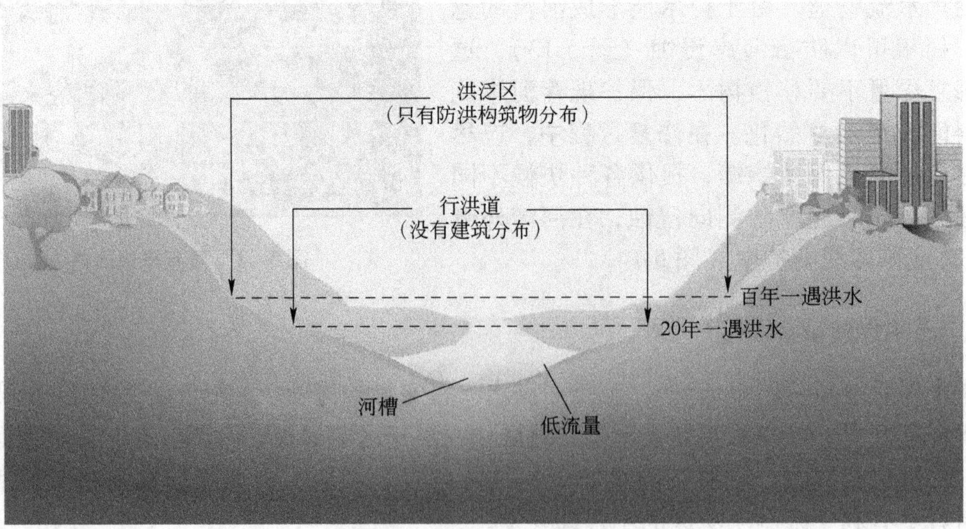


图 5-15 美国洪水保险项目中洪泛区管理规则

我国的洪水保险业务才刚刚开始，需要广泛地开展宣传，提高社会各阶层对洪水保险的认识，进一步研究、完善各种合乎国情的洪水保险制度和机制，使其在我国的防洪事业中发挥更大的作用。

### 5.4.4 洪泛区土地管理

从环境角度出发，最小化城市地区洪水灾害的最好途径是制定洪泛区条例（Floodplain regulation），对洪泛区实施严格管理，其目的是在最小化洪水损失和洪水防御成本的同时，最大效益地利用洪泛区。对于盲目利用洪泛区造成巨大财产与生命损失，对于完全放弃洪泛区利用、放弃有价值自然资源开发，洪泛区管理是一个折中措施。

洪泛区管理不意味着不需要防洪屏障、水库和渠道化工程，在已经开发的洪泛区，它们保护生命与财产的功效是不可否认的。然而，也需要认识到，洪泛区是河流系统的一部分，任何侵占都会减少洪流侧向断面，增加洪水淹没。一个妥善的解决方法就是中止洪泛区的开发，避免形成新的阻洪障碍。换句话讲，在开发过程中应该考虑自然属性，需要综合考虑人工屏障与洪泛区管理规则，减少河流系统的人为改造。

### 5.4.5 灾害知识教育

洪水是最为普遍的自然灾害，尽管我们不能阻止洪水的发生，但每个人应有更好的防备。洪水来临前后，每个人都应该知道能够做什么样的准备，以及什么样的事是不能做的，如表 5-4 归纳所示。

**表 5-4 洪水前后可做的与不可做的事**

| 洪水前的准备 | |
|---|---|
| 可做的 | （1）向当地洪水管理机构咨询，了解你的财产是否存在洪水侵害的风险；<br>（2）如果财产有风险，应争取购买洪水保险；<br>（3）购买沙袋或挡板，防止洪水进入家门；<br>（4）整理防洪工具包，包括手电筒、毯子、装电池的收音机、急救包、橡胶手套、重要的个人文件，可能的话，将它们放在高处或楼上；<br>（5）弄清你的电源开关与天然气阀门在哪里，若不知道则需要尽早向查表人了解；<br>（6）与你的家庭成员或室友聊聊洪水知识；如果想写洪水日记，可以购买笔记本并事先存放在防洪工具包中 |
| 不可做的 | 低估洪水的危害 |
| 洪水警报发出后 | |
| 可做的 | （1）准备撤离；<br>（2）观察水位，等待，听取广播、电视新闻；<br>（3）人与宠物撤离到楼上或高处；<br>（4）将你的车开到高地上；<br>（5）关心你的邻居，了解他们是否需要帮助，比如撤离或搬运方面的困难；<br>（6）尽量在白天多做些事，一旦晚上停电，做事则很麻烦；<br>（7）保持温暖与干燥。洪水可能延时，天气会变冷，准备充分的衣服和食物 |
| 不可做的 | 不要在超过膝盖的洪水中行走：很容易滑倒，水下的隐患不易识别与处置 |

续表 5-4

| 洪水之后 | |
|---|---|
| 可做的 | （1）检查房屋的毁坏情况，并摄影记录；<br>（2）如果事先有保险，可索赔；<br>（3）在搬回家具、清理地板时可寻求专业人员的帮助；<br>（4）与气、电、水公司联系，在重新使用前进行检查；<br>（5）打开门窗，房屋通风；<br>（6）清洗水龙头，并打开持续几分钟；若水源可能被污染，应及时与供水方接触 |
| 不可做的 | 接触被水浸湿的物体：洪水可能受到污废水污染，应对潮湿的物体进行消毒与清洁 |

## 5.5 小结

河流是岩石循环中输送系统的基本单元，是塑造地形地貌的主要动力源泉。河流的侧向迁移与周期性的洪水上岸导致了泥沙沉积，形成了洪泛区；洪水的大小与频率呈负相关，是降水量大小及其分布，以及降水入渗速率的函数。在中小城市，地面硬化将增加洪水径流。

洪水是人类最普遍经历的自然灾害。在发达国家由于有先进的监测与预警系统，生命损失相对较轻，但财产损失较为严重，这与洪泛区的开发利用有关。对洪水灾害程度的影响包括洪泛区的开发利用，洪水的流量与频次，洪水位上涨速度和持续时间，季节，河床沉积，预警与应急系统的有效性。

从环境角度，洪水损失最小化的最好方法是洪泛区管理，但同时需要一些工程构筑物来保护已开发的城市化地区，这些工程构筑物包括防洪堤、防水墙和水库等。洪泛区管理与防洪工程技术相结合，是较为实用的解决方案。

通过顺直、加深、拓宽、清洁等措施使得河流渠道化，是目前普遍的防洪与排涝措施。渠道化经常引起环境的退化，过去许多渠道化河流正在被修复，以恢复自然河流具有的面貌。

对于洪水的来临需要有更精确的预测，因而对洪水防治任务也越来越艰巨。在进行灾害知识教育的同时，单纯依靠加高、加固和防守堤防可以取得一次、两次抗灾胜利，但这绝非长久之计，因此在面对日益严重的洪涝灾害威胁时，必须寻求长治久安的综合对策与措施，尤其是洪泛区土地利用的管理。

### 关键术语

| | | |
|---|---|---|
| 10 year flood | Bankfull discharge | Base level |
| Base flow | Bed load | Channel restoration |
| Channelization | Deposition | Discharge-frequency curve |
| Drainage basin | Dissolved load | Erosion |
| EI Nino | Estuary | Flood |
| Frequency | Floodplain | Flood-peak flow |
| Floodplain regulation | Flood-proofing | Flood insurance |

| | | |
|---|---|---|
| Lag time | La Nina | Longitudinal profile |
| Recurrence interval | Runoff | Sediment discharge |
| Sediment load | Streamflow | Stream channel |
| Stage | Suspended load | |

## 复 习 题

1. 什么是流域？
2. 河流的总输沙量由哪三部分组成？
3. 什么是河流的水沙平衡？
4. 10 年一遇洪水意味着什么？如何确定 10 年一遇洪水？
5. 河流的横断面和纵剖面有什么差别？
6. 城市化对洪水有什么样的影响？
7. 洪水的主要影响主要体现在哪些方面？
8. 什么是河流的渠道化？什么是河流修复？
9. 制订洪泛区条例的目的是什么？
10. 洪水保险对洪泛区管理有什么作用？

## 思 考 题

如果你工作的单位正在对洪泛区做城市开发规划，你也知道城市化会带来洪水效应，为避免这样的效应，那么你应做怎样的建议。请制订一个行动纲要。

# 6 岩土块体运动

块体运动（Mass movement）是指地球表层岩土体沿斜坡或垂直向下位移的现象。在国外，还有一个相似的表达，即“Mass wasting”，也是指土壤、表层风化物、岩体在重力作用下沿斜坡向下位移的过程，也包括下沉。为方便描述，国外有人用“Landslide”笼统地描述“Mass wasting”这样一个综合性的地质学术语。我国对“Mass wasting”尚没有贴切的译文，通常的滑坡、崩塌、泥石流都属于该类现象。由于“下沉”这样的块体运动，比如地面沉降、地面塌陷，与斜坡体上的块体运动存在成因上的差别，多与矿产资源（包括地下水资源）开发有关，本章对下沉现象不做讲述，将在后面相关成因的章节中介绍。

块体运动是普遍存在的一种地质灾害，常常与其他灾害如地震、洪水和火山爆发联系在一起，它的发生需要足够的驱动力克服岩土本身的稳定性。当驱动力超过抗剪强度极限时，岩土体会失稳，导致一系列不同的物质运动。

大多数的岩土体位移是小型的，缓慢的，但有的规模也很大，位移速度快。该类岩土体位移能够造成生命财产的损失，在石山地区，每年因自然作用和人为活动导致的斜坡失稳损失十分严重。比如美国平均每年死于该类灾害 25 ~ 50 人，而全球的损失则是该数字的数倍。在我国 2008 年 5 月 12 日的四川汶川地震后，截至 7 月 20 日，统计有 8627 处地质灾害点，其中滑坡 3627 处、崩塌 2383 处、泥石流 837 处、不稳定斜坡 1694 处，直接威胁 804945 名群众的生命财产安全。图 6-1 为 2008 年四川汶川地震中北川新县城的滑坡景象。

图 6-1 2008 年四川汶川地震中北川新县城滑坡景象

随着人们居住条件的改变，越来越多的人生活在山脚下，加上现代交通道路、航线、旅游的发展，斜坡失稳问题越来越多地影响人们的生活、工作与出行，引起了人们的密切关注，是地质灾害研究与防治的重点对象。

## 6.1 块体运动的类型

### 6.1.1 分类

由于块体运动具有物质构成与诱发因素的差异性，对该类地质灾害事件进行归纳是困难的。物质的构成有岩石、土壤，其块体大小不等，运动速度快慢不同，有不同的含水量。因此有必要在对该类运动形成因素调查的基础上，根据其主要特征进行分类。

国外对块体运动的划分较细，按照运动物质的构成与运动方式，结合含水量与运动速度，通常将斜坡岩土体运动分为滑动（Slide）、崩落（Fall）、流动（Flow）、下沉（Subsidence）与混合式滑坡（Complex landslide）等几种类型（图 6-2）。根据我国的分类，该类重力运动大致分为滑坡、崩塌和泥石流。

#### 6.1.1.1 滑坡

滑坡（Landslide）是指斜坡上的土体或岩体，受河流冲刷、地下水活动、地震及人工切坡等因素的影响，在重力作用下，沿着一定的软弱面或软弱带，整体地或分散地顺坡向下滑动的自然现象。我国一些地方的群众形象地把滑坡俗称“走山”、“垮山”、“地滑”和“土溜”等。滑动面可以是平面状或凹形；滑体在滑动过程中可以呈碎块状，或呈整体，可以具有一定的运动方向，也可以呈旋转运动（图 6-2（a）~（d））。有时滑体移动的位移达数百万米，表现出惊人的壮观。

根据我国《滑坡防治工程勘察规范》（DZ/T 0218—2006），滑坡可以按照滑体厚度、运动形式、发生原因、发生年代、稳定程度和滑坡体体积进行不同分类。其中按照滑体体积可分为五级：

（1）小型滑坡，滑坡体体积小于 $10\times10^4 m^3$；

（2）中型滑坡，滑坡体体积为 $10\times10^4\sim100\times10^4 m^3$；

（3）大型滑坡，滑坡体体积为 $100\times10^4\sim1000\times10^4 m^3$；

（4）特大型滑坡，滑坡体体积为 $1000\times10^4\sim10000\times10^4 m^3$；

（5）巨型滑坡，滑坡体体积大于 $10000\times10^4 m^3$。

#### 6.1.1.2 崩塌

崩塌（Fall）通常指陡坡上被直立裂缝分割的岩土体，由于根部空虚，折断压碎或局部滑移，失去稳定，突然脱离母体，向下倾倒、翻滚的地质现象（图 6-2（e），（i）；图 6-3）。产生在土体中者称土崩，产生在岩体中者称岩崩。规模巨大、涉及山体者称山崩。大小不等、零乱无序的岩块（土块）呈锥状堆积在坡脚的堆积物，称崩积物。

崩塌主要发生在雨季，经常在大于 45°的峡谷陡坡段、河谷凹槽、冲沟岸坡、山坡陡岸和山区建设的削方路堑高陡边坡上发生；地层岩性以硬岩为主，在有地质构造经过的区

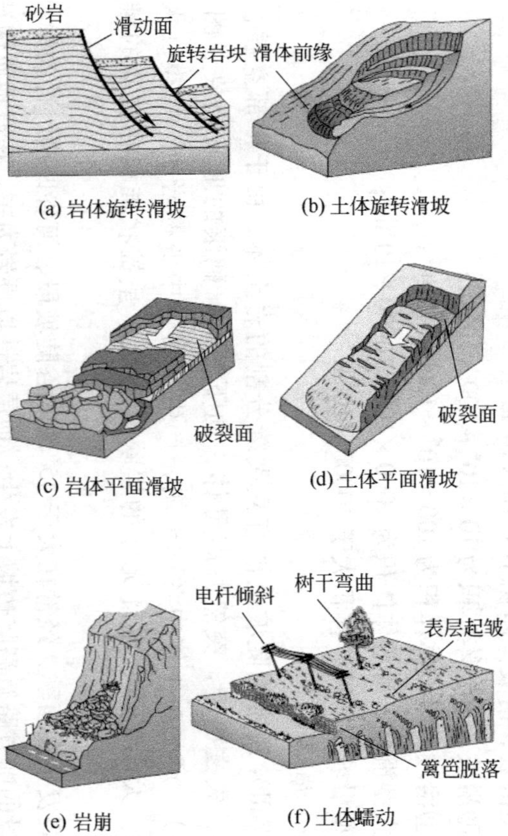


| 运动类型 | 物质：岩体 | 物质：土体 |
|---|---|---|
| 不同含水量与运动速度的滑坡 | 旋转的 | |
| | 岩体旋转滑坡(a) | 土体旋转滑坡(b) |
| | 平面的 | |
| | 岩体平面滑坡(c) | 土体平面滑坡(d) |
| 崩塌 | 岩崩(e) | 土崩 |
| 流动（慢→快→非常快） | 岩体蠕动 | 土体蠕动(f) |
| | 未固结物质 | |
| | 泥流(g)<br>岩屑流(h) | |
| | 岩屑崩落(i) | |
| 侧向滑移 | 岩体(j) | 土体 |
| 下沉 | 岩体(k) | 土体 |
| 混合式滑坡 | 滑动与流动组合(l) | |

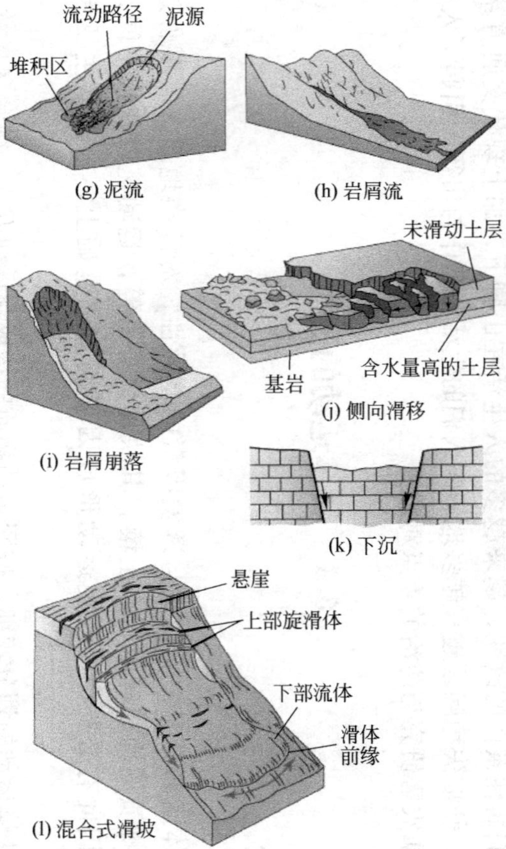


图 6-2　国外块体运动的分类示意图

域和风化作用强烈的地区容易发生；软硬相间岩层，由于风化差异，坚硬岩土体突出，结构面切割或重力蠕变，就会产生崩塌；不合理的人为工程活动也易产生崩塌。

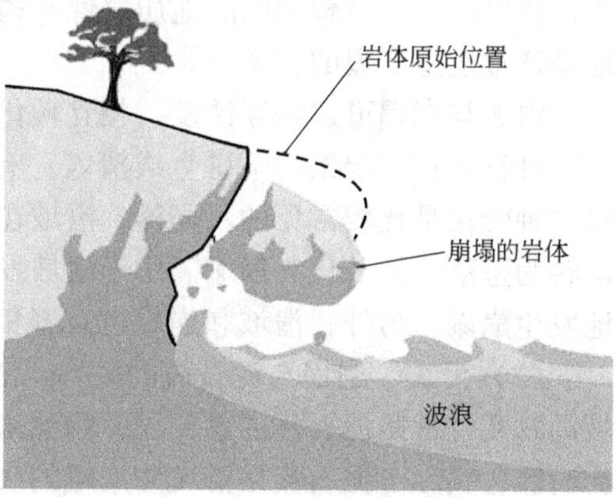

图 6-3 崩塌示意图

6.1.1.3 *泥石流*

泥石流（Debris flow）是山区特有的一种自然地质现象，它是由于降水（暴雨、冰川、积雪融化水）产生的沟谷或山坡上的一种挟带大量泥砂、石块、巨砾等固体物质的特殊洪流，是高浓度的固体和液体的混合颗粒流（图 6-2g ~ j）。我国有些地方俗称“走蛟”、“出龙”、“蛟龙”等。“泥石流”的概念与国外“岩屑崩落”（Debris avalanches）相似，其特征往往是暴发突然，浑浊的流体沿着陡峻的山沟而下，在很短时间内将大量泥沙石块冲出沟外，沿途植被根部常被挤压弯曲（图 6-4），最后在宽阔的堆积区漫流堆积，常常给人类生命财产造成很大的危害。

图 6-4 泥石流造成树根弯曲

泥石流形成一般必须具备 3 个条件：较陡峻的便于集水、集物的地形地貌；丰富的松散物质；短时间内有大量水源。

（1）地形地貌条件：地形上，山高沟深、地势陡峻，沟床纵坡降大，流域形状便于水流汇集。上游形成区地形多为三面环山，一面出口的瓢状或漏斗状，地形比较开阔，周围山高坡陡，山体破碎，植被生长不良，有利于水和碎屑物质的集中；中游流通区，地形多为狭窄陡深的峡谷，谷床纵坡降大，使泥石流能够迅猛直泻；下游堆积区地形为开阔平坦的山前平原或河谷阶地，使碎屑物有堆积场所。

（2）松散物质来源条件：地表岩层破碎，滑坡、崩塌等不良地质现象发育，为泥石流提供了丰富的固体物质来源；另外，岩层结构疏松软弱，易于风化，节理发育，或软硬相间成层地区，因易受破坏，也能为泥石流提供丰富的碎屑物质来源；一些人类工程经济活动，如滥伐森林造成水土流失，采矿、采石形成的尾矿、弃渣等，往往也为泥石流提供大量的物质来源。

（3）水源条件：水既是泥石流的重要组成部分，又是泥石流的重要激发条件和搬运介质的动力来源。水源有暴雨、冰雪融水和溃决水体等。我国泥石流水源主要来自暴雨和长时间的连续降雨、高山融雪及冰湖溃决等。

### 6.1.2 不同类型间的关系

滑坡、崩塌、泥石流三者除了相互区别外，常常还具有相互联系、相互转化和不可分割的密切关系：

（1）滑坡与崩塌的关系。滑坡和崩塌如同孪生姐妹，甚至有着无法分割的联系。它们常常相伴而生，有着相同的地质岩性与构造条件，有着相同的触发因素，容易产生滑坡的地带通常也是崩塌的多发区。

滑坡与崩塌可以相互诱发，相互转化。一个地方长期不断地发生崩塌，其积累的大量崩塌堆积体在一定条件下可生成滑坡；有时崩塌在运动过程中能够直接转化为滑坡运动，且这种转化是比较常见的。同样，滑坡在向下滑动过程中若地形突然变陡，滑体就会由滑动转为坠落，即转化为崩塌。由于滑坡发生后其后缘常产生许多裂缝，陡直的后壁会不断地发生崩塌。另外，滑坡和崩塌也有着相同的次生灾害和相似的发生前兆。

（2）滑坡、崩塌与泥石流的关系。滑坡、崩塌与泥石流的关系也十分密切，崩塌和滑坡的物质经常是泥石流的重要固体物质来源，滑坡、崩塌还常常在运动过程中直接转化为泥石流，实际上泥石流是滑坡和崩塌的次生灾害。与滑坡和崩塌不同的是，泥石流通常是在水的携带下向下游运动的，因此在潮湿多雨的我国南方地区，泥石流也是一种严重的地质灾害。

## 6.2　斜坡稳定性

### 6.2.1　作用力

判断块体运动的原因，需要分析斜坡的稳定性（Stability），这可以通过斜坡受力分析来反映。

作用于斜坡上的力可以分为两类，即驱动力（Driving force）与阻力（Resisting force）。驱动力促使斜坡物质向下运动，通常是滑动面上岩土体和其他物体（如建筑、植被）重力沿斜坡向下的分力；阻力能够阻止斜坡物质向下运动，通常是滑动面上岩土体及其他物体重力引起的摩擦阻力。可能的滑动面（Slip plane）通常是地质上的软弱面或断层面。

斜坡的稳定性评价需要计算安全因子（Safety factor，SF），是指阻力与驱动力之比。当 SF 大于 1 时，阻力大于驱动力，斜坡是稳定的；当 SF 小于 1 时，驱动力超过了阻力，斜坡会失去稳定性。

### 6.2.2　影响稳定性的因素

需要注意的是，驱动力与阻力不是不变的，当地条件变化，可以引起受力条件的变化，并影响安全因子 SF。影响斜坡受力变化的因素包括：斜坡物质构成、构造活动、斜坡坡角和地形地貌、气候、植被、水和时间等。

#### 6.2.2.1　物质构成

斜坡物质的构成能够影响斜坡向下运动的类型。对于滑坡，有旋转滑动（Rotational slides or slumps）与平面滑动（Translational slides）两种基本的运动类型。旋转滑动常产生一个像躺椅一样向上弯曲的曲面，比如在均质各向同性物质中常出现旋转滑动（图 6-5）。当软弱夹层出现时，滑坡常呈平面滑动，其滑动面通常是岩石中的裂隙面、基岩面和软弱夹层面。对于基岩面上较薄的覆盖层，出现滑坡时通常也是呈平面状（图 6-6，图 6-7）。

在崩塌现象中，物质组成同样是一个重要因素，比如上覆岩体是致密坚硬的岩石，如

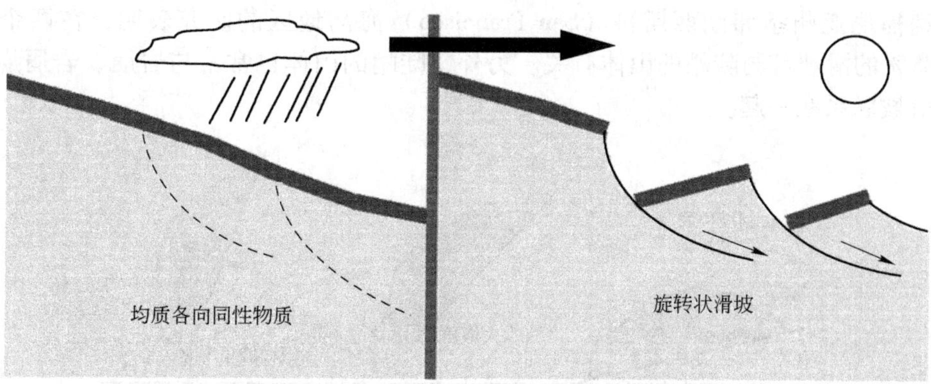


图 6-5 均质各向同性物质中常出现旋转状滑坡

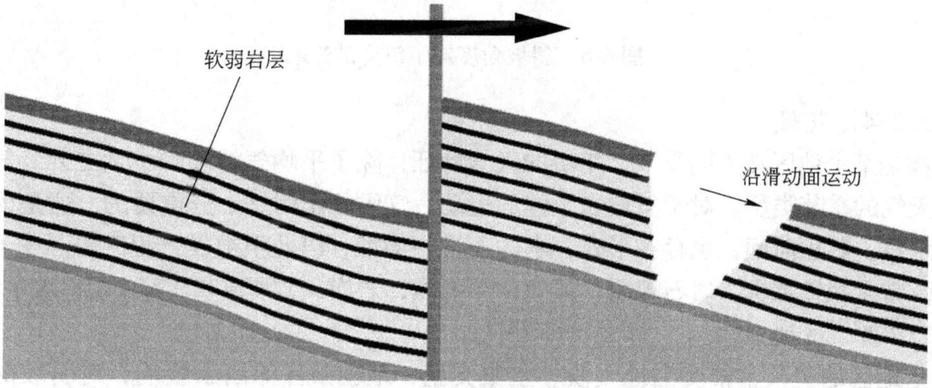


图 6-6 软弱岩层导致平面状滑坡

砂岩，而下伏岩石是软弱易风化的岩层，如泥岩或页岩，下伏岩石快速风化可导致上覆岩石的崩落。

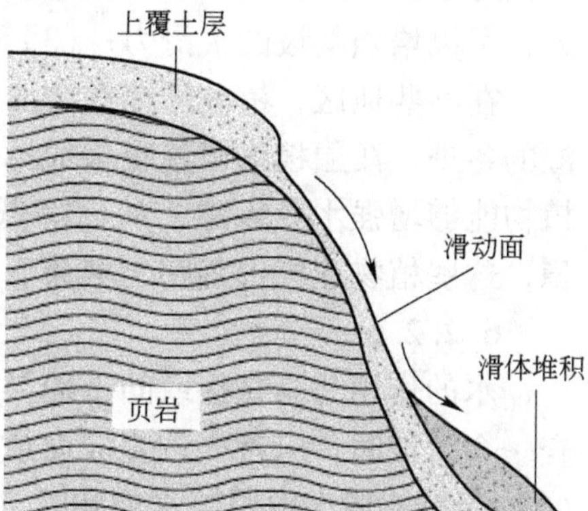


图 6-7 基岩上覆土层的平面滑动

不同的岩土组成导致斜坡体运动的频率是不同的，在火山岩地区，由于松散的火山灰、火山碎块常常能形成火山泥流；而在砂岩、石灰岩分布地区，类似的现象相对较少。因此，在开发利用页岩、泥岩等软弱岩层斜坡之前，人们必须小心论证可能存在的滑坡等灾害。

6.2.2.2 构造活动

许多滑坡都有一个明显的应力剪切面，通常又与构造活动有关。典型的，地震是激发滑坡产生灾害的直接原因。如 1973 年四川炉霍地震的同时，在震中附近有 139 处滑坡；2008 年汶川地震引起的滑坡就达 3627 处，加上崩塌、泥石流等，地质灾害点达 8627 处。

6.2.2.3 斜坡角度

山坡坡角是山体陡峭程度的量化指标，它对斜坡体的下滑力影响很大。当坡角从 15°增加到 45°或更大时，驱动力也会增大，这也是滑坡常出现在陡峭山体的原因（图 6-8）。对美国加利福尼亚州圣弗朗西斯科（San Francisco）海湾地区的研究表明，在两个雨季里75%～85%的滑坡都与陡峭的山体有关。另外，陡峭的山体也常常与岩崩、岩屑崩落、浅层土壤滑坡联系在一起。

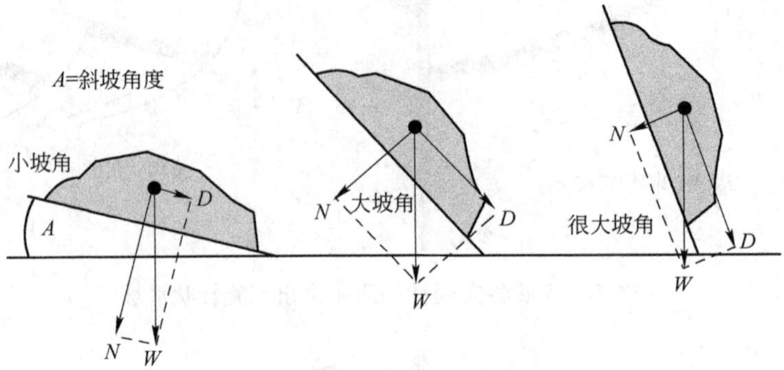


图 6-8　斜坡角度对下滑力的影响

6.2.2.4　气候

气候是某个地区在不同季节、年份的天气特征，除了平均气温和降水量之外，气候要素还包括天气的季节类型。对于斜坡岩土体的运动，气候的作用是十分重要的，这是因为气候影响到水量，降水时间，水存在形式，水的入渗与潜蚀，以及植被发育程度等。在干旱半干旱地区，常常植被稀少，岩石裸露，风化作用强烈，岩崩、岩屑流和浅部土层滑坡常常发生。

6.2.2.5　植被

一个地区的植被常常受当地气候、土壤类型、地貌条件等因素影响，对斜坡的稳定性具有重要的影响，主要体现在：(1) 植被产生的覆盖层能够减少雨水对斜坡的冲击力，同时促进水分下渗，减少表层土壤侵蚀；(2) 植被的根系与斜坡岩土之间具有明显的黏结力，可以增强斜坡的抗滑力；(3) 植被增加了斜坡体的重量。

在某些地区，植被的存在增加了滑坡的可能性，尤其是陡峭山坡上的土层滑坡。在潮湿的冬季，浅层植物根茎吸水成冰，增加了斜坡体的重量，同时也增加了驱动力；另外，植物能够增强水分入渗，从而降低阻力，这些都会降低斜坡体的安全因子。一旦斜坡失稳，这些植物连同根茎和土壤会下滑到斜坡脚部。

6.2.2.6　水的作用

水的作用总是直接或间接地与滑坡联系在一起，因此对斜坡的稳定性尤为重要。在调查一个滑坡时，应首先调查坡面或坡体中的水的作用。水对斜坡稳定性的影响有三方面：(1) 当斜坡体在雨季被水饱和时，就容易产生滑坡，尤其是土层滑坡；(2) 当水侵入到斜坡内部后，可能会成为滑动面的润滑剂，促进滑坡的发生；(3) 水能侵蚀斜坡的基部或坡脚，从而降低斜坡的稳定性。对于第三种情况，河水或波浪冲刷河岸，引起泥沙搬运，岸堤掏空，常常发生塌岸现象，就是一个普遍的例子（图 6-9）。

在亚洲，无数的滑坡、岩土体运动都与洪水有关。1938 年 7 月，日本 Kobo 的暴雨产生的滑坡与泥石流造成 461 人死亡、10 万间房屋被毁坏；1945 年 9 月，日本 Kure 由于台风降雨产生的岩质泥流造成 1154 人死亡；1958 年 9 月东京台风降雨在 24h 内降雨量达 392.5mm，创历史纪录，同时产生 1029 个滑坡、塌陷，导致 61 人死亡。我国滑坡灾害

图 6-9 波浪冲刷引起的塌岸现象

发生的时间，主要集中于每年的 5 ~ 10 月，大多产生于暴雨或连续降雨之后。如 2000 年 9 月 3 日，云南兰坪县在连续降雨之后产生滑坡，滑坡面积约 $1km^2$，占县城面积 1/3，受灾人口 5000 多人，直接经济损失 5000 多万元。

6.2.2.7 时间的作用

作用于斜坡上的力常常随时间而变化。比如，当斜坡岩土体含水量或水位随季节性变化时，斜坡体的驱动力和阻力也会变化，进而导致安全因子下降；随着蠕动速率增大，安全因子也会下降直至滑坡产生（图 6-10）。在化学风化岩分布地区，水与岩土的接触会发生化学侵蚀，降低岩土强度，虽然这种侵蚀很慢，但长期的侵蚀会促进斜坡体的下滑运动。比如我国南方碳酸盐岩地区，由于潮湿多雨，长期化学风化，从而成为滑坡、崩塌甚或泥石流常常发生的多灾地区。

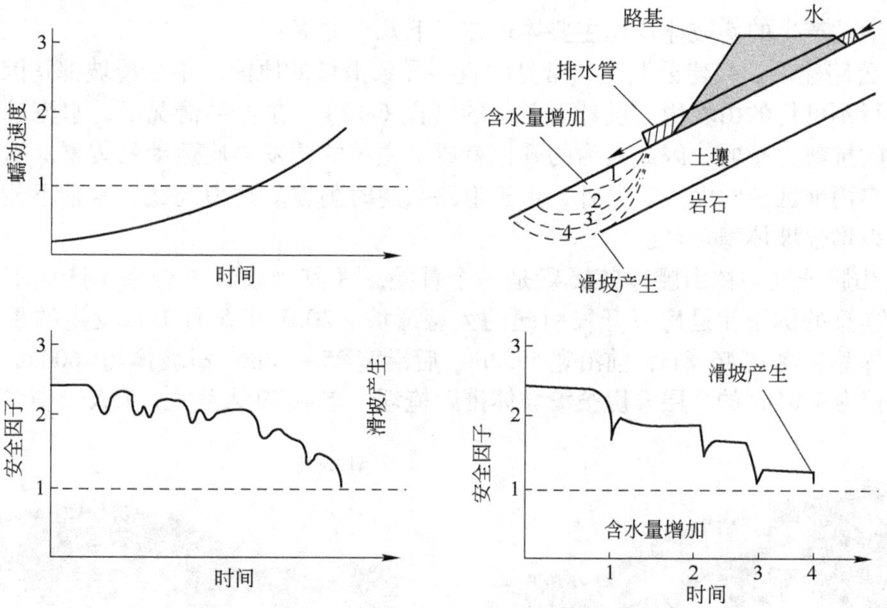


图 6-10 时间对滑坡产生的影响

## 6.3 人类开发活动的影响

在 20 世纪，人为活动诱发的滑坡记录急剧上升，这主要是由于人口膨胀、城市化以及越来越多的建设，以致我们大规模地改变了地貌景观，比如大坝与公路的建设改变了坡体形状，常常导致斜坡体运动的发生。人类活动增大山坡坡度、扰乱地球物质性质、增加山坡负载以及使山坡物质含水量增加等等都破坏了斜坡或边坡岩土体平衡的条件，都能够导致山坡不稳定和激发滑坡产生（图 6-11）。

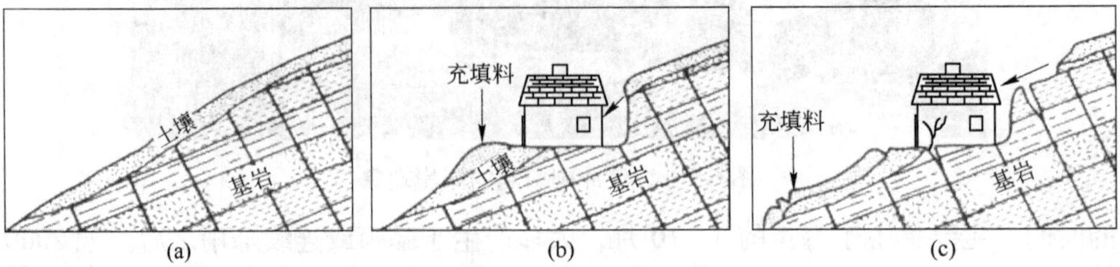


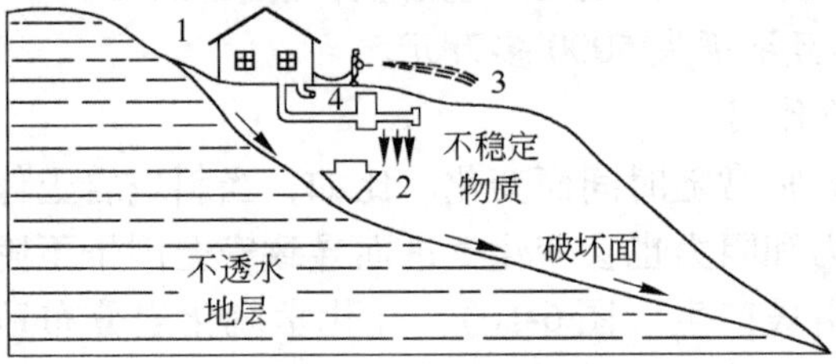


图 6-11　导致斜坡不稳定的典型活动

（a）基岩与斜坡近平行倾斜以及填料倾斜在山腰上的未扰动斜坡；（b）用于推平建房的典型开挖和充填；（c）由于不正当的建筑施工而导致的典型斜坡破坏

人类活动产生的斜坡体运动主要体现在以下几个方面：

（1）公路建设。兴建公路是最常见的直接导致滑坡的原因。不少滑坡都是因为山腰被截断、进行不可行的山坡稳定设计而引起的（图 6-12）。在这种情况下，水流动态发生变化，物质的抗剪力减弱，因此人为的开挖就成了主要的诱发物质运动的因素。这种现象在我国西部多雨地区经常发生。另外，由于道路兴建时削坡的财力问题，常常不能保证足够缓的坡度以增强坡体稳定性。

（2）山腰开发。在山腰建筑无疑是一个冒险，尤其当设计不合理、选点不合理的时候。一个典型的例子就是房屋开发引起的大型滑坡。2001 年 5 月 1 日发生的重庆武隆滑坡，滑坡体垂直高度 46.8m，前沿宽 55.2m，后沿宽 25～30m，滑坡体约 16000$m^3$，致使一幢建筑面积为 4061$m^2$ 的 9 层楼房被滑坡体摧毁掩埋，造成 79 人死亡、7 人受伤（图 6-13）。

图 6-12　公路建设引起的山坡滑动

图 6-13　重庆武隆滑坡远景

总体上判断：1）从规模上看，该滑坡为工程岩体失稳滑塌，不能简化为“山体滑坡”；2）从过程上看，滑坡前兆（特别是数十分钟前的前兆）明显，首先是下部发生滑动，并摧毁九层楼房下部数层，随后楼房垮坍下坠。同时，边坡上部岩体失稳崩塌，超覆在建筑物之上，发生了建筑物整体被掩埋，导致79人遇难的悲剧；3）从成因上看，滑坡所在地段岩体为砂岩与泥岩互层，被平行和垂直边坡的多组节理切割，形成分离体，同时加上长期的开挖切脚，形成高陡边坡，却未采取科学合理的防护措施，结果导致滑坡的产生。

（3）大坝与水库。大坝、人工湖泊与水库的建设为滑坡的产生创造了另外一种环境条件，即给邻近地区带来了人为的水位变动。位于美国华盛顿州哥伦比亚河上的 Grand coulee大坝，在1934～1952年期间多次中断建设就是因为不下100次的单个滑坡造成了2000万美元损失引起的。当水库开始蓄水时，导致更多的滑坡产生，主要原因是水软化沉积物后造成了剪切强度下降。所幸的是，这些滑坡没有引起人员伤亡。

然而，在意大利瓦依昂（Vaiont）地区，则是另外一种情况。在瓦依昂河谷，有一座钟弧状、薄层双曲拱坝，其水库蓄水量为$1.5\times10^8m^3$。在1963年10月9日，一个体积为$2.6\times10^8m^3$的灾难性的滑坡体冲入了水库，接着掀起了100多米高的巨浪并冲出了坝顶，在河谷下游1km处激起的波谷深度仍达70m。尽管大坝当时无损，但河谷中仍有2600人丧生。根据多方面的调查表明，这次灾难产生的最大因素是人为影响。在10月份之前几个月的不同时间里，人为控制地改变了库水位许多米，而这种变化则导致了库岸岩石抗剪强度的降低并引起滑坡的产生。除了人为因素外，引起该滑坡的还有地质构造因素：发育的沉积岩产状倾向河谷，岩石节理很发育，其他裂隙也大致平行于坡面，从而有利于山坡运动的产生。另外，在同年8～9月，一场大雨使地下水抬升，地下水体的重量增加及其对岩石不连续面的润滑作用，也引起了岩体抗剪强度的降低，从而导致山坡的破坏。

我国水库库区也经常发生滑坡灾害，如湖北黄龙滩水库在1976～1988年共发生滑坡82处，总方量达$1.88\times10^8m^3$之多，造成水库严重淤积，并引起水位抬高。刘家峡水库自1968年蓄水以来，库区不断发生滑坡、崩塌，以致在1970～1984年入库总方量达$1.203\times10^8m^3$以上，约占水库淤积物质的三分之一。

（4）矿山开发。矿山开采也为滑坡产生提供了直接的激发条件，比如高边坡露天开采，尾矿库坝体不稳，都能够导致灾害发生。2008年9月我国山西襄汾尾矿库溃坝事故流失尾矿$268000m^3$，过泥面积30.2公顷，波及下游500m左右的矿区办公室、集贸市场和部分民宅，死亡人数大于200人，是一起认为事故性的“泥石流”。

（5）伐木。研究表明，树木能增强岩土体的抗剪能力，同时其蒸腾作用形成了岩土体内水分外泄途径，有助于地质体的稳定性。砍伐木材，尤其是皆伐，能加速水土流失过程，从而产生各种类型的滑坡。

（6）其他人为作用。其他的人为作用如河流改向引起的河岸冲蚀，也可以引起滑坡。

## 6.4 灾害的监测与防治

### 6.4.1 监测

为了掌握斜坡体表面的动态变化，需要进行位移监测。既观测平面位移量，又观测垂直方向（即高程）的位移量。观测方法很多，可根据具体情况，因地制宜地使用简易的观测方法和精密观测方法。后者通常用经纬仪测量各观测桩的平面位移，用水平仪测量其高程变化。

对滑坡、崩塌体和建筑的裂缝经常进行简易的测量，是避免人员伤亡的最有效的方法。

（1）埋桩法（埋钉法）：在裂缝两侧各钉一颗钉子，通过测量两侧钉子之间的距离变化来判断变形情况。

（2）上漆法：在裂缝的两侧用油漆各画上一道标记，与埋钉法原理是相同的，通过测量两侧标记之间的距离来判断裂缝是否在扩大。

（3）贴纸法：横跨裂缝粘贴水泥砂浆片或纸片，如果纸被拉断，说明滑坡发生了明显变形，须严加防范。与上面三种方法相比，这种方法是定性的。但是，可以非常直接地判断滑坡的突然变化情况。

### 6.4.2 防治

对滑坡的防治实质上是用较少的消耗以抵消它对人类社会较大的危害，也就是说，是人们尽可能地改变地球物质的能量结构，避免、削弱或推迟滑坡运动所必需能量的积累，控制减少其能量释放所涉及的空间范围。因此，防治方法应对症下药，在评定滑坡体大小、滑坡主因、测算防护和补救措施的费用，并进行经济、方案比较后，才作出决策。在多数情况下，首先应该考虑合理避让，对某些不能避让的情况，采取可行措施来治理。防治措施可归纳为四字“排、拦、稳、固”。“排”即排水，“拦”即指修建挡土墙等，“稳”指稳坡，包括开挖降坡等，“固”指加固，包括采用锚索、抗滑桩及一些化学加固方法等。

#### 6.4.2.1 排水法

由于水是引起滑坡的主要因素，控制和消除岩土体中水分的技术十分重要，包括地表水和地下水处理技术。

（1）地表水。地表水的处理方法是阻止其进入滑坡可能地带，为此需要在顶部设置导流槽（图6-14），改变地表水流向；同时为防止地表水入渗，应用止水材料封闭破裂处。另外，应在斜坡体前缘支墩上设置排水管，清除斜坡体内的入渗水。

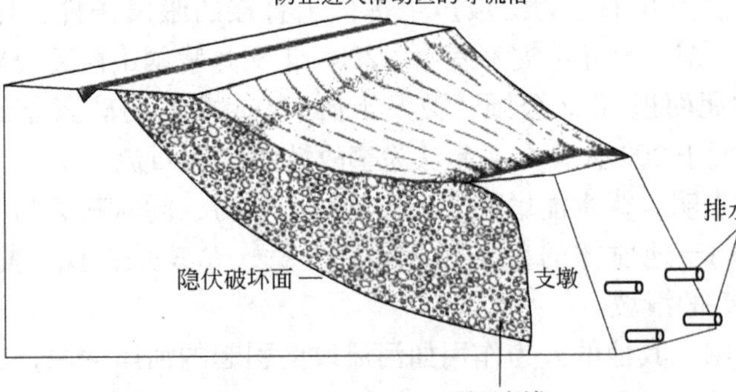


图6-14 排水法防治滑坡

（2）地下水。控制地下水的方法也是尽可能地排除土体中的水分，并合理降低地下水位。有条件的情况下可以采用最有效的方法即开挖巷道和隧洞，或者在接近地表部位设置水平疏干和陶管排水，也可以打井或钻孔进行抽水或垂直疏干。有时也可在含水层安置连续虹吸系统（图6-15），用管道和水沟将地下水引出危险地区。

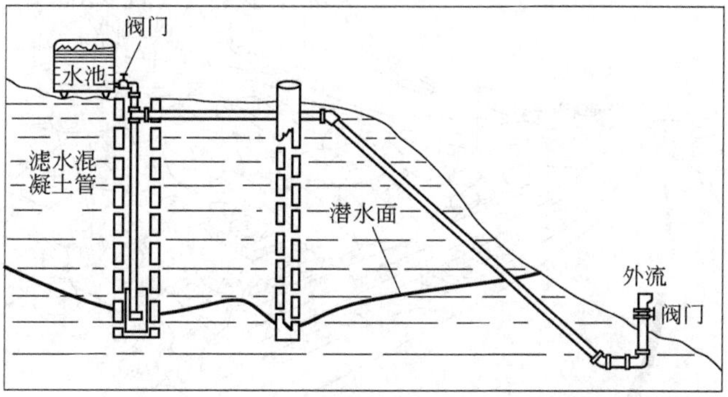


图6-15 运用连续虹吸系统控制地下水

6.4.2.2 开挖防治法

开挖防治法用于较小的或中等规模滑动区域，特别是适用在危险条件已经发展或滑动已经开始的时候。由于开挖存在的工程量，以及对地形的破坏，人工开挖乃是经过慎重考虑后产生的，其目的是通过改变斜坡的几何形态，从而减轻岩土体的剪切应力。

（1）清除滑体。这种方法只能在小滑体上进行，同时也应考虑到利益-成本比率是否合理。这种方法可以保证安全。

（2）滑体顶部减荷。此法只用于容易达到滑体顶部的地区，而且滑坡运动是由于顶部的叠加压力所致。

（3）削缓坡度。不规则斜坡容易造成应力差异，并可能导致滑坡发生。此时削缓坡度有助于坡体应力平衡，有利于形成较好的排水条件和孔隙水压力平衡条件。

（4）山坡阶地化。修建人为山坡阶地和梯田可以在某些情况下有效地减少滑坡危险（图6-16），此法用于特长或特陡的斜坡，也适用于滑体坡脚受到淘蚀或改变的滑坡。阶地化可以阻止积累坡长应力，但是必须设计得易于保养，而且要与疏干设施相配套。

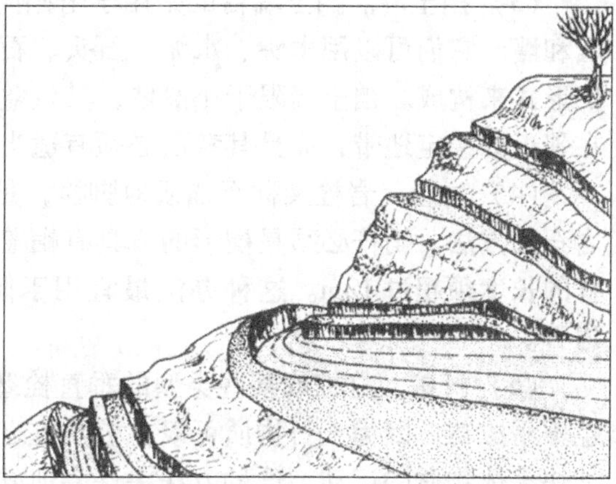

图6-16 山坡阶梯化防治滑坡

6.4.2.3 锚固防治结构

锚固防治结构一般安置在坡脚部位（图6-17），以增强抗滑阻力。为了发挥更大的效益，这种结构必须同其他方法相配套，特别是同疏干技术相配套。下面简单地介绍一下五种锚固结构。

（1）支墩。这种结构由岩石和充填土筑成，被安置在滑体的上面或置入坡脚部分，以增加重量、提高滑坡物质抗剪强度（图6-14）。当设计适宜时，支墩可以有效地抗拒滑坡的旋转运动，而且给予斜坡顶部物质以附加的稳定性。但是，如果设计的深度不够，或者没有配套疏干排水工程，支墩也起不到什么作用。

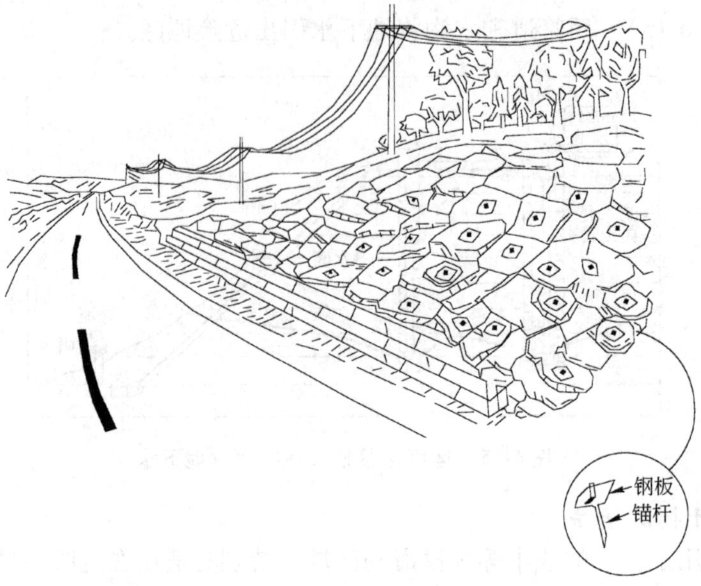


图6-17 锚固法防治边坡滑动

(2) 抗剪键。在滑坡体上开凿棱柱形洞穴，填以压实的充填材料。抗剪键常被安置在靠近滑坡顶部，或安置在可以增强均一性和提高稳定性的地方。

(3) 挡土墙。挡土墙目的是用于阻挡向下滑的滑坡运动，也被称作挡土堤、框架、隔墙和墙。它们可以用木头、水泥、石头、石笼（铁丝钢充填石头等）、金属拱架或其他防护形式来构成。挡土墙限于小滑坡，其效益一般有限。为了加固，可以用拉杆把它们铰钉在邻近的稳定地带，而且其背面必须有适当的排水设施以免积水。

(4) 岩栓。岩栓又称石锚或地脚栓，是用金属销杆以一定的角度钻入或插入脆弱部分岩石的方法。销杆必须是楔形的或具有帽盖，以利在岩石上销得牢固。在异常情况下，销杆的长度须超过12m。这种办法最宜用于倾向下坡的不连续的节理接合的或平面层状的岩石。

(5) 打桩。打桩或某些类型的垂直栓塞有时也用于未固结土体的防滑，但应用不广，也不易成功。因为土石物质可以在桩与桩之间运动。另外，在打桩和安置时的震动也可能加快土体物质的运动。这种方法在许多地方不能使用。

6.4.2.4 生物措施

在滑坡带植树造林，保护植被，可以起到保护坡面、固结土层、调节坡面水流、增大坡体的抗冲蚀能力等作用。它是一项既经济又有效的治本措施，具有投资少，收益快、易被群众接受等优点。

6.4.2.5 其他方法

有些方法是通过改变岩土体的物理化学性能来进行加固，以增加其抗剪强度。常用的方法是灌浆，即将新的物质注入浮土层，以帮助土体的胶结、硬化和坚固，或者驱除水分。常使用的材料有硅酸盐水泥，化学制品如钠硅酸盐，石灰等，在许多国家与地区都成功地把石灰应用于硬化黏土和排除水分。

由于滑坡是一种多发性地质灾害，其产生条件、影响因素、运动机理复杂多变，各地区治理滑坡应根据实际情况采取切实可行的办法进行综合处理。开展“国际减灾10年活动”以来，国际上研究和防治滑坡灾害空前活跃，防治工程措施也在不断完善和发展。如地下排水工程开始大量采用平孔排水和虹吸排水，支挡工程发展为大直径抗滑桩、锚索、锚索抗滑桩、微型桩群、全埋式抗滑桩和土钉墙等，这些治理效果好，工程费用合理的新技术措施得到了广泛的应用。

## 6.5 小 结

岩土块体运动是一种常见的典型的地球物质重力运动，与其他地质灾害不同，其通常不会在短时间内导致地貌景观的明显变化。随着人口的膨胀、资源开发利用工程的建设，它们对生命财产构成了巨大威胁，全球每年因此而造成的损失巨大。岩土块体运动的成因与地球物质组成、结构、构造有密切的关系，而地貌与外部的触发因素也是影响斜坡稳定的重要因素，如过多的雨水、人类的建设工程（公路、山坡开发、大坝与水库、矿山开采等）。就滑坡的概念来讲，国外对其界定内涵较宽，是对岩土体下落、滑动与流动的总称，而我国针对斜坡岩土位移分为崩塌、滑坡与泥石流。当前对于滑坡的预报与防治技术发展很快，主要着重于改变内在制约因素、避免外在环境诱因。然而准确预报是十分困难的，防治则首先考虑合理避让，对某些不能避让的情况，防治措施可归纳为四字“排、拦、稳、固”。

### 关键术语

| | | |
|---|---|---|
| Complex landslide | Debris avalanches | Driving force |
| Fall | Flow | Landslide |
| Mass movement | Mass wasting | Rotational slides |
| Resisting force | Safety factor | Stability |
| Slide | Slip plane | Slump |
| Subsidence | Translational slide | |

### 复 习 题

1. 什么是块体运动？
2. 斜坡体上物质的运动方式主要有哪些？
3. 什么是安全因子，如何定义？
4. 旋转滑坡与平面滑坡有什么区别？
5. 斜坡的角度如何影响滑坡的发生？
6. 植被对斜坡稳定性的重要性体现在哪里？
7. 为什么说时间是滑坡发生的重要因素？
8. 滑坡防治的方法主要有哪些，主要目的是什么？

### 思 考 题

1. 如果你的工作单位让你制订一个滑坡灾害最小化方案，你如何完成，请写出方案大纲。
2. 即使你是第一次从事滑坡灾害的调查评价，你如何着手，请写出工作步骤与内容。

# 7 海岸灾害

在这一章里，着重了解地球上的海岸带（Coastal zone）——陆地与海洋的接触带，这里是最剧烈的动力环境之一。数千年来，许多的诗人和艺术家的灵感来源于美丽的海岸带、带有咸味的海水以及交织在一起的海涛声和海风声，带给了无数诗人与艺术家灵感，不断吸引着游客的光顾。然而，对于海浪是怎样形成的，以及海岸线如何变化，我们大多数人知之甚少。本章一个主要的目的是为了消除人们对海岸带形成与维持的神秘感，了解海风、海浪和暴风雨造成的灾害，包括海洋激流、海岸侵蚀、海啸和热带气旋。

## 7.1 海岸作用

### 7.1.1 波浪

海面上的波浪（Wave）是由海洋风暴形成的，有时绵延海岸带几千公里，传播并消耗它们的能量。海风在海水表面吹过，会产生摩擦力。由于海风的运动速度比海水快，海风能够将能量传播给海水，形成波浪，而海浪会进一步将能量向海岸线传递。波浪形成的规模取决于以下三个方面：（1）风的速度：风速越大，波浪越大；（2）风的历时：风暴历时越长，传递给海水的能量越多，产生的波浪越大；（3）风在海面迂回的距离越长，形成的波浪越大。

在暴风区域内，海洋波浪的规模和形状差异很大。但是，当它们离开暴风中心后，它们会形成相似的波浪群。波浪由深海区向海岸传播的基本形状如图 7-1（a）所示。波高

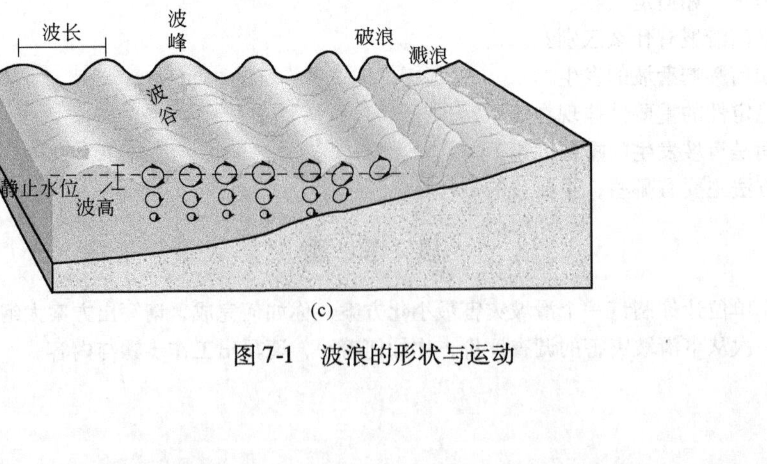


图 7-1　波浪的形状与运动

(Wave height）和波长（Wave length）是波浪重要的参数，波高是波谷和波峰间高差，波长是相邻波峰间的距离。波的周期是连续波通过一个参照点的时间间隔，以秒为单位。

如果你带着一个救生工具在深海区漂浮时，波浪通过时你可以感受到自身的运动状态，发现自己以圆形的轨道，向上、向下、向前和向后有规律地运动，最后返回了原地。假如你背上一个氧气筒潜入海里，你会发现自己仍以圆形轨道漂动，而那个轨道会缩小。就是说，当波浪越过自己的时候，你会以同样的轨道向上、下、前、后地运动。图 7-1（b）展示了这个概念。当波浪进入深度约为自身二分之一波长的浅水区时，它们就像到了水底一样。前面所说的轨道就会变成椭圆形；在水底的运动轨迹可能成为一个非常窄小的椭圆形，或可近似看作是水平的运动轨道，剩下了向前和向后的运动（图 7-1（c））。如果你站在或游在海滨相对较浅的水域时，就会有这样的经历，你会感到海水反复地把你推向岸边后又把你拉向海里。

波浪携带的能量大得令人惊讶！比方说，一定时段内 1m 高的波浪在 400km 长的海岸线（Shoreline）释放的能量，几乎相当于一个一般规模的核电站在同样时段内所产生的能量。波浪的能量几乎与波高的平方成比例。比如，如果波高增长到 2m，那么波的能量则以 $2^2$ 或 4 的比例增强；如果波高增至 5m 时，那是典型的大风暴，那么，能量比 1m 高的波浪增强 $5^2$ 或 25 倍。

当波浪进入海岸带和浅水区时，波的周期保持不变，但波长和波速减少，波高增大。在深海区，波浪形成浑圆的波峰和波谷形状，进入浅水区后，会变为陡峰和相对较平的波谷。在浅水区，波高是最引人注目的，其规模可能是深水区的两倍，并时常见到碎浪。

海岸线的形状也影响波浪到达海岸线时维持的形状，对于岸线突起处，波浪容易形成碎浪，相应的侵蚀强度也显著，这也是波浪侵蚀能产生顺直海岸线的原因。对于海湾处，波浪相对温和，能够形成海滩。

### 7.1.2 海滩

海滩（Beach）是由松散沙砾沿海岸线堆积形成的平缓地面。由于海滨环境的差异，组成海滩的松散物质也有不同，跟物质的来源有关。例如太平洋地区的许多岛屿沙滩包含了不少破碎贝壳和珊瑚；夏威夷的黑色沙滩是由火山岩石组成的；在加利福尼亚南部的沙滩上发现了石英颗粒和长石颗粒。图 7-2 呈现了一个理想化的近岸环境分带及基本术语。向陆地延伸的海滩常常终止于某些自然地形地貌特征变化的地方，例如海岸悬崖或沙丘地带。滩肩（Berm）是海滩上靠近悬崖壁的平坦地带，是波浪向陆地冲击并耗失最后能量时由沉积物堆积形成，这里常常是游客享受阳光浴的地方。滩面（Beach face）是滩肩以下，经常受到波浪作用的海滩倾斜面。其中，部分滩面常受到往返波浪的冲溅而暴露，称为溅浪带（Swash zone）。溅浪带向外，波浪湍急，波浪相对平坦的地带，称为激浪带（也称碎浪带，Surf zone）；再向外，波浪运移很快，异常汹涌地向岸边推进，这个地带距离滩肩最远，称为破浪带（Breaker zone），但也是海岸环境的一部分。沿岸沙坝（Longshore bar）和沿岸槽谷（Longshore trough）是海岸线延续的沙脊和风浪产沙的边缘。一个特殊的海滩，尤其是宽阔平缓的海滩，可能会有一系列的沿岸沙坝、沿岸槽谷和破浪带。

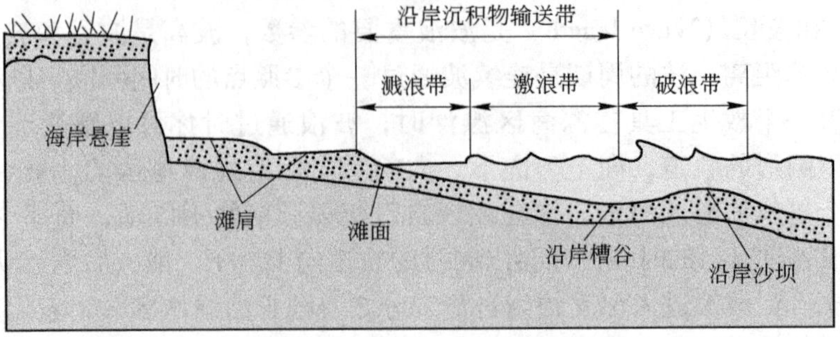


图 7-2 海滩的分带及术语

海滩上的泥沙是动态的，在激浪带和溅浪带上，波浪作用经常保持着沙的运动。当波浪撞击海岸角的时候，就造成了垂直和平行于海岸线的沿滩漂沙和沿岸漂沙。沿滩漂沙（Beach drift）就是海滩碎屑物在溅浪带向上—向后的运动，造成沉积物沿着海滩方向呈抛物线运移；沿岸漂沙（Longshore drift）是推进波撞击海岸角产生的，运动方向大致与海岸平行，形成了沿岸沉积物。沿滩漂沙和沿岸漂沙沿海岸共同形成了沿岸搬运（Littoral transport），其宽度包括溅浪带和激浪带。

### 7.1.3 激流

当一系列的大波浪在海岸破碎时，水流朝着岸边冲击。一旦水流涌入就无法后退，而是完全进入海岸带，但它集中在狭窄的空间里，这就是激流（Rip current，图 7-3）。海滩上的游客和救生员称这种海水为回头浪。它不是潮汐，不会把游客卷到水底，但会把人拉离海岸。在美国，每年有高达 200 人因激流而死亡，20000 人获救。因此，对游泳的人来说，激流是一种骇人的海岸灾害。以年平均计，美国因激流而死亡的人数超过地震或台风，相当于洪灾的致死人数。由于游泳者遇到激流常常不知所措，不停挣扎，试图游回岸边，但事实表明在激流中挣扎是难以摆脱困境的，因为这种水流的速度能超过 4km/h，游泳者在这种流速是无法长时间坚持下去的，试图与激流斗争的游泳者很快会感到筋疲力尽。幸运的是，激流的范围通常很窄，大约几米至几十厘米宽，离岸几十至几百米远，激

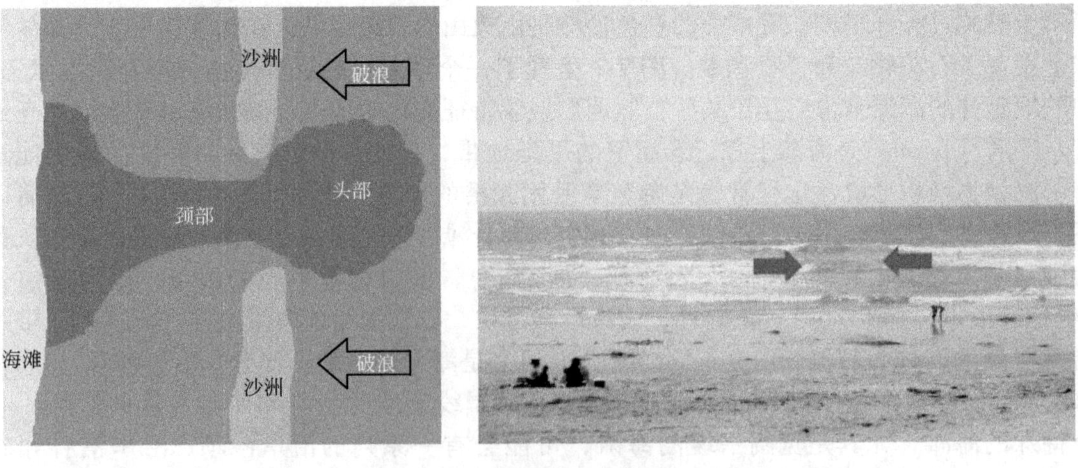


图 7-3 海岸激流示意图

流在激浪带以外就消失了。为了能安全的逃离激流，游泳者必须首先认出这种水流，然后与水流平行地游动，直至游出激流范围，只有这样，游泳者才有可能游回海滩上。记住，一旦你受困在激流中，要镇定；平行海滩方向游动直至离开这种水流，然后再游向海滩。如果有救生员在那里，你可以呼喊求救！

## 7.2 海岸侵蚀

海岸侵蚀（Coastal erosion）是指在自然力（包括风、浪、流、潮）的作用下，海洋泥沙支出大于输入，沉积物净损失的过程，即海水动力的冲击造成海岸线的后退和海滩的下蚀。由于海平面上升和不合理开发海岸带，海岸侵蚀正在变成一个国家和世界性的严重问题。与其他自然灾害如地震、热带风暴或洪灾相比，海岸侵蚀一般是一个更具有持续性的、可预测的过程。如果持续过度开发海岸带、发展休闲度假娱乐，那么海岸侵蚀必将会越演越烈。

海岸侵蚀现象普遍存在，我国70%左右的砂质海岸线以及几乎所有开阔的淤泥质岸线均存在海岸侵蚀现象。

### 7.2.1 我国的海岸侵蚀

自20世纪50年代以来，我国海岸侵蚀日渐明显。至70年代末期，除了原有的岸段侵蚀后退之外，还不断出现新的侵蚀岸段，总的侵蚀正在不断增加，侵蚀程度加剧。因此研究海岸侵蚀并及时布设合理的防护工程就变得尤为重要。

7.2.1.1 黄河三角洲岸线侵蚀现状

20世纪80年代以前，黄河平均每年有10亿多吨泥沙入海，年均造陆面积在25km²左右。进入20世纪末期，黄河来水来沙明显减少，尤其是1996~2002年共来水$487.8\times10^8m^3$，来沙$11.2\times10^8t$，仅相当于50~60年代1年的水沙量。随着黄河中下游对黄河水资源开发利用力度的加大，黄河下游的水沙条件发生了更大变化，泥沙来源日趋减少。

由于黄河三角洲是典型的河控三角洲，因此其形成和演变明显地受黄河来水来沙量的制约，当入海泥沙减少至不能维持海岸平衡时，必然引起三角洲海岸蚀退。根据近年来的海岸蚀积状况，现代黄河三角洲海岸可分为弱侵蚀和强侵蚀海岸。弱侵蚀海岸主要分布在挑河湾以西，强侵蚀海岸主要分布在挑河湾以东的刁口河、神仙沟和孤东岸段（图7-4）。

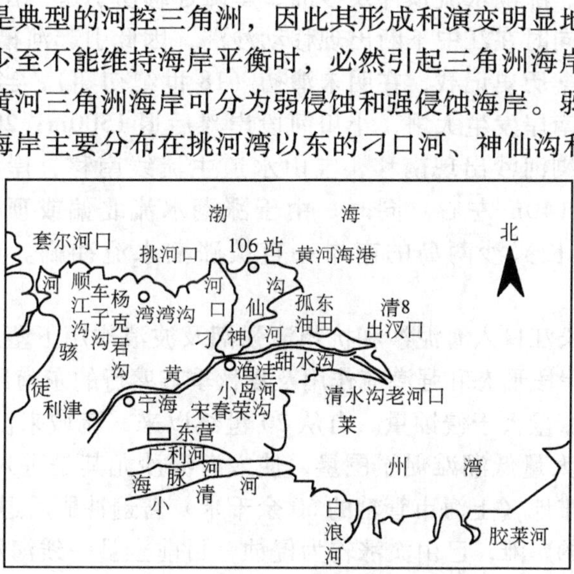


图7-4 黄河三角洲现状

强侵蚀海岸从挑河湾到孤东临海堤北端，全长约66km。1964～1976年，平均蚀退约28km，蚀退速率达225m/a，尤其是1976年，黄河从刁口河改走清水沟入海，从此刁口河出现断流断沙，导致河口的沙嘴及附近海岸线不断受到海水侵蚀；1976～1986年间，刁口河沙嘴蚀退了约6km，蚀退面积约$100km^2$；1986～2002年，沙嘴蚀退了1km左右，蚀退面积在$37km^2$左右（图7-5）。

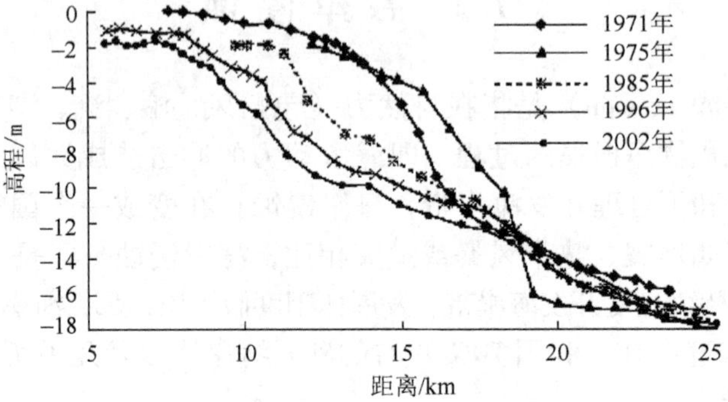


图7-5 刁口河飞雁滩海岸剖面变化

### 7.2.1.2 长江三角洲岸线侵蚀现状

长江三角洲的岸线侵蚀主要分为三部分：长江河口北支河道北岸及邻近的启东-吕泗海岸，长江南支部分岸段和杭州湾北部海岸。

启东-吕泗附近海岸原是长江三角洲古沙洲的向海延伸部分，其两侧的汊道及海湾由于入海泥沙的充填才逐渐淤涨成陆地。1915年以来，通过长江北支入海的径流量从占整个长江入海径流量的25%减少到不足1%，长江口向苏北沿岸输送的泥沙显著减少，导致吕泗附近30km长的岸段节节后退。喻国华等进行的研究表明：自1916年到1969年的54年中，高滩地平均后退约1000m，岸滩侵蚀速率为20m/a。长江口的河岸侵蚀主要由主流摆荡、涨潮水流顶冲及沙洲、岸滩迁移所引起。由于长江河口在发育过程中主流不断南偏，同时在江中不断出现移动沙洲，因此引起河槽落潮水流偏南，岸滩出现冲刷侵蚀现象。据历史记载，在明末清初（18世纪初期），当时未建造江堤，受偏南水流的影响，南支南岸发生大坍，小川河段岸滩后退1500m；20世纪90年代初新浏河沙被水流冲开，上浏河沙出现南移，宝山水道主流线南移，岸滩发生微冲，罗泾煤码头-5m等深线后退140m左右。同时，由于涨潮水流北偏或顶冲岸滩，使得长江河口北支北岸，崇明、长兴沙两岛的南岸一直被涨潮水流冲刷。目前，受冲岸线比例较大。

杭州湾北岸是在长江口入海泥沙和杭州湾强潮及波浪作用下塑造而成的淤泥质海岸，其冲刷主要是由于其岸段形态和强潮流作用及夏秋季节盛行的东南风所致。在历史上该岸段海滩有冲有淤，淤涨量大于侵蚀量。自从20世纪以来，流域来沙量逐年减小，加上在90年代以后长江河口大量低潮滩促淤围垦，使入海泥沙尤其是进入杭州湾的泥沙大量减少，导致杭州湾北岸滩地（上海市管辖的60余千米）普遍冲刷后退（图7-6），尤其是奉贤县管辖的原为淤积的岸滩，已由淤涨转为侵蚀，目前全县一线海堤外几乎无3m以上的高滩，0m以上滩涂面积减少$33hm^2$，－5.0m线全线向岸后蚀退，金汇港东断面最大后退距离达405m。中港断面0m线后退最大距离达475m。

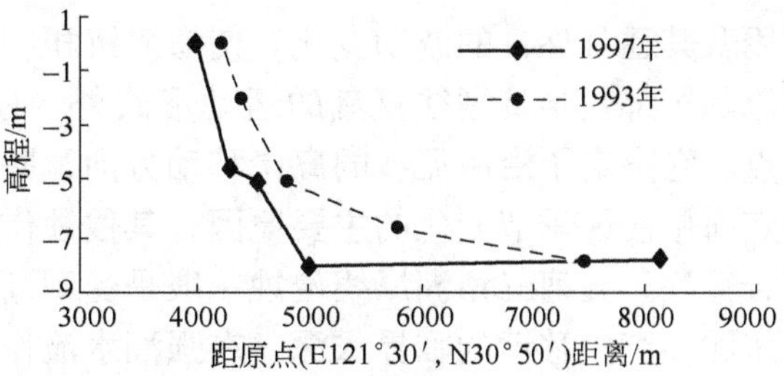


图7-6 杭州湾北部漕泾岸滩冲淤变化

### 7.2.2 侵蚀因素

许多海滩上的沙粒都是来源于内陆河流的上游，那里含长石、石英的岩石经过风化形成沙砾，在河流的输送下到达海岸地区。人类通过建坝固沙工程，干扰了这种由内陆向海滩的泥沙输送，其结果造成了海岸带沉积物缺乏并加剧了海岸侵蚀。

堤坝不是造成侵蚀的唯一原因，比如太平洋东海岸的海滩侵蚀是热带气旋和强风暴作用造成的，而海平面上升和人类干预自然海滩过程也是不能忽视的重要因素。全球海平面以2~3mm/a的速度升高，但却与板块构造无关。证据表明自1940年起，海平面上升的速率开始加快，这种加速归因于全球气候的变暖，海平面上升是其中的一个效应。

引起海岸侵蚀的原因有两种：一是由于自然原因，如河流改道或大海泥沙减少、海面上升或地面沉降、海洋动力作用增强等都导致海岸侵蚀；二是人为原因，如拦河坝的建造、滩涂围垦、大量开采海滩沙、珊瑚礁，滥伐红树林，以及不适当的海岸工程设置等，均会引起海岸侵蚀。

#### 7.2.2.1 河流泥沙输移量的减小

河流输沙是海滩沙的主要来源，我国沿海入海河流的泥沙输出量巨大，黄河1976~1995年年均输沙量为$6.59\times10^{8}$t，因此泥沙量对海岸线的后退淤进有举足轻重的作用。黄河的改道使原来的泥沙来源断绝，致使原来淤进的岸线迅速转变为侵蚀后退。根据南京大学海岸与海岛实验室的研究，1930~1980年废黄河口岸段海岸线平均后退25m/a，北段后退15m/a，南段后退25m/a，滩面蚀低0.75m/a。

引起河流泥沙量减小的原因很多，其中最主要的是上游的水利工程建设拦截了向下游输移的泥沙和内陆地区成功地采取了水土保持措施使河流产沙量减小。例如自20世纪50年代以来，长江流域水库累计库容呈指数增长趋势，导致大通站入海泥沙量在60年代由增加转为下降，长江口水下三角洲的整体淤涨速率已明显下降，局部出现冲刷。

#### 7.2.2.2 水动力因素的作用

水动力条件包括河流的和海洋的，是塑造河口形态地貌的重要因素，其中海洋动力作用对海岸侵蚀起着更重要的影响。

从短时间尺度来讲，海平面上升不会引起海岸侵蚀，它会使岸线动态发生变化诱发或加速海岸的侵蚀。海平面相对上升导致近岸水深增加，使到达岸边的波浪作用增强而侵蚀海岸，同时将侵蚀下来的物质带向海底。据Bruun研究，海平面每上升1m将使高潮线后退50~100m。我国国家测绘局通过统计分析，我国海平面年上升率为2~3mm，而且仍处于上升趋势。

造成海岸侵蚀的动力主要包括潮流、波浪、风暴潮等。长江三角洲海区是中、强潮流区，实测最大潮流速可达2m/s，潮流作用成为海岸动态变化的主要动力。潮流强烈的作用及其逐月逐日的波动变化，使海滩沉积物经常处于十分活跃的冲刷、堆积状态。近岸潮流除了都是半日潮往复流的运动形式外，还具有落潮流速较大和落潮历时较长的共同特点，它决定了沿岸泥沙的离岸移动方向，并成为海岸侵蚀的重要原因之一。波浪作用是决定海岸侵蚀季节变化的主要原因，其侵蚀作用主要表现为启动泥沙，搬运泥沙，波、流结合输沙。黄河三角洲岸线侵蚀一般是受到潮流和波浪的共同作用引起的，即波浪作用下底床泥沙产生移动的临界水深，在强潮水流作用下，波浪掀沙和潮流输沙两者结合，增强了海岸的侵蚀作用。

近代气候的变异和海平面上升将会引起风暴潮灾害发生几率的增大和强度的加大。无疑，风暴潮等海洋动力的增强将使海岸被侵蚀的几率大大增加，据 J. R. Gorntiz 研究，如果海平面上升 15cm，风暴潮发生几率将增加 1 倍左右。风暴潮对海岸的侵蚀作用具有突发性和局部性，其危害程度极为严重。

中国风暴潮可分为台风风暴潮和温带风暴潮两类，前者对全国海岸均有影响，以影响山东半岛以南的海岸为多，后者主要发生在渤海西南岸。

#### 7.2.2.3 人为因素的影响

人为因素主要包括沿岸挖沙和建设水利（海岸）工程，特别是不合理的工程。由于海岸沙分选性好，是一种优良的建筑材料，因此不合理的挖沙情况普遍存在，降低了海滩滩面，使海岸遭受更强的波浪袭击，从而进一步加强了海岸侵蚀。例如泗礁岛五龙沙滩、大衡山万良吞沙滩、象山沙滩等沙质海岸均因人工挖沙而遭到破坏。

水利或海岸工程拦截了上游输给三角洲海岸或潮滩的泥沙，减少了三角洲泥沙的供应。特别是不合理的海岸工程，在沿海有漂沙情况下，突堤式构筑物在其上游一侧往往因存在入射角填充作用而形成泥沙堆积，相反在其下游一侧形成侵蚀冲刷。例如建于 1971 年的山东岚山港佛手湾突堤，就出现了北侧明显淤积，南侧发生侵蚀的情况，造成低潮线向岸逼近 100m。

### 7.2.3 海崖侵蚀

当海岸线分布有陡峭的海崖时，可能会出现海崖侵蚀（Sea cliff erosion）。由于海崖不仅会受到波浪作用的影响，而且会受到土壤侵蚀作用的影响，比如陆地上的流水和海崖本身陡峭带来的崩塌和滑坡。这些过程的叠加所造成的侵蚀影响要比任何一个以上作用单独存在时的影响大得多。当人类不合理开发利用该类海崖环境时，海崖侵蚀问题变得更为复杂。

许多人类活动都会引发海崖侵蚀。例如，城市化会引起径流的增多，如果不对这种径流加以控制、收集并避开海崖，将会导致严重侵蚀；如果海崖中出现一股管网渗流，会降低海崖自身的稳定性，增加侵蚀发生的可能性，包括崩塌；在海崖边缘附近修筑诸如围墙、楼房、游泳池和露台等建筑物可能会削弱海崖的稳固度，因为这些建筑物增加了海崖坡度上的重力，从而增多大小崩塌的发生。

## 7.3 热带气旋

热带气旋（Tropical Cyclone）在太平洋沿岸等地被称为台风（Typhoon），而大西洋则习惯称当地的热带气旋为飓风（Hurricane）。在单个暴风雨中，热带气旋已有夺走数十万条生命的记载。1970 年 11 月，一个热带气旋袭击孟加拉国的孟加拉湾北部，引起海平面升高了 6m，由此造成的洪灾夺走了大约 30 万人的生命，造成巨大的农作物损失，沿海区域内约 65% 的捕鱼设备遭到破坏；1991 年春季，另一个具破坏性的旋风袭击孟加拉国，超过 10 万人丧生，造成超过 10 亿美元财产损失；被人们认为是最致命的大西洋飓风——米奇飓风（Hurricane Mitch），1998 年在洪都拉斯和尼加拉瓜西部造成了超过 11000 人死亡。

图 7-7　热带气旋的卫星影像

台风或飓风产生于热带气流紊乱带，通常进入陆地后消散。这些风暴的风速超过 119km/h，呈大型螺旋状围绕着一个相对宁静的中心运动（图 7-7）。据以往记录，时速达 119km/h 甚至更大的风暴经过某一地区时，其直径约为 160km，如果时速超过 50km/h，可形成的直径约 640km。

大多数的台风或飓风在北纬 8°至南纬 15°之间形成，这些地区的海水温度较高。平均每年大约会形成 5 个飓风，伴随着雷电交加的暴风雨，时常袭击大西洋和海湾沿岸。

随着该类灾害资料的不断积累，更精确地预测飓风着陆的时间和地点是有可能的，这点对于减少人身伤亡和避免不必要的财产损失是非常重要的。

## 7.4　海岸灾害和工程建筑物

海岸环境上的工程建筑物包括海堤、丁坝、防浪堤和防波堤，它们主要是用于改善航道或阻碍侵蚀的发展。然而，由于它们可以干扰到海滩泥沙的沿岸搬运，这些建筑物在自身附近也会造成沉积和侵蚀问题。

### 7.4.1　海堤

海堤（Seawalls）是一种与海岸带平行的建筑物，目的是有效地防止海岸侵蚀后退。它的材料可能是大块坚硬岩石、木块或其他材料。建在海崖底部的海堤可能不是特别的有效；大量海崖侵蚀来自于海崖自身流失作用，如崩塌与滑坡，当然崖底的波浪侵蚀也会加剧海崖的流失。

一直有人反对修筑海堤，因为海堤是直立结构的工程，能够与推进波碰撞后使得波浪回弹，这些作用会加大海滩侵蚀作用；另外，几十年后的海堤还会形成一个较窄小的少沙海滩。一些地质学者认为，修筑海堤引发的问题多于它能解决的问题，应该较少地利用海堤。如果必要的话，也需要谨慎地因地制宜地设计，避免海堤的修筑引发环境和美学上的退化。

### 7.4.2 丁坝

丁坝（Groins）通常是一种与海岸线垂直相交的线型实体结构工程，其修筑的目的是为了挡截沿岸搬运过程中的一部分泥沙，并形成一个不规则的较为宽广的海滩，保护海岸线免遭侵蚀。然而，丁坝的存在也带来一个常见的问题：其上游淤积，下游则受到侵蚀（图7-8）。因此，一个丁坝或丁坝群可以在规划区域内营造一个更宽阔，更有保护力的海滩，但同时也可能在相邻的下游海岸带上形成一定区域的侵蚀。这个过程与河流大坝现象是一样的，上游沉积导致了水沙平衡的破坏，下游的侵蚀实际上是水沙新平衡形成的动力。因此，通过人工填沙措施把每个丁坝补满后，或许能减少侵蚀作用。人们把这一过程看作为海滩喂养（Beach nourishment），它要求从海洋或其他地方提取泥沙，然后把沙铺放在海滩上。当海滩被喂养后，丁坝将会从天然的沿岸搬运系统中拦截较少的沙量，那么，丁坝下游侧的侵蚀作用就会减少。尽管有了养滩措施和其他预防措施，但是丁坝仍可能会引起一些意料不到的侵蚀情形，因此，需要仔细地评估过后才可以利用丁坝。

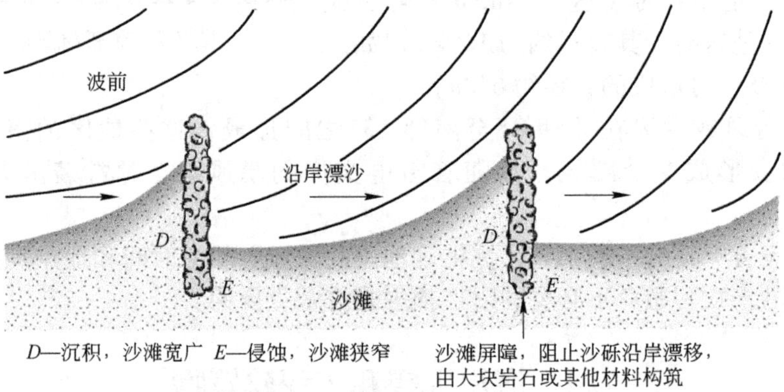


图7-8 丁坝对沿岸漂沙的影响

### 7.4.3 防波堤和防浪堤

防波堤（Breakwater）和防浪堤（Letters）都是用来保护海岸线免受波浪侵蚀的海防工程。防波堤用于防止波浪侵袭，为船只停泊提供一个港湾，设计时可以利用海滩环境，也可以单独存在（图7-9（a）、（b））。不管是哪一种情况，防波堤会堵塞海滩泥沙的天然沿岸搬运系统，导致海岸的形状发生局部地改变，例如形成新的海滩和新的侵蚀区域。除此之外，还有可能填满或堵塞港湾的入口，形成了沙嘴或栅栏的沉积物；在下游引发严重的侵蚀问题。因此，时常需要通过疏浚确保港湾的开放和泥沙的清淤。

防波堤通常成对地被修筑在河口、泻湖或海湾的入口处（图7-9（c））。设计它们是用于稳固河道，防止或减少河道中的沉积泥沙。另外，防波堤通常可以保护河道免遭大波浪侵袭。但是，防波堤一般都会堵塞沿岸泥沙流，导致防波堤上游侧开阔而下游侧被侵蚀。防波堤拦截的泥沙最终可能会填满河道，使河道的作用失效，而下游岸的侵蚀也破坏海岸的发展。

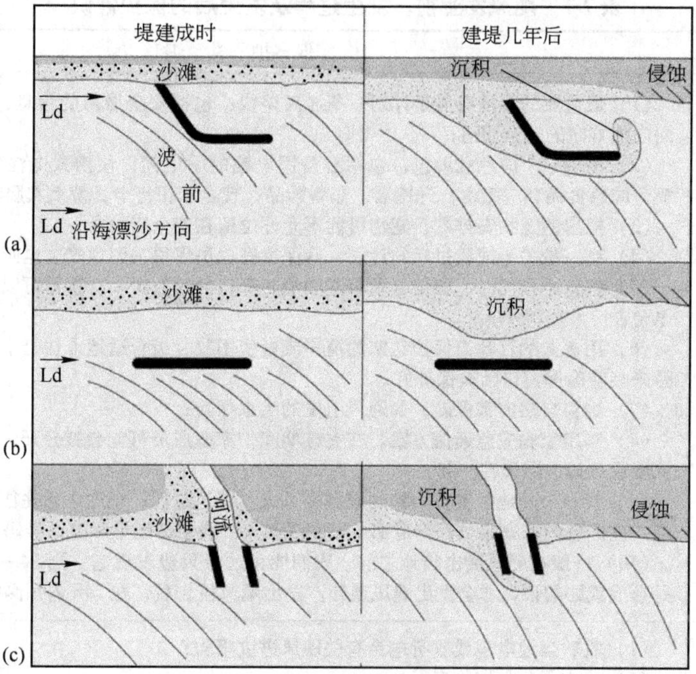


图 7-9 海岸防波堤的常见设置

修筑防浪堤或防波堤一定会干扰到海岸泥沙的沿岸搬运运动，因此这类结构工程必须得到谨慎地规划，而且必须配套一些能消除或至少可以减少不利影响的防护措施。这些措施可能包括一个疏浚设备和泥沙人工通道、一个养滩、海堤、石堆（巨岩），或它们的组合设施。

## 7.5 对海岸灾害的认识与作为

### 7.5.1 对海岸侵蚀的认识

海岸侵蚀是海岸带常见的自然现象，有时与海岸线附近财产损失有很大的关联。然而，不是许多人都把海岸侵蚀作为灾害看待的，即使作为灾害看待，人们对灾害发生的频率、剧烈程度和可预见性也知之甚少。

### 7.5.2 如何对待海岸灾害

#### 7.5.2.1 热带气旋

针对热带气旋（飓风）做出的调整，要么什么都不做默默地承担损失，要么采取某种行动来减少潜在损失。例如，在飓风多发区，房屋可建成让风暴潮在房屋下方通过的结构类型；社区可以尝试一些措施来减少潜在损失，如加强周围环境的防护结构和土地稳定性以及适应更好的土地利用分区环境、撤离程序、预警措施等。表 7-1 列出了飓风前、飓风期间和飓风后应该怎样做的一些常识。

**表 7-1 飓风发生前、发生过程及发生后的保护常识**

| 阶 段 | 保 护 常 识 |
|---|---|
| 飓风发生前 | （1）最重要的事情可能是计划一条撤离路线：包括安全撤离的信息，附近庇护所的地址，向内陆方向的安全通道；<br>（2）准备一个应急救助包，包括有备用电池的手电筒，便携式电池装置的收音机，急救箱，应急食品和应急水，开罐器，必备药品，现金和银行卡，替换衣服和坚固的鞋；<br>（3）把您的宠物安排好，宠物可能不允许逗留在安全庇护所；<br>（4）有一份关于飓风过后的计划，确保家庭成员懂得关闭煤气、电闸和水闸的操作；<br>（5）教育小孩何时、如何寻求警察和消防部门的紧急援助，选择可以收听紧急消息的广播电台；<br>（6）用永久的百叶窗保护您家的窗户或者使用胶合板合适地卡住每个窗口，重要的是在风暴来临前确保窗口已被保护好；<br>（7）购买自然灾害保险，如飓风引发的洪水保险；<br>（8）制定家庭应急通信方案。在灾难期间，家庭成员可能会被分开，您的计划中必须包括家庭成员如何团聚在一起；<br>（9）找一个外地亲友作为您的家庭联系人。飓风过后，长途电话往往比当地电话更容易接通。确保您的家庭成员都知道那个家庭联系人的名字、地址和电话号码；<br>（10）一般在飓风袭击陆地之前，人们能在远海天边发现它。当 24 ~ 36h 内出现飓风条件并形成威胁的话，才会发出飓风通知。发出飓风警告后，在 24h 内预测飓风情况 |
| 飓风观察期间 | （1）收看当地电视或收听电台有关飓风进度报告；<br>（2）检查紧急救援物资；<br>（3）确保车上有足够的汽油；<br>（4）把室外的物品带入室内，例如草坪上家具，玩具和园林工具。不能带入室内的物品应该绑好；<br>（5）确保您的房子和其他建筑物已关闭，窗口已封好；<br>（6）移除外来天线或卫星电视接收器；<br>（7）由于在飓风期间可能会停电，所以把您家的冰箱和冰柜开到最冷的位置处，并只在绝对必要的时候再打开；<br>（8）在清洁的浴缸，饮用水瓶和炊具里存放饮用水；<br>（9）再次查阅您的家庭撤离计划；<br>（10）如果您拥有一条船只，确保它已安全或已移到指定的安全地点 |
| 飓风警告期间 | （1）不断地听取电视或电台的官方指示；<br>（2）如果您住在移动屋里，检查您已绑好房子后马上撤离；<br>（3）把装有您家中的贵重物品和私人文件放在家中水位最高的地方；<br>（4）不要使用电梯；<br>（5）待在室内，并远离窗户、天窗和玻璃门；<br>（6）确保有手电筒和备用电池在手，避免使用诸如蜡烛或煤油灯等明火；<br>（7）如果断电了，关闭主要的用电设备，以减少电力恢复时的动力高峰；<br>（8）如果官方表示必须撤离，尽快离开，避开淹没道路和冲毁的桥梁，确保您的家里已安全拔出主要的电力设备电源和关闭水阀；<br>（9）让暴风区以外的家庭联系人知道你要去哪里；如果时间允许的话，搬移家具，以保护它免受洪灾（如果可能的话，将其移到一个更高的楼层），背上预装的紧急供应设备和暖和的防护衣，包括睡袋和毛毯；最后，锁好家门，并撤离 |
| 飓风过后 | （1）继续收听当地电台和电视以此来获取信息；<br>（2）帮助受伤或被困者；不要移动严重受伤的人，除非他们的生命危在旦夕，呼救；<br>（3）在官方通知目前已安全，民众可以回家后，你再这样做；<br>（4）当你回家时，注意电力线是否摇摇欲坠，并小心谨慎地踏进屋里；要小心蛇、昆虫或其他有可能被洪水推到更高楼层的动物。打开窗户和门，通风干燥您的房子。检查冰箱里可能坏掉的食物；最后；出于索赔保险的目的，把房子外和房子内受损情形拍下来 |

#### 7.5.2.2 海岸侵蚀

针对海岸侵蚀，人们通常做出的调整可分为以下三类：

（1）趋于天然过程作用的养滩工程——“软工程”；

（2）通过类似丁坝和海堤的工程结构进行海岸线加固工程——“硬工程”；

（3）改变土地利用方式，如不在危险区修建房屋或迁移受威胁的建筑物。

在海岸侵蚀管理中，首要的工作是估计侵蚀率大小，这需要基于历史海岸线变化或海洋环境的统计分析，例如影响海岸侵蚀的波浪、风以及泥沙供给的海洋环境；然后，提出一些关于海岸侵蚀管理程序存在问题及改进建议。其中，一个问题就是从海岸线到允许发展区域之间的预留距离。美国的一些州根据预测的侵蚀率来确定这个距离。事实上，这个距离在海岸灾害管理中是一个安全距离，是将灾害损失降低到最小的一个土地利用策略。

关于针对海岸侵蚀需要做出的调整，目前也存在两种趋向的选择：一种选择是加强海岸的抵御能力，通常采用修建海堤那样的结构工程来试图控制海岸侵蚀，这也是一种传统方法。另一种选择是提倡采用灵活多变的环境规划和海岸区域土地开发利用方式，学会与海岸侵蚀问题共同生活。沿海地区的发展必须符合公众的最大利益，而非为了从海滨开发中获利的少数人。换言之，海滩应属于全体公众享用的地方，不仅仅属于那些有幸购买海滨物业的少数人群。比如美国夏威夷州坚持所有的海滩是公共财产，当地物业拥有者不得拒绝别人进出。

海岸带的开发是有争议的，但目前有5项原则已在北美国家得到认同：

（1）海岸侵蚀是一个自然现象，是由于波浪的作用而导致的滨海物质的迁移。在这样的地区，最好的土地利用方式应该能适应将来的变化，比如开发一些娱乐项目，包括游泳和钓鱼等休闲活动。

（2）海岸环境是动态的，一些岸线工程能够带来次生变化，而多数是一些负面的效应。一些工程构筑物如海堤、拦沙屏障，应影响海岸带泥沙的搬运，形成不期望的沉积与侵蚀。

（3）通过结构工程稳固海岸带，保护了少数人的财产却花费了大量的公共资产。进一步说，这样的工程保护的是已开发的财富，而不是海岸带本身。一直有争议的是，投入大量的公共财产来保护少数人的利用是不明智的，不符合公众利益。

（4）设计用于保护海滩的构筑物最终可能毁坏海滩。构筑物的存在，经常改变海岸环境，把海滩变成不像海滩的样子。例如，修筑大型海堤会导致造成波浪的迂回与涡流，最终清除海滩。

（5）海岸线构筑物一旦建成，会产生一种难于或不可能逆转的局势。也就是说，在海岸带发展中，人们会不断地投入资金来新建、重建或维修工程构筑物，最终投入的累计费用可能比需要保护的财产多得多。基于这样的和其他一些考虑，美国一些州近年来强行限制海岸线海防工程的投入。随着海平面的持续上升，海岸侵蚀也变得越来越普遍，一些非工程性项目建设已经引起关注，这不仅因为财政上的约束，而且也认识到了需要为后代保留更天然的海岸带。

## 7.6 小　　结

海岸环境是地球上最为剧烈的水动力场之一。海洋风暴引起的波浪沿海岸线传递并扩散能量，并随着海岸线外形的差异，产生不同程度的海岸侵蚀。在波浪的作用下，由河流搬运下来的沙砾在海岸带沉积，常形成最为普遍的海滩。当然，海滩也能够通过海岸带自身的岩石（如页岩、火山岩）风化与波浪侵蚀形成。海滩上的沙砾在波浪作用下产生侧向的岸线漂沙（岸线输沙）。

与其他自然灾害相比，比如洪水、地震和热带气旋（飓风），海岸侵蚀引起的财产损失相对较少。但是，在一些地区比如美国海岸线，海岸侵蚀带来的财产损失是严重的，其原因与河流大坝的建设、剧烈的风暴和全球海平面上升有关。

人类在海岸带建成的海防工程，如海堤、拦沙屏障等在财产保护方面起到了一定作用，但在许多地区也引起了巨大侵蚀。工程上游侧产生沉积，下游侧产生侵蚀，是工程建设存在的普遍问题，沙滩喂养在修复与拓宽沙滩方面有一定功效，但它的长期效应还是不清楚的。

热带气旋是海岸带最为严重的灾害，也称为飓风，可带来强风暴雨，或引起河流洪水。每年世界上都会因此损失巨大的生命财产损失。海岸侵蚀是一个自然现象，是否作为一个灾害也与个人的判断有关。在过去，发达国家通常通过建设海防工程来防治海岸侵蚀，然而高昂的费用支出使得人们开始反省，有无必要花大的代价去保护相对小的财产，并影响公共利益。而侵蚀率预测的预留距离，既是海岸带土地利用管理的重要衡量指标，也是保障财产安全、确定与海岸线之间距离的重要依据。

## 关键术语

| | | |
|---|---|---|
| Beach | Beach drift | Breakwaters |
| Beach nourishment | Breaker zone | Coastal erosion |
| Coastal zone | Groins | Hurricane |
| Longshore drift | Littoral transport | Rip current |
| Seawalls | Swash zone | Sea cliff erosion |
| Surf zone | Tropical Cyclone | Typhoon |
| Wave | | |

## 复习题

1. 海滩的基本要素有哪些？
2. 阐述泥沙运移的滨海过程。
3. 什么是激流，其危害如何？
4. 阐述海岸侵蚀的主要过程。
5. 人类活动如何影响海岸侵蚀？
6. 北美国家在海岸开发上一直有什么样的认识？

# 8 水文地球化学环境分带与地方病

从自然的观点来看，人类是地质历史发展的产物，与地质环境有着非常密切的关系。如果说“生命的起源必然是通过化学途径来实现的”，那么生物的发展、进化更是建立在地球化学环境的基础之上。

两千多年前，在《黄帝内经》中就已经指出，人们的生理特征、健康状况与气候、水土、饮食等条件密切相关，“顺之则苛疾不起，逆之则灾害生”。世界上最早发现地方性甲状腺肿与饮水有关的人是唐朝的陆羽，他指出：“凡瀑涌漱湍之水，饮之令人有颈疾”。这种由于原生地质环境特别是天然水中化学物质异常（不足或过剩）而导致的地方性病症被称为“地方病（Endemic）”。

元素在自然景观中的分布具有不均一性，在各种景观中元素的分布、迁移、聚集、化合、分解与腐殖质的形成、堆积、迁移、分解、合成都具有截然不同的特点，并具有明显的地带性。这对于人类的健康有重大的影响，生物也不例外。因此，对水文地球化学环境的地带性特征与人类健康的关系进行了解与学习是十分必要的。

## 8.1 水文地球化学环境的地带性

水文地球化学（Hydrogeochemistry）是研究地下水化学成分的形成和各种元素在水中迁移的学科，是在水文地质学与地球化学基础上发展起来的，也是景观地球化学（Landscape geochemistry）的一个重要组成部分。自然景观的地带性特征突出地反映在水文地球化学方面。沈照理等人将自然景观与水文地球化学环境结合起来，进行水文地球化学环境地带性规律的研究，按地理纬度从北向南分为：（1）酸性-弱酸性还原的水文地球化学环境；（2）中性氧化的水文地球化学环境；（3）碱性-弱碱性氧化的水文地球化学环境；（4）酸性强氧化的水文地球化学环境。

不同分带地球化学环境的酸碱度与氧化还原条件具有差异，并直接影响到生物元素存在的形态及其形成、迁移、转化与富集，进一步影响到当地的水土化学组成，影响到生物体内的吸收与富集。所谓生物元素（Bioelement），是指生命过程中必要的元素。现有的研究表明，在100多种元素中，27种元素是生命必需的，碳、氧、氮、氢、钙、硫、磷、钠、钾、氯和镁等11种元素是主要的必需元素，占成人体内元素总量的99.96%，其中碳、氢、氧、氮占95%以上，在植物苜蓿中，也占有同样的比例；另外必需的16种元素包括硼、氟、硅、硒、砷、碘、钒、铬、锰、铁、钴、镍、铜、锌、钼、锡。

### 8.1.1 酸性-弱酸性还原的水文地球化学环境

该环境的主要特点是气候寒冷而湿润，植被茂盛，腐殖质大量堆积，沼泽发育，泥炭堆积，以灰化土、棕色森林土、草甸沼泽土、泥炭沼泽土等为主。

该带年降水量约为600～1000mm，蒸发较弱，水分相对充裕。土壤湿润，透气性不良，多属还原环境。土壤的潜育层发育，植物残体被细菌分解，产生大量的腐殖酸，土壤呈酸性，pH值为3.5～4.5。酸性环境抑制好气性细菌的生长，故植物残体得不到彻底分解，长期处于半分解状态，多数元素被禁锢在植物残体中，周而复始，使环境中的矿物质营养日趋贫乏。

富含腐殖质的酸性的还原环境决定了该区水文地球化学作用的性质和强度。该区淋溶作用较强，在酸性条件下，Ca、Mg、K、Na、Sr、B、I、V、Cu、Co、Ni、Zn、Cd、$Cr^{3+}$、Mn、Fe、Al、Si等元素易被淋溶迁移，尤其二价的Fe和Mn具有较高的迁移能力。风化壳处于富硅铝化过程，盐基十分缺乏，土壤的烧失量较高，植物灰分普遍较低。

地表水、潜水多为低矿化的酸性弱酸性软水，pH值为4.5～6.8，矿化度为150～200mg/L，最低可达30～40mg/L。在低矿化水中往往含有较多的$SiO_2$，其平均含量可达15～20mg/L。在火山、温泉附近，在以硅酸盐岩石为主的地区$SiO_2$可达30～40mg/L，在水中$Fe^{2+}$、$Mn^{2+}$、$Ti^{2+}$的含量均较高。

在该环境中最大的特点是在天然水中含有大量的腐殖酸，尤其是流经沼泽或由沼泽水补给的河水中含量更高，可占干涸物质量的50%～70%，这些水具酸性，呈茶色。Ca、Mg、Cu、Pb、Zn、Mn、Fe、Al、I、P等许多元素常被有机胶体所吸附，或形成金属有机络合，其中以$Fe^{2+}$最典型。在滞水地段，具铁锈色的絮状有机胶体往往成片相连。

在多数情况下，该区水质不佳，浑浊而呈茶色，味淡而涩，具腐殖味或$H_2S$味，静置氧化后有灰色、铁锈色、灰黑色等絮状有机胶体沉淀物。但是，那些不受腐殖质污染的天然水水质很好。在石灰岩地区往往有很好的地下水，清澈透明，甘甜可口，硬度较高，pH值约为7.5～8.0。

该区主要属于森林景观，以及与其相邻的森林草原景观。潮湿的热带、亚热带的森林沼泽景观与该区十分相似，故并入该环境类型中。

在本区发现许多疾病，有些疾病的分布有明显的地方性，如心血管病、脑溢血、高血压、癌症、克山病、地方性甲状腺肿、龋齿、大骨节病、佝偻病、骨质松脆病、地方性消化不良、内分泌紊乱等等，也常见到发育不良的侏儒。

在动物中也广泛流行着许多种地方病，如动物白肌病、痉挛症、骨质松脆症、甲状腺肿大、消瘦症、贫血症等。动物发育不良，生长滞缓，呆痴矮小；猪、马、驴不孕，或幼畜成活率低，拉稀死亡；家禽下蛋少而小，易死亡，蛋壳薄而多孔。

### 8.1.2 中性氧化的水文地球化学环境

本环境为元素适量腐殖贫乏的中性氧化的水文地球化学环境。本区热量较充分，年降水量为600～1200mm，蒸发作用不强，地表径流通畅，潜水位较低。土壤湿度适中，适气性较好，为氧化环境。植被不十分发育，而且植物残体分解较彻底，因此，很少有腐殖质的堆积。

本区元素的淋溶作用不强，富集作用也不显著，无明显的过剩或不足的现象。天然水多为中性，pH值为7左右；矿化度在300～500mg/L之间，硬度为4～6meq/L。腐殖酸含量很低，水质一般较好，Ca为本区的标型元素。

本区所属范围较广，包括森林草原景观和与其相邻的草原景观、森林景观。本区多属老垦区，我国的特点是天然植被几乎被砍伐殆尽，取而代之的是大面积的农田和局部的次生林。

一般来说，本区人、畜间的地方病很少，只有在山区和平原的局部地区有地方性甲状腺肿和龋齿流行。

### 8.1.3 碱性-弱碱性氧化的水文地球化学环境

本环境最显著的特点是元素富集腐殖质贫乏，气候干旱，年降水量为250～400mm，或者更少；属草原景观和荒漠景观。主要的土壤为灰钙土、栗钙土，在低洼处可见盐土和碱土。

本区主要的特征是热量充分，蒸发强烈，水分不足，地表径流不发育，潜水位很低，土壤的透气性好，为氧化环境。植被稀少，且残体被彻底分解，故腐殖质贫乏，只有在局部的沼泽地和盐沼地才能看见腐殖质的堆积，这就决定了本区主要的水文地球化学特征：淋溶作用十分微弱；在土壤中Ca、Na、Mg、S、Cl、F、B、V、Zn、Cr、Cu、Mo、Ni、Se、As等元素大量富集。Ca处于过饱和状态，以至于从植物根系中都可分泌出$CaCO_3$，植物灰分含量很高。

地表水和潜水多属碱性，pH值为8～10，矿化度为500～1000mg/L，甚至更高，总硬度为6～13meq/L，或更高。在碱性介质中$V^{5+}$、$Cr^{6+}$、As、Se、Mo等元素活性较大，易迁移，但由于淋溶微弱，蒸发强烈，上述元素最终仍富集于水土中。因水中钙的浓度很高，致使水质清澈。本环境的标型元素是Ca、S、Cl和Na。

在主要生物元素不十分过剩的情况下，该环境较适宜于人、畜的生长。牲畜骨骼坚实高大，毛色光亮，畜种优良，适宜繁殖种畜；家禽产卵多且大，卵壳厚而坚实。

但是，在本环境中的大部分地区生物元素是过剩的，因而，常流行着某些地方病。例如，氟斑牙、氟骨症、硒中毒、痛风病（钼过剩），或因环境中As过剩而产生皮肤癌；在牲畜中也流行着某些地方病，例如氟中毒、硒中毒、腹泻（钼过剩）、贫血（铜过剩），或因硼过剩而患肠炎等等。

### 8.1.4 酸性强氧化的水文地球化学环境

本区热量充裕，水分充沛，年降水量为1000～3000mm。植被繁茂高大，元素的生物地球化学循环强烈；本区风化、淋溶作用均十分强烈。风化壳中的Ca、Na、Mg、K、S、Li、Rb、Cs、Sr、B、I等元素大量被淋溶流失，而残留下$Fe(OH)_3$、$Al(OH)_3$和石英，形成红色的风化壳。

在本区发育着典型的砖红壤和广泛分布的红壤，甚至在石灰岩层上也会形成鲜红色的黏土风化壳，其中几乎没有Ca，其他的元素也很少。由于盐基缺乏，土壤呈酸性。pH值为3.5～5。地表水、潜水多为酸性软水，pH在6左右，硬度多小于1meq/L。Ca通常小于10mg/L，几乎没有Na和Mg，但是$SiO_2$的含量却很高，约为15～55mg/L。

本区属于热带、亚热带雨林景观，大致分布于赤道南北30°以内的范围。在本区的水土和食物中碘异常缺乏，地方性甲状腺肿的分布十分广泛。因钠不足而影响人体的发育，常形成侏儒。在本区还流行着缺铁性的热带贫血症、心血管病。然而，至今地质环境和流行病学的报道尚少，在该环境中酸性软水对人体健康的影响很值得注意。

### 8.1.5 非地带性的水文地球化学环境

最后还必须提及非地带性的水文地球化学环境。在自然界中有些局部的水文地球化学环境不受地理纬度分带的影响。例如，在湿润的森林景观带可出现高氟区和高硒区，而在干旱的荒漠景观中可以出现沼泽，造成局部的腐殖质堆积的环境。水文地球化学环境的异常主要是因为局部的环境地质因素和人为因素所造成的。非地带性的水文地球化学环境可分为以下两种类型，即：

（1）元素富集的氧化的水文地球化学环境。在某些火山、温泉分布的地区可造成局部环境中S、Fe、Si、Se、As等元素的富集，在含氟的矿床周围氟高度富集，在某些煤系地层，凝灰岩地区和硫化矿床的氧化带会使Se高度富集，在多金属矿区或氧化带Cu、Pb、Zn、Cd、Hg、Ti等元素大量富集。在上述局部环境中因为某些元素的过剩，可导致人、畜的许多种地方病。

（2）腐殖质富集的还原的水文地球化学环境。最典型的莫过于沙漠中的沼泽，像在毛乌素沙漠的南缘和昭乌达盟的沙漠区，有许多小型的沙丘丘间沼泽，其底部沉积了3～5m厚的草炭，该处水质不良，呈茶色，腐殖酸含量较高，与东北的山间河谷沼泽很相似。在这样的环境中出现了许多大骨节病病村，而在1970年以前一直认为在沙漠区是不可能出现大骨节病的。

我国江苏省启东县的肝癌高发区地处河网末梢地带，该处水流滞缓，腐殖淤泥堆积，水质污染严重；又如在太行山食管癌的高发区，那儿缺水，多饮用旱井水、涝池水，水质不良，污染严重。这种特殊的环境受到人为因素的影响，这些都属于非地带性的。

## 8.2 生物地球化学地方病病带

以往人们研究较多的是某一环境因素或某一元素与某一疾病之间的关系。在研究了水文地球化学环境的地带性特征以后，发现在同一环境中存在着多种有害因素，可以导致多种地方病或具有明显地方性特征的疾病，这样便扩大了人们的视野，从而建立起了与地理纬度相关联的“病带”的概念。

在地球、地质的发展过程中，逐渐形成了地壳表面元素呈一种不均分布，在一定程度上会影响着人类、动物和植物的发育，使地球上某一个地区的自然界中的水和土壤中某种化学元素过多或过少，使某一个地区的动物、植物及人群中发生特有的疾病，称为生物地球化学地方病（Biogeochemical endemic）。

### 8.2.1 元素贫乏的生物地球化学地方病病带

元素贫乏的生物地球化学地方病病带是世界上最大的一个病带，横跨欧、亚、美三大洲，其大致界限在欧洲部分为北纬50°～70°，在亚洲和北美洲为北纬40°～60°左右，从西向东囊括了美国、加拿大、英国、荷兰、挪威、瑞典、芬兰、前苏联、中国、朝鲜、日本等国的部分地区。本带的气候较为寒冷潮湿，植被繁茂；主要的土壤有灰化土，棕色、灰棕色森林土和暗棕色森林土；此外，还有沼泽土和泥炭土，地表水、潜水多含腐殖质，为弱酸性的软水。在我国，因受山脉和海岸线走向的影响，这个“病带”呈东北—西南向分布，而美国这个“病带”位于东半部，呈南北向分布。

在此“病带”内，发现了较多的地方病，或是具有地方性特征的疾病。例如，克山病、大骨节病、地方性甲状腺肿、心血管病、脑血管病、胃癌、龋齿、佝偻病、骨质松脆病等，在动物中也流行着某些类似的地方病。在这个“病带”内许多地方病的发生与环境中某些生物必需的元素的缺乏和水土中富含腐殖质有关。

### 8.2.2 元素过剩的生物地球化学地方病病带

元素过剩的生物地球化学地方病病带是第二个较大的病带，大致位于赤道以北40°和赤道以南30°以内的范围。此带由于大陆的分布“支离破碎”，濒临海洋，地形起伏，气候多变，自然条件复杂，其地带性的景观特征远不如北半球那样连续而有规律。

本病带的主要特征是：气候炎热而干燥，植被极不发育；主要的土壤类型有荒漠土、荒漠草原灰钙土、棕钙土、草原栗钙土，以及盐土和碱土；地表水、潜水为碱性的高矿化硬水。在本带，主要是因为环境中F、Se、Co、Cu、Mo、B、As等元素过剩，引起机体代谢障碍而致病。

本病带以氟病为代表，这是在世界范围内广泛流行的一种地方病，硒中毒主要是在家畜中流行。

必须加以说明的是，在上述两大病带内并非都有地方病流行，而是说在该地带内的某些地区比较集中地流行着某些地方性的疾病。

### 8.2.3 非地带性的地方性甲状腺肿的分布

地方性甲状腺肿被认为是一种缺碘的地方病，它在全世界的许多地区都有分布，但是地带性却不十分明显。

关于生物地球化学地方病病带的划分，目前还是一个雏形，随着环境地学和环境医学的不断发展，将会不断地得到充实、完善，生物地球化学地方病地带性的分布见图8-1。

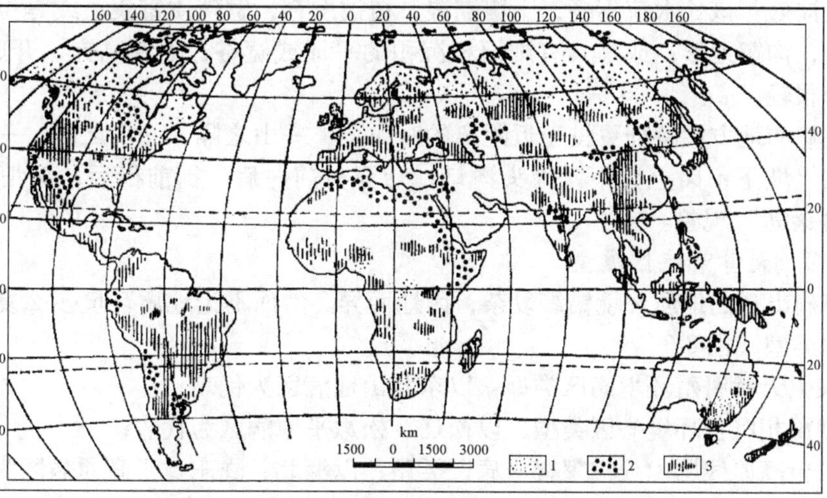


图8-1 生物地球化学地方病病带分布示意图

1—元素贫乏腐殖质富集的生物地球化学地方病病带；2—元素过剩的生物地球化学地方病病带；
3—非地带性的地方性甲状腺肿的分布

## 8.3 地 方 病

地方病包括血吸虫病、碘缺乏病、鼠疫、布氏菌病、克山病、大骨节病、地方性氟中毒和慢性砷中毒等疾病。这些病在我国流行很广，对人民健康危害极大。

关于地球化学环境与健康和疾病的关系问题，20 世纪 70 年代初在我国就开始受到广泛重视。我国环境地学工作者与医学部门密切配合，积极开展了多种长期病因不明的地方病的环境地球化学病因的研究。

### 8.3.1 大骨节病

大骨节病（Kaschin-Beck disease）是一种地方性变形性骨关节病，又称为矮人病、算盘珠病，国际医学界称为 Kaschin-Beck 病（图 8-2）。大骨节病在国外主要分布于西伯利亚东部和朝鲜北部，在中国分布范围大，从东北到西南的广大地区均有报道，主要发生于黑、吉、辽、陕、晋等省，多分布于山区和半山区，平原少见。本病在各个年龄组都有发生，但多发于儿童和青少年，成人很少发病，无明显的性别差异。本病常常多发性、对称性侵犯软骨内成骨型骨骼；导致软骨内成骨障碍、管状骨变短和继发的变形性关节病。临床表现为关节疼痛、增粗变形、肌肉萎缩、运动障碍。

图 8-2 大骨节病的外形

8.3.1.1 大骨节病的地方性

大骨节病具有明显的地方性，但宏观地貌不是其分布的特征，该病在山区、丘陵、高原、平原乃至沙漠中都有分布。相比之下，微观地貌对本病的分布起了明显的控制作用。大骨节病主要分布于各种地貌、地形的相对低洼处：该处水流不畅，土壤潮湿，植被发育，腐殖质富集；或是位于黄土高原的残塬边坡，沟壑地形；或是具有湖沼相沉积的平原或宽谷，而在高亢、开阔的地形中，病情几乎都很轻。

大骨节病的地方性特征更见于近距离的对比上。一山之隔，一河之隔，一沟之隔，山上山下，坡上坡下，岗上岗下，沟头沟口，乃至村前村后，街前街后，病情轻重截然不同，有“健康岛”现象。

8.3.1.2 大骨节病区类型

大骨节病出现的地质环境错综复杂，因地而异。然而不论地质环境多么复杂，都不外乎下面四种类型（图 8-3）：

（1）表生天然腐殖环境病区类型：以东北山地病区为代表；

（2）湖沼相沉积环境病区类型：以松辽、松嫩平原病区为代表；

（3）黄土高原残塬山丘沟壑窖水病区类型：以渭北、陇东黄土高原病区为代表；

（4）沙漠沼泽草炭沉积环境病区类型：以毛乌素沙漠为代表。

四种病区类型的共同特点是元素贫乏，腐殖质富集，属于还原的水文地球化学环境。

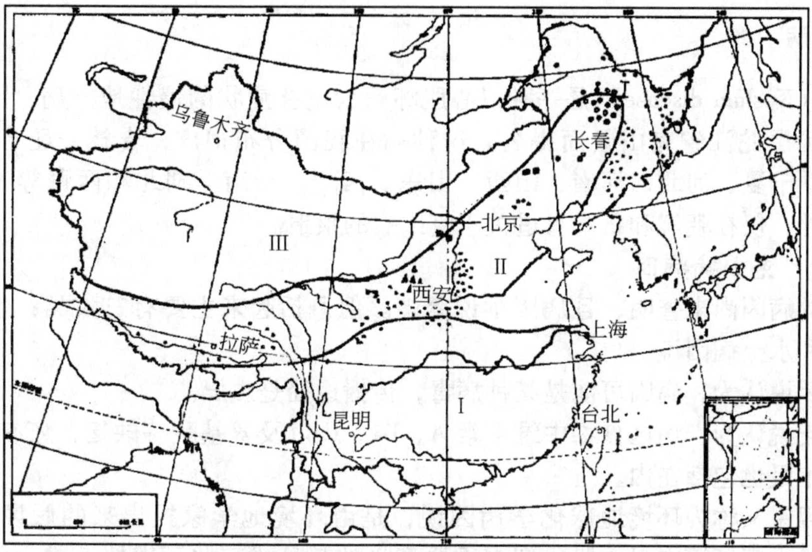


图 8-3 中国大骨节病分布略图

Ⅰ—湿润带（干旱系数 <0.5 ~1.5）；Ⅱ—过渡带（干旱系数 1.5 ~5.0）；Ⅲ—干旱带（干旱系数 >5.0）

●表生天然腐殖环境病区类型；○湖沼相沉积环境病区类型；

▲黄土残塬山丘沟壑窖水病区类型；■半沙漠草炭沉积环境病区类型

### 8.3.1.3 大骨节病因

多年来的研究表明，大骨节病的发生与饮用水源有密切的关系，这种关系在各个病区都很明显。通过对我国主要病区和非病区的饮水进行对比研究，发现在元素方面难以发现显著的差异，然而在饮水中腐殖质含量方面却有明显的差异。200 个水样（病区饮水与非病区饮水比例各半）检测统计表明，在发病区，饮水中腐殖质含量为 0.14 ~3.19mg/L，在非病区，饮水中腐殖质含量范围值为 0.02 ~0.16mg/L，两者差异性极为显著。

研究还表明，大骨节病病情的轻重，与饮水水源的种类，被污染的程度及腐殖质的含量之间有着显著的等级相关关系（图 8-4）。

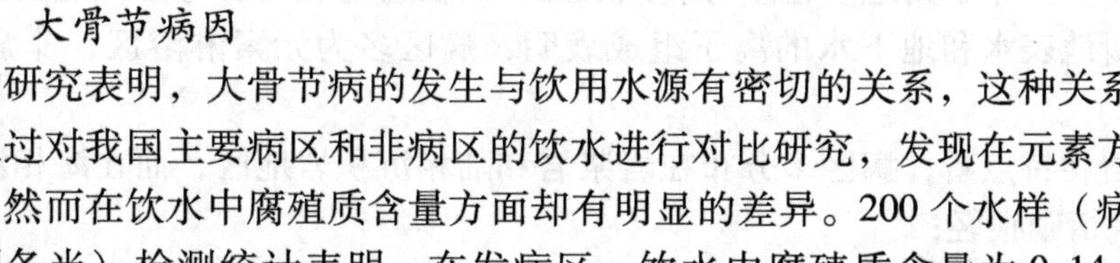


图 8-4 大骨节病区饮水水源污染程度与病情关系图解

Ⅰ—无污染，无病，腐殖酸小于 0.05mg/L；Ⅱ—轻度污染，无—轻，0.05 ~0.10mg/L；Ⅲ—中度污染，中等，0.10 ~0.20mg/L；Ⅳ—严重污染，严重，0.20 ~0.50mg/L；Ⅴ—极重污染，病情极重，腐殖酸大于 0.50mg/L

### 8.3.2 克山病

克山病（Keshan disease）是一种以心肌坏死为主要症状的慢性地方病，因1935年最早发现于我国黑龙江省克山县而得名。这种病在我国分布很广，吉林、辽宁、陕西、甘肃、内蒙古、宁夏、河北、河南、山西、山东、四川、云南、湖北和西藏等14省区均有发现。在国外，仅在朝鲜和日本有过关于克山病的报道。

8.3.2.1 克山病病因

克山病的病因尚未查明，且病因学说繁多。但概括起来主要有三大类：生物病因说、营养缺乏说和水土病因说。

生物病因说认为，病因可能是某种病毒，传播途径是虫媒。

营养缺乏说认为，病区食物中维生素A、B1、C以及氨基酸等缺乏，还有人把食物中某些元素的不足也包括在内。

水土病因说又称为环境地球化学病因说，是由环境地学家提出来的假说。此假说认为，克山病是由于环境中对心肌代谢有重要意义的某种或某些元素缺乏或比例失调所致，或是由于环境中某种或某些元素过多进入人体后选择性地作用于心肌所致，这种假说的主要依据是克山病的分布有明显的区域性。对病区自然环境调查的结果表明，这类地区的地质、地貌、土壤和气候条件有一定的特点，表现在：

(1) 病区多分布于山地、丘陵等剥蚀地区，而在盆地和河谷等堆积地区则较少发病；

(2) 分析地表水和地下水的离子组成表明，病区多为元素淋溶区，非病区为元素堆积区；

(3) 从岩相特点看，病区多分布在岩浆岩和陆相沉积岩地区，而在海相沉积的碳酸盐岩出露地区病情则很轻；

(4) 在不少情况下，病区与非病区的分界线以及重病区和轻病区的分界线往往正好是环境条件的分界线；

(5) 病区内岩石、土壤、水、粮食中某些元素的含量与本病患病率常表现出明显的正负相关性；

(6) 克山病的病理变化主要是无菌性心肌坏死，一年四季均可检出新鲜病变，且离开病区后病变不再发生。

上述特点都说明，致病因子长年存在于病区，在较长时间里反复作用于人体，特别是心肌。

在水土病因研究中，有人认为有中毒说与缺乏说两种病因：(1) 病区缺乏硒、钼、镁；(2) 病区亚硝酸盐、钡和有机质过多，发生中毒。

8.3.2.2 克山病病区类型

克山病的分布也有明显的地方性，且与大骨节病的分布大致相同。纵观我国病区，可分为三种类型：

(1) 东北型：其特点是克山病与大骨节病的分布和病情轻重基本平行，往往克山病病村又是大骨节病的发病村，克山病患者又是大骨节病患者。它包括了大骨节病的表生天然腐殖环境和湖沼相沉积环境两种病区类型。本病以东北为典型，还包括河北、陕北、陇东南、川西北及青藏高原的病区，病区饮用水富含腐殖酸。

（2）西北型：本类型区克山病与大骨节病的分布基本一致，但大骨节病普遍较重，而克山病很轻。病村饮水多为受污染的窖水、渗泉水和沟水。该区以陕西渭北、陇东黄土高原病区为代表。

（3）西南型：其主要特点是只有克山病而没有大骨节病。较典型的有云南高原、川东山地丘陵平坝病区、鲁中山地病区。饮用水多为渗井水、沟水、坑塘水和涝池水，水质不良，有机污染严重，富含腐殖质。

### 8.3.3 地方性氟中毒

地方性氟中毒（Endemic fluorosis）也是一种世界性的地方病，在各大洲均有分布。我国的主要流行区是贵州、陕西、甘肃、山西、山东、河北、辽宁、吉林、黑龙江等省。它的基本病征是氟斑牙和氟骨症。

氟的化学性质活泼，氟化物有很高的溶解度，自然环境中的各种条件都会对氟的迁移和富集产生影响，这就使它在环境中的分布极不均匀，环境中的氟过剩或不足都可能引发氟病。

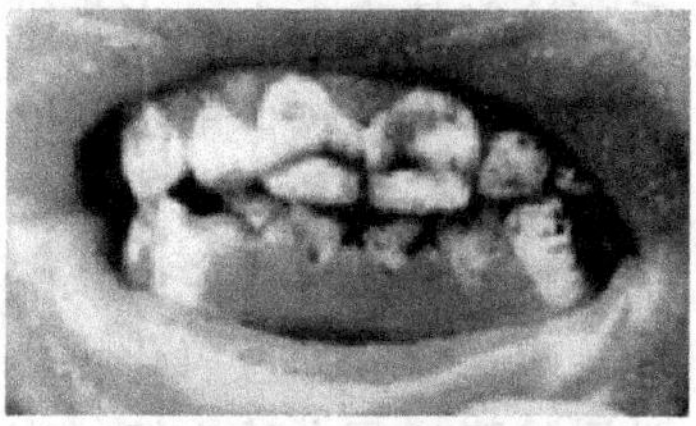

图 8-5 氟病外形

人体可以从大气、饮水和食物中摄入氟，一般情况下则主要来自于饮水。如果人摄入的氟过多，就会引起全身性的慢性氟中毒。氟中毒最明显的症状是氟骨症和氟斑牙（图 8-5）。过量的氟进入人体内后，能代替骨骼中羟基磷灰石上的羟基，生成氟磷灰石沉积在骨骼和与之相接触的软组织上，破坏其正常功能。过量的氟还使人体内钙、磷的代谢平衡受到破坏。由于氟在体内与钙结合生成氟化钙，血钙浓度因而降低，导致甲状腺增生，溶骨细胞活性增高，促进骨溶作用。氟化钙的形成还会影响牙齿钙化，使牙冠钙化不全，牙釉质受损；另外，氟离子与钙、镁等离子的结合大大减少了钙、镁等离子的数量，一些需要这些离子的酶的活性受到抑制，从而促进了氟病的发生。

科学家还发现，适量的氟具有防斑齿的作用，所以饮水和食物中氟含量过少会引起斑齿发病率升高。

对人体来说，饮水中氟的适宜浓度的区间非常小，大约在 0.5～1.0mg/L 之间。一般高于此值就发生氟病，低于此值则出现斑齿。在大部分情况下，随着饮水中氟含量升高，地方性氟病的患病率增加，但贵州、云南东部一带的氟病区是个例外，这里的氟病不是由饮水而是由高氟无烟煤烘烤粮食（玉米）引起的。

环境中氟的来源主要有两种：一是矿物和岩石的风化；二是火山的喷发。已有的资料充分说明，地方性氟病的分布与富氟的地球化学条件有密切的关系。如美国的爱达荷、怀俄明、田纳西等州氟斑牙较流行，与当地分布的海相磷矿床有关。在我国，最大的氟病区处于大兴安岭、燕山、大青山和狼山山脉的南侧，这里在地质历史上火山活动频繁。

我国地方性氟病的分布较有规律，即大致集中分布在四个地区：

（1）黑龙江的三肇地区，吉林的白城，内蒙古的赤峰，河北的阳原，山西的大同、山阴，陕西的三边，宁夏的盐池、灵武，以及甘肃和新疆的一些地区，大致自东向西呈一宽条带状分布；

（2）渤海湾附近，山东沿海及昌潍地区；

（3）鄂西北，黔西至云南东北部，大致呈东北—西南向分布；

（4）浙江、福建及广东的某些地区。

### 8.3.4 地方性甲状腺肿

地方性甲状腺肿（Endemic goiter）的分布很广，全世界约有两亿人患有此病（图8-6）。北美的五大湖沿岸、南美的安第斯山区、欧洲的阿尔卑斯山区、非洲的刚果河流域，以及亚洲和我国的不少山区都是比较严重的地方性甲状腺肿病区。科学家们已经发现，地方性甲状腺肿主要与生活环境中的碘含量有关，碘缺乏或碘过剩都会导致人体甲状腺代谢功能障碍，发生甲状腺肿。

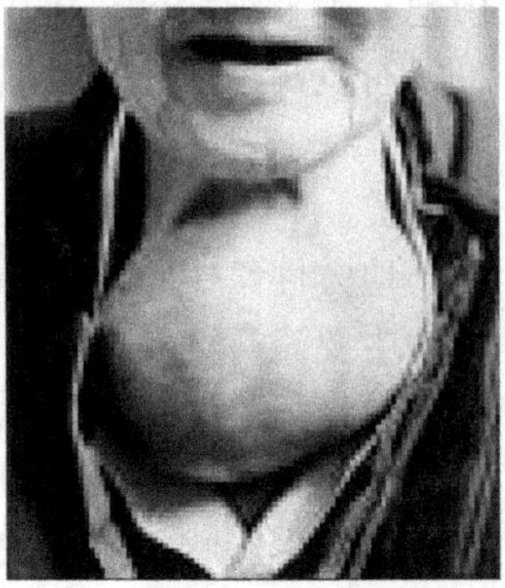

图8-6 地方性甲状腺肿外形

碘是人体必需的营养元素，人体内的碘主要来自食物和饮用水，而食物和饮用水中的碘最终又来自地壳与其风化物等地质环境以及降水中。当碘进入人体后，就大部分浓集在颈底部的甲状腺内。碘在甲状腺内的生理功能主要是用来合成甲状腺激素，这种激素可以促进新陈代谢和神经、骨骼的生长发育。如果环境中的碘含量过低，人体摄取的碘量就会不足，甲状腺激素的合成也会减少；如果环境中的碘含量过高，人体摄取的碘量就会过多，而过多的碘又会抑制过氧化物酶、蛋白水解酶和腺嘌呤基环酶的活性，阻碍甲状腺激素的合成及甲状腺球蛋白的水解。当人体内甲状腺激素水平因此而降低时，就会导致腺垂体反馈性地增加，以促使甲状腺激素分泌，从而使甲状腺组织发生代偿性增生肿大，即甲状腺肿。缺碘性甲状腺肿和高碘性甲状腺肿从外观上看都是脖子肿大，没有明显差别。

碘属于地壳中的稀有分散元素，迁移能力很强，容易淋溶流失，因此世界上缺碘地区分布很广，但海生生物和油田地下水通常是富含碘的，一般可以用地下水和潜水中的碘含量来作为一个区域的碘丰度的指标。根据我国201个地区的统计分析资料，我国科学家确定了饮用水中碘的最适浓度为10～300μg/L。

科学家归纳出我国碘的地理分异和地方性甲状腺肿分布的一般规律是：从湿润地带到干旱地带，从内陆到沿海，从山岳到平原，从河流的上游到下游，环境中碘的淋溶流失逐渐减弱，积累量趋于增加，使缺碘性地方性甲状腺肿的流行强度呈现出相应的递减趋势，最后消失；而高碘性地方性甲状腺肿则呈相反的递增趋势，在一些干旱和半干旱气候区及沿海地区其发病率较高。

## 8.4 原生环境水文地质学的研究内容与方法

地方病在世界范围内分布十分广泛，全世界受威胁的人口约有5亿，仅地方性甲状腺肿的患者就有2亿，而我国就占了不小的比例，它是地质环境对人类健康构成威胁的自然灾害性病症，是天然水中化学物质异常导致的生物地球化学地方病。

几十年来，形成了与之相关的重要研究领域——原生环境水文地质学（Originally environmental hydrogeology）。它是环境地质的一个分支学科，是研究原生水文地球化学环境与人类健康关系的科学，其主要内容包括：

（1）天然水的循环条件和分布规律；

（2）天然水中元素的来源、迁移、聚集和分布的规律；

（3）天然水中有机质的组成、来源、分解、合成、迁移、聚集和分布的规律，及其与元素之间的关系；

（4）研究水文地球化学环境与人类健康的关系；

（5）制定健康饮水水质评价标准，为病区人民寻求优质水源；

（6）研究水质改良方法和综合预防措施，积极防治各种病害。原生环境水文地质学的发展对消除地方病害，增进人类健康具有非常重大的意义。

原生环境水文地质学是一门综合性的边缘学科，它的研究方法也必然是综合的，是地学与医学相结合的研究方法。该学科应包括以下的研究方法：

（1）综合调查法。综合调查方法是一种基本的研究方法，主要对病区和非病区进行地学和医学的综合对比调查。首先是对人群疾病的调查和可能与发病有关的社会经济因素、生活因素的调查，查明疾病的流行特点和规律。地学人员应当参与此项工作，因为有些地方性疾病或生物地球化学地方病不单是某一元素的缺乏或过剩，而且还与某些社会经济因素、生活因素等密切相关；其次，需要对自然环境因素进行调查。调查历史上自然环境的演变，如森林开发、土地垦殖、水利工程的兴建、山崩地震、河流改道、气候变化等等。这些环境因素的局部改变可以显著地影响水文地质及水文地球化学环境。除了对自然环境的调查，还要进行地质、地貌、土壤、植被、水文、气象与水文地质的专门调查，尤其注意对人群饮用水源的调查，要以自然村作为统计发病率的人群单位，查明饮水水源与发病率的关系。

（2）相关分析法。相关分析法是研究各种复杂食物之间是否存在相关关系的一种重要方法。将各种调查统计数据和化验测试数据进行统计学处理，统计各种环境因素指标与发病率、死亡率之间的相关关系，对统计结果进行综合的分析、判断。

（3）综合制图法。许多地方性的疾病首先是通过编制疾病分布图而发现和确定的。例如，日本的脑溢血症就是通过脑溢血死亡率分布图和水化学图对比而确定的。美国、英国、荷兰、芬兰等国家的心血管病是通过编制心血管死亡率分布图、土壤化学图而进一步得到肯定的。刚果、荷兰胃癌的分布与土壤类型的关系也是通过制图而确定的。在我国，研究克山病、大骨节病和癌症等地方病也都广泛地采用了综合制图法。

根据不同目的编制的各种图件，应该反映以下几个方面的基本内容：发病率或死亡率的分布；病区的环境地质条件；水、土的主要化学特征；以及对环境、水土改良利用的指标和措施等等。通过编制较大范围的疾病分布图，往往可以反映出某些疾病分布的地方性和地带性。

（4）防病改水实验法。改良水质预防疾病是古今中外采用的较为普遍的一种方法，实践证明，对预防地方病均有一定的效果。

防病改水实验是通过改换水源或改良水质以达到防病的目的。因目的不同，对水质的要求也不同。健康的饮用水应该是透明无色、无臭、无异味，无沉淀，矿化度适中，微量元素适量，而且不受有机污染。

改水实验法可分为两大类，一种是通过物理或化学方法去除水中某些过量的有害物质，如腐殖酸、铁锰质、硝酸盐等；另一种是向饮水中投入某些有益的成分，以弥补天然不足，如钙、镁质等。

## 8.5 小　结

生命是地壳物质长期演化的必然结果。在地质历史发展过程中，各种岩石的分布差异导致地壳表面元素分布的不均一性。这种不均一性在一定程度上控制和影响着世界各地区人体的发育和健康水平的差异，若元素分布的不均一性超过正常变化范围，则将造成人类的地方疾病。地方病具有强烈的区域性，一般由地质环境造成，主要通过化学元素对人体健康起作用；除地质因素外，还有很多因素影响区域性疾病的发生，其中主要包括生活习惯、工业化、气候等。随着科学技术的不断发展和人类对地方病的不断认识，地方病必将会得到更好的控制。

### 关键术语

Biogeochemical endemic　Endemic　Endemic fluorosis
Endemic goiter　Hydrogeochemistry　Kaschin-Beck disease
Keshan disease　Landscape geochemistry　Originally environmental hydrogeology

### 复　习　题

1. 试简述水文地球化学环境地带性的分类及其主要特点。
2. 什么是地方病？
3. 最典型的地方病有哪几种？其主要特点是什么？什么是安全因子，如何定义？
4. 原生环境水文地质学的研究对象是什么？其主要内容有哪些？主要的研究方法是什么？

# 9　水资源开发利用与环境地质

联合国水资源大会曾警告说：“水，不久将成为一场深刻的社会危机”。这种警告并不是危言耸听，如果人类再无视这一严峻的危机，那么将来总有一天，人类所看到的最后一滴水，将是人类自己的眼泪。

据统计，在不到两百年的时间里，人类的淡水需求量增长了近 60 倍。每年有超过 1500 万儿童死于饮水传染的疾病；3/4 的水被用以灌溉农业，但却有一半被浪费，全世界每三个人中就有一个人因水污染而处于供水短缺的状况之中。

据预测，到 2025 年全球人口将达到 80 亿，这将远远超过水资源的承受能力。环境专家们认为缺水将会引起边境争端，很容易导致战争的爆发。

联合国副秘书长兼环境规划署执行主任克劳斯·特普费尔说：“环境资源问题将成为未来引发争端的因素，尤其是水资源，当然还有其他的，如石油等，这些都将构成威胁和平的因素”！由于水源之争，那些跨国境线的江河湖海已引起了国与国之间的对立。最典型的就是上游与下游的对峙。1989 年，埃及外长加利曾在美国国会指出：“埃及的安全保障掌握在尼罗河上游的 8 个国家手中”。目前世界上 40% 的人口生活在横跨两个国家以上的河海沿岸。除了尼罗河以外，亚洲中部的咸海、跨越印度和孟加拉的恒河上下游的居民都在围绕着水的配额进行交涉，有时甚至引发军事冲突。在美国的西部，农民和城市居民之间也因水的分配问题而存在着很大的政治问题。日本的福冈因为 1996 年的干旱引发农业用水与城市供水的分配摩擦。占世界总人口 22%、水资源仅为 8% 的中国，同样面临着城市与农村的供水分配之争。

水是现代文明中的基本组成部分。随着社会人口的急剧膨胀以及社会经济的快速发展，人类对水资源的需求量越来越大，由此引发的资源供需矛盾也越来越突出。1993 年 1 月 18 日，第四十七届联合国大会作出决议，确定每年的 3 月 22 日为“世界水日”。然而，水之所以能成为一场深刻的社会危机，远不只是存在着供需矛盾。在水资源开发利用过程中，还常常出现区域性水资源枯竭、海水入侵、地面变形、水质恶化等环境地质问题；人类构筑水坝、建筑异地调水工程也将引起上下游或周围水陆生态环境的改变。针对以上问题，本章主要论述开发利用水资源以及人类为此设计的工程设施对环境所产生的影响。

## 9.1　水资源状况

### 9.1.1　水资源概念

水是人类生存和人类文明的命脉。人类生活及社会生产活动从来就离不开水，但是人们并没有较早地认识到水是一种资源。

地球上的水是在一定条件下循环再生的，过去人们普遍以为水是“取之不尽、用之不竭”的。然而，随着社会的发展，人类社会对水的需求量越来越大，加上环境污染、生态平衡破坏，人们开始感到可用水资源的匮乏；另一方面，人们在长期的社会实践中逐渐认识到地球上水所特有的循环再生、运动变化规律，并认识到水是有限的。随后，人们才逐渐把水资源、水环境保护、生态平衡等问题同人类的生息与发展联系在一起加以考察研究，并开始将水，这一地球上所有生命体赖以生存的最基本自然因素和自然环境的重要因子当作资源看待。

什么是水资源（Water resources）？其提法大致有这样三种：

（1）广义的提法，包括地球上的一切水体及水的其他存在形式，如海洋、河川、地下水、土壤水、冰川、大气水等。

（2）狭义的提法，指陆地上可以逐年得到恢复、更新的淡水。

（3）工程上的提法，指上述可以恢复、更新的淡水中，在一定的技术经济条件下可以为人们利用的那一部分水。

以上各种提法是人们从不同角度对水资源含义的理解。通常，涉及给水排水工程及节水问题的水资源含义，接近于上述第三种提法。

对于一定面积的区域，其水资源总量是指当地降水形成的地表和地下产水量，即地表产流量与降水入渗补给地下水量之和。通常，采用下式计算水资源分区的水资源总量：

$$W = R_s + P_r = R + P_r - R_g$$

式中，$W$ 为水资源总量；$R_s$为地表径流量（不包括河川基流）；$R$ 为河川径流量；$P_r$为降水入渗补给量（山丘区用地下水排泄总量代替）；$R_g$为河川基流量（平原区只计降水入渗补给量形成的河道排泄量）。

### 9.1.2 全球水资源状况

地球的表面积约 $5.1\times10^8\mathrm{km}^2$，被水覆盖的面积约为 $3.6\times10^8\mathrm{km}^2$，占地球表面积的71%。地球上的水以多种形式存在，有海洋水、地下水、湖泊水、河水、沼泽水、大气水、冰川、永久雪盖、土壤水等。

- 全球（100%）
  - 海洋（94%）
  - 陆地（6%）
    - 深层高矿化度水（4%）
    - 淡水（2%）
      - 冰川（1.7%）
      - 其余（0.3%）

全球水资源总量为 $1.386\times10^{18}\mathrm{m}^3$，其中海洋水、咸水、湖水与深层高矿化度水约占98%，淡水仅占2%。由于绝大部分的淡水以冰川的形态存在，可供人类利用的淡水又不到其总量的1%，有人比喻说，在地球这个大水缸里可以供人类利用的水只有一汤匙。

通过全球水文循环，每年在全球陆地上形成的可更新淡水量通常以河川年径流量为代表，为 $4.7\times10^{13}\mathrm{m}^3/\mathrm{a}$，其中外流区河流的入海径流为 $4.35\times10^{13}\mathrm{m}^3/\mathrm{a}$；冰川融化产生的径流量 $0.25\times10^{13}\mathrm{m}^3/\mathrm{a}$；内流河流径流约 $0.1\times10^{13}\mathrm{m}^3/\mathrm{a}$。由于全球各大洲自然条件不同，降水和径流量差异较大（表9-1）。

表 9-1 世界各大洲年降水及年径流分布

| 大 洲 | 陆地面积/$km^2$ | 年降水 | | 年径流 | | 径流系数 |
|---|---|---|---|---|---|---|
| | | mm | $\times10^{12}m^3$ | mm | $\times10^{12}m^3$ | |
| 亚洲 | $4347.5\times10^4$ | 741 | 32.2 | 332 | 14.41 | 0.45 |
| 非洲 | $3012.0\times10^4$ | 740 | 22.3 | 151 | 4.57 | 0.25 |
| 北美洲 | $2420.0\times10^4$ | 756 | 18.3 | 339 | 8.20 | 0.45 |
| 南美洲 | $1780.0\times10^4$ | 1596 | 28.4 | 661 | 11.76 | 0.41 |
| 南极洲 | $1398.0\times10^4$ | 165 | 2.31 | 165 | 2.31 | 1.00 |
| 欧洲 | $1010.0\times10^4$ | 790 | 8.29 | 306 | 3.21 | 0.39 |
| 澳洲 | $761.5\times10^4$ | 456 | 3.47 | 39 | 0.30 | 0.09 |
| 大洋洲 | $133.5\times10^4$ | 2704 | 3.61 | 1566 | 2.09 | 0.58 |
| 全球陆地 | $14902.5\times10^4$ | 798 | 118.88 | 314 | 46.85 | 0.39 |

### 9.1.3 我国水资源状况

我国水资源总量不少，河川年径流量为（2.7～2.8）$\times10^{12}m^3$，低于加拿大、巴西、印尼、前苏联和美国，处于世界第六位，但人均占有水量仅 2292$m^3$/a，仅列世界第 110 位，为世界人均占有水量的四分之一。由于我国可利用水资源量占天然水资源量的比重小，水污染普遍较严重，水的浪费现象也十分严重，导致了我国可利用水资源日益短缺，已被联合国列为 13 个水资源贫乏的国家之一。

根据我国各地水资源总量及人均占有量的排序，我国 31 个省、自治区和直辖市中有一半以上人均占有水量低于全国平均量。国际上认为水资源紧张限度为：人均年水资源量低于 1000$m^3$。目前我国辽宁、山西、江苏、河南、山东、河北、北京、上海、宁夏、天津等省市都已达到了此限值，这些地区地处沿海或中原，大部分分属辽河、海滦河、黄河流域，人口众多，社会经济发达，城市化程度高，在土地、矿产等天然资源及社会经济基础等方面都具有进一步发展的巨大潜力，而水资源短缺却成为这些地区可持续发展的制约因素。

造成以上部分省市水资源严重紧缺的局面与我国水资源时空分布不均匀有密切的关系。

一方面，水资源的地区分布极不均衡。如以年降水深 400mm 划界，全国约有 45% 的国土处在降水深少于 400mm 的干旱少水地区，如内蒙古、甘肃、宁夏、新疆西北部等地；根据水资源、人口、耕地的地区分布及河流的径流分布，水资源在地区分布上是极不均匀的，与人口、耕地的分布也不相适应，南方水资源量占全国的 81%，人口占全国的 54.7%，耕地只占全国的 35.9%，而北方水资源量只占全国的 14.4%，耕地却占全国的 58.3%，人口占全国的 43.2%；如果以单位水量相比，南方的人均水量为北方的 4.4 倍，南方的亩均水量为北方 9.1 倍。

另一方面，水资源的时间分布极不均衡。在广大的东北、华北、西北与西南地区，降水量一般均集中在 6～9 月份，约占常年降水量的 70%～80%，12～2 月份降水极少，气候干燥，常形成严重干旱季节。

## 9.2 水资源开发利用与管理

### 9.2.1 水需求

水需求（Water demand）可分为河道外和河道内两大类。河道外需水包括农林牧业灌溉、农村人畜饮用、工矿企业生产，城镇生活用水等方面。河道内需水包括水力发电、航运、放木、排沙、河口冲淤、保护环境、旅游等方面。这些河道内需水，大部分本身并不耗水，但要求有一定的流量、水量和水位。河道内需水要根据一水多用的特点进行需水量组合，确定全年需水过程，一般以月或旬为计算时段。不同水平年的需水量分析是水资源供需分析的重要环节，需依据各部门的发展规划进行测算。

9.2.1.1 河道外需水

A 生活需水量

包括城镇居民生活需水和消防、绿化、河湖等公共设施需水，以及城镇附近的菜田需水。确定城镇生活需水标准，可通过实际用水调查，考虑城镇发展规模和用水发展趋势等因素。预测城镇人口，应以政府的人口政策、城镇发展规划为依据。农村人畜需水量在农业人口比重很大的发展中国家是水资源分配中的一个很重要的问题，也要分析计算。

B 灌溉需水量

取决于灌溉面积的大小和灌溉定额的高低。灌溉面积，可根据区域内水资源开发利用条件，农业发展规划和生产结构调整的趋势，按某一水平年农、林、牧各业的灌溉要求，进行预测。灌溉定额参照实际用水水平，考虑灌溉技术的改进，按不同作物整个生育期间的需水量分别确定。在缺水地区要特别重视各种节水措施，降低灌溉用水量。缺水地区以旱作物为主的灌溉保证率一般为50% ~75%，以水稻为主的灌溉保证率一般为70% ~80%；在丰水地区旱作物和水稻的灌溉保证率高于缺水地区。

C 工业需水量

工矿企业在生产过程中，用于制造、加工、冷却、空调、净化、洗涤等方面的水量。其用水特点是：增长快，1960 ~1975 年间，全世界工业用水量增加约一倍；要求高，年内用水量的变幅小，供水保证率一般要求 $P=95\%$ 以上；许多工业部门对水质、水温还有特殊要求。工业用水部门多，用水工艺复杂，预测某一水平年的工业布局与发展规模不易准确，分析需水量有一定困难。通常采用数理统计原理，根据历年工业用水量或单位产值用水量资料，按其变化趋势，预测工业需水量。也可利用工业单位产品、产量、产值的用水量和用水增长率等统计参数与工业产值相关关系，推求工业需水量。采用这两种预测办法，要求有较长的用水统计资料，且工业生产发展比较稳定。预测工业需水量要考虑节约用水，提高重复利用率，降低单位产品、产量、产值用水量等变化因素。

9.2.1.2 河道内需水

A 环境流量

所谓环境流量（Environmental flow），也叫河道内流量（In-stream Flow），是指维持河流生态系统和谐的流量体系，是一个流量范围。包括维持河流走廊水文、生物、地貌、水质和连通性完整、具有弹性特征的流量，是保障生物多样性和鱼类、野生生物生

产力的必要条件；也包括了维持重要的经济和美学活动所需要的流量，如水上娱乐等。环境流量评价学科是一个正在发展中的涉及水文水力、生物、物理作用、地貌以及水化学的科学。

我国在2005年制订的《建设项目水资源论证导则》（SL/Z322—2005）中强调了河流必须预留的生态用水量。

B 航运需水量

在一定通航标准下，保持河流最小航运流量的相应水量。一般利用河流某控制断面的流量过程线，以最小航运流量值画一水平线，水平线以下的水量即为最小航运需水量。对于水资源严重短缺的河流，航运需水与其他河道内和河道外用水有矛盾时，需通过经济分析，确定航运要求。

C 水力发电需水量

水电站正常发电需要的水量，按各水平年投入运行的水电站在设计保证率下的发电放水过程计算。在梯级开发的河流上，可只计算最大一级水电站的发电需水。

D 排沙需水量

防止河道、水库及河口淤积的冲沙水量。排沙需水量根据河道水沙运动规律，通过冲淤分析计算确定。在含沙量较大的河流，排沙需水量常占河川径流很大的比重，如黄河下游河道的冲沙水量每年需要200多亿立方米，占黄河多年平均河川径流量的36%以上。河流、水库的排沙水量与天然来沙情况密切相关，排沙需水量的预测需同时考虑水土保持拦沙效果。

### 9.2.2 水利用

水利用（Water use）分为河道外水利用和河道内水利用两类。河道外利用（Off-stream use）是指将水抽离水源到他处的利用，包括灌溉、火力发电及其他工业、生活公共用水。其中包括了消耗性利用（Consumptive use），即河道外用水后不能立即返回到河流或地下水中的水，如蒸发、参与作物生长、转化为产品、被动物与人体吸收的水。而能够返回的水对下游用水是非常重要的。对于河道内利用（In-stream use）是指不离开水源的用水，包括通航、水力发电、鱼类及野生生物生境和娱乐用水，另外还应包括河道外排放污染物的净化稀释用水，维护河床稳定用水，这部分用水没有消耗。

河道内的不同用水常常引起一些争论，这是因为每种用途要求不同的条件，并可能导致一些危害。比如，鱼类和野生生物要求水位有季节性波动，要求流量能够满足最大生物生产量的要求。然而，这些水位与流量的要求与水力发电要求不一致，后者为实现发电目标则需要每天都有大流量。类似地，通航、娱乐用水与生境用水、水力发电用水之间都可能存在一些不匹配的要求。

#### 9.2.2.1 水的输送

在现代社会里，由于水资源分配的时空不均，且由于不同地区社会经济发展引起的水需求程度差异，经常要从降水丰富的地区，通过水利工程调水，来解决一些地区的高需求。

有一定规模的调水工程往往都是跨流域的，这是实现水资源在一个国家或一个特定区域内优化配置的重要手段，世界各国尤其是一些发达国家普遍采用了这一手段。在国外，

最早的跨流域调水工程可以追溯到公元前2400年前的古埃及，从尼罗河引水灌溉至埃塞俄比亚高原南部，在一定程度上促进了埃及文明的发展与繁荣。20世纪50年代以后，国外提出了许多调水规划。据不完全统计，全球已建、再建或拟建的大型跨流域调水工程有160多项，主要分布在24个国家。地球上的大江大河，如印度的恒河、埃及的尼罗河、南美的亚马逊河、北美的密西西比河等都可找到调水工程的踪影。

与发达国家相比，我国在跨流域调水工程的建设水平与规模上与他们存在着不小的差距。到目前为止，我国兴建的跨流域调水工程均为中小规模，如河北与天津修建了引滦入津工程、山东修建了引黄济青工程、甘肃修建引大入秦工程、广东修建了东深供水工程、江苏省修建了江水北调工程等。其中，调水规模最大的工程为江苏的江水北调工程，多年平均调水量$41\times10^8 m^3$，输水渠长400km；其次为引滦入津工程，年调水量$19.5\times10^8 m^3$，输水渠长286km；其余的调水工程，年调水量均在$10\times10^8 m^3$以下。

目前，我国正在建设南水北调工程，就是把长江流域丰富的水资源抽调一部分送到华北、西北，以缓解那些地区的缺水情况。南水北调工程有东线、中线和西线三条调水线路，工程的规模和难度都超过三峡工程，工程已全面展开。南水北调工程东线、中线与西线工程如图9-1所示。

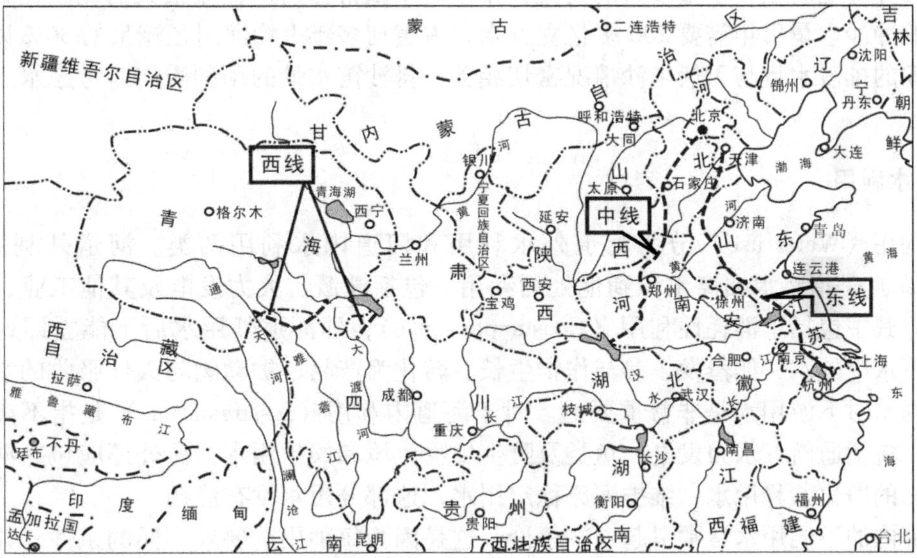


图9-1　我国南水北调线路示意图

东线工程于2002年12月27日开工建设，主要是利用现有的京杭运河的河道及周围的湖泊，用闸控制。工程规划从长江下游抽引长江水，沿线建设的13级泵站，逐级提水北送，经洪泽湖、骆马湖、南四湖和东平湖，于山东境内分两路供水：一路越过黄河后，向黄淮海平原东部供水，自流到最终抵达天津；另一路向东供应青岛、烟台。东线输水主干线长1150km，其中黄河以南660km，黄河以北490km。

中线工程于2003年12月31日开工建设。该工程是从位于长江支流汉江上游的丹江口水库引水，输水总干渠的首闸在河南省南阳市淅川县境内，沿途经过伏牛山和太行山山前平原，跨越长江、淮河、黄河、海河四大流域，建设专用的立交供水渠道，采用自流方

式，沿途供水，最终抵达北京、天津。中线调水工程总干渠长1246km，其中黄河以南462km，穿黄河段约10km，黄河以北774km。

西线工程的目标是从长江上游引水入黄河，以解决中国西北地区和华北部分地区干旱缺水问题。该线工程地处青藏高原，海拔高，地质构造复杂，地震烈度大，且要修建200m左右的高坝和长达100km以上的隧洞，工程技术复杂，耗资巨大，现仍处于可行性研究的过程中。

9.2.2.2 我国水利用

我国水资源总量位于世界第六，而人均占有水量仅列世界第110位，成了世界上13个水资源贫乏的国家之一。尽管如此，水利用现状仍不尽人意，存在的问题不容乐观。

从用水结构来说，发展中国家落后的灌溉技术是造成农业耗水量极高且浪费惊人的根本原因。我国与世界上一些发展中国家一样，农业用水约占总用水量的85%～90%左右，而工业用水仅占8%～10%，生活用水则占2%以下。而一些发达国家工业用水所占比重相当的高，达40%～60%，农业占用水资源量的比重则相对较低。

通过比较水资源与经济发展方面的资料，我国对水资源的利用尚处于较低的水平。比如1985年我国国内生产总值仅为美国的1/14，为日本的1/5.6，但是取用水量却超过了美国，为日本的5.6倍，单位国民生产总值的取水量分别为美国和日本的15倍和31倍，居世界首位。

自20世纪70年代初起，我国城市已开始存在水资源供不应求的矛盾。80年代以后，世界上一些国家如美国、日本、荷兰、法国等，随着社会经济的发展，其取水量大致都在“零增长”点徘徊。而我国至1988年的近40年内，全国总用水量增加约4倍，其中工业用水增加约14倍；城市、县镇生活用水量增加约16倍；农业用水量增加约3.5倍，取水量的年增长率却仍高达20%。

以上的数字给了我们一些启示，在21世纪，我国尚有极大的节水潜力，水资源的取水量并不应该随着社会经济的发展而同步增长。如果我国单位国民生产总值取水量能达到美国或日本的水平，在考虑我国人口众多的特殊条件下，也可以认为在维持当前取水量的情况下，我国国民生产总值能增加10倍或更多。这是立足于我国现状展望21世纪所必须充分认识的问题，也是我国水资源可持续利用的重大问题。

### 9.2.3 水管理

随着水需求的不断增加，管理水资源将变得越来越困难。尽管在许多干旱半干旱地区水的供给问题很严峻，但在湿润多雨地区不少大的城市一样存在类似的问题。解决这样的问题，需要寻找备用资源、更好地保护与管理现有的可用资源，也包括控制人口的增长。

不少城市已经将水当作像油气一样的商品，在市场上买卖，这样会出现水价与水配置的动态变化，会提高水的利用效率。比如，农业灌溉地区可能与城市合作，将部分用水供应给城市，以满足城市增长的水需求。通过节水措施减少农田灌溉的水损失，这种水资源的重新配置不会给农作物生长带来负面影响。如今，农业地区缺乏资金开展节水措施，而缺水的城市则可以资助农村节水工程的建设。很明显，将来水将变得越来越贵，如果水价合适，可能会出现许多革新的项目。

在第一章，曾介绍过在环境伦理学方面鼓励人们信奉“土地伦理”的生态学家奥尔多·利奥波德（Aldo Leopold），他的儿子 Luna Leopold（1915 ~ 2006）也是美国河流与水资源学科的领袖人物。他在地质、地貌和气候因素，还包括传统经济、社会和政治等因素基础上，提出了“水管理”（Water management）这样一个新的理念。在丰水年份（Wet year），地表水是丰富的，浅层地下水也会得到充分的储存，人们希望防洪设施、桥梁、泄洪通道能够承受过多雨水的冲击，避免一些损害和洪灾。他认为这时应该更多地应对洪水，而不是水短缺。然而在干旱年份，又需要特殊对策来克服水缺乏带来的困难。比如，在这样的年份，地下水位埋藏深导致难以抽水或水质变咸，就需要考虑其他的可再生水源。然而，考虑利用可再生水源需要前期很多的投入。在丰水年份，地下水会得到充分的补给，但还应该优先利用地表水源，以便在枯水年份能够利用地下水。换句话讲，枯水年份可以适当以大于补给的速率来开采地下水，而超采的部分能够在丰水年份得到自然或人工补给。

水管理的一个重要目标就是需要认识到水太多与水太少是自然现象，但是可以被规划的，可以在可利用范围内进行水配置（Water allocation）或平衡水需求。然而，流域规划者通常考虑流域的经济、社会发展，而不直接涉及水管理。但是，在流域发展规划中，水利用和水需求以及水资源的可能变化是必须考虑的，同时也要考虑土地利用对水分布的可能影响。

水越来越成为一个地区或国家发展的制约因素。由于流域规划者不直接涉及或不熟悉水管理，因而需要信息支持以制定发展决策。流域规划需要的水信息包括：流域水资源，水需求预测，水分配策略，需求的可靠性，供水成本与返还，发展规划的水文影响，环境考虑，采用信息的来源与质量，水许可。

## 9.3 水资源开发利用的环境问题

### 9.3.1 水资源枯竭

#### 9.3.1.1 过量引用地表水导致河湖干涸

在世界上，由于无计划、无限度地使用水资源，已使许多河流断流甚至消失，许多湖泊的面积也日益缩小以至消亡。这种情况对水生生态系统的破坏性影响是不言而喻的。国外这样的例子包括：由于在河流上游修建了太多的分水渠引水，美国的科罗拉多河已成了涓涓细流，从严格意义上讲已经消失在周围的沙漠之中；南亚浩大的恒河在旱季到不了它的天然出口孟加拉湾就干涸了，没有淡水注入大海，恒河三角洲地区红树森林和鱼类的栖息地迅速咸化；中亚的咸海曾是世界第四大湖，1960 年之前，每年都有约 $550 \times 10^8 m^3$ 水流入咸海，然而从 1981 年到 1990 年间，由于过量引用河水种植棉花，每年注入咸海的水量降到 $70 \times 10^8 m^3$，这导致湖面已缩小了一半，容积缩小了 3/4，24 种鱼类中有 20 种已消失。

建国以来，我国在开发和利用水资源方面保证了工农业生产的发展，但在这方面也存在着一些严重的问题。尤其是华北、西北等半干旱与干旱地区，过量引用地表水已导致河、湖干枯。以黄河为例，20 世纪 50 年代黄河沿岸引黄灌溉的面积只有 80 万公顷，1997 年已达到 730 万公顷，各地用水量成倍增长。黄河沿岸各省区向黄河水利委员会提出 2000

年的需水量为 $747\times10^8m^3$，经压缩后仍然达到 $600\times10^8m^3$，而黄河多年平均来水量却只有 $580\times10^8m^3$，其中可供利用的水量仅为 $370\times10^8m^3$。由于缺水，黄河沿岸城乡人民生活用水多次发生危机。另一方面很多地区的节水意识又极其淡薄，在枯水年农业灌溉仍大引大灌，浪费严重。从 1972 年至 1999 年的 28 年内，黄河下游利津站有 22 年断流，平均每 5 年就有 4 年出现断流，每年断流达 45 天之多。特别是 1997 年，利津站从 2 月 7 日起开始断流，全年断流 13 次，226 天，河口有 295 天无水入海，创下了断流时间最早、断流河段最长、断流频次和天数最多的历史记录。黄河断流致使三角洲湿地面积急剧萎缩，地下水含盐量提高，生态环境恶化。

再以我国新疆为例，那里属荒漠气候区，地表径流本来就十分珍贵，但多年来无计划过量用水，在当地蒸发强烈的自然条件下，已引起河、湖水量减少，甚至干涸断流。如塔里木河是我国最大的内陆河，19 世纪末，由麦盖提到下游七克里克一直可通行大木船，1958 年还有河水流到若羌以西的台特马湖。近年来由于上中游大量引河水灌溉，输往下游水量减少，目前英苏以下完全断流，阿尔干以下河床大部被沙掩埋，难以辨认。还有罗布泊，在 1934 年实测湖泊面积为 $1900km^2$，至 1962 年尚有 $530km^2$，现在由于塔里木河下游断流无水补给，已完全干涸。

此外，有些湖泊由于引水排水不当，水质变咸。如博斯腾湖上游把大量农田排水泄入湖内，每年带入湖内的盐分达 $63.7\times10^4t$，已由淡水湖变成微咸湖。

#### 9.3.1.2 过量汲取地下水引起区域性水位下降

地下水资源是就地资源，适用于就地开发利用。我国地下水资源的分布特征，具有明显的时空分布的不均匀性：秦岭以南，集中了我国 67.13% 的地下水资源，而北方 17 省的干旱、半干旱地区却只有 32.87%。然而，在我国已有供水系统的城市中，地下水已成为城市主要的供水水源，这在北方城市中尤为突出。

在任何地区，地下水在未经大量开发之前，其收支基本上处于天然的动平衡状态，但在开采之后，地下水的动态平衡又要受人为的开采状态所支配。如果开采地下水总量不大于开采区补给总量（天然补给量及开采补充量），它的动水位只是在某个深度之内变动，这是属于均衡开采的地下水位下降。相反，总开采量大于总补给量，再加上开采的持久性，势必会造成疏干开采的区域性水位下降，这种过程就是地下水超采（Groundwater overdraft），如图 9-2 所示。开采地下水会引起地下水位下降，形成漏斗状凹面，人们称之为地下水降落漏斗（Groundwater depression cone）。

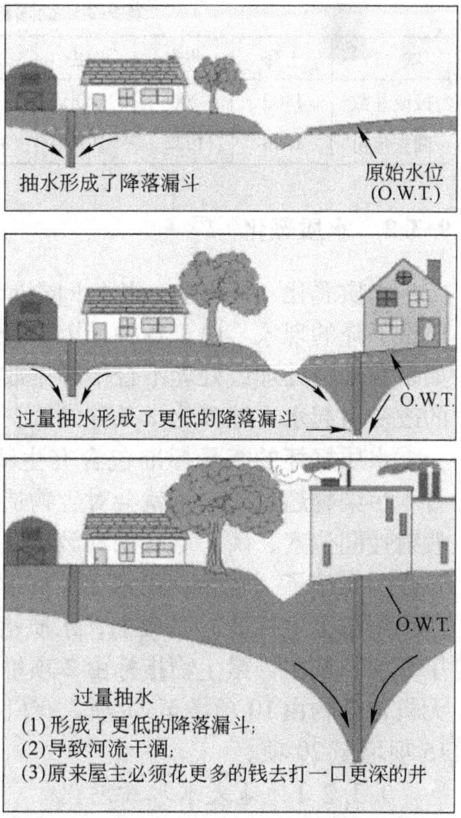

图 9-2 过量汲取地下水导致水位区域下降

在东北，以辽宁省最为突出，沈阳目前每天约超采 $(20\sim28)\times10^4m^3$，已形成面积约 $300km^2$，深25～37m的多中心降落漏斗，市区含水层储量由1962年的$11.5\times10^8m^3$，减少到$3.82\times10^8m^3$。

在华北，北京、天津等27座以地下水为主要供水源的城市，地下水的开采已严重过量。目前，整个华北平原水资源的开发利用已高达83.5%，而河北平原的巨大漏斗已经与北京、天津的降水漏斗连为一体，成为一个$23000km^2$的超级大漏斗，目前地下水水位年均下降速率达1～3m。

由于地表水严重污染，长江南部地区不得不开采地下水。仅在苏锡常地区就有开采地下水的深井2800余眼，从苏锡常到上海、嘉兴，形成了$8000km^2$的地下水漏斗，地下水位年下降速率1～3m，部分地区大于3m，由此引发的地下水水质恶化正在威胁江南未来的水源地。

根据“1996～2000年全国主要城市和地区地下水水情状况”，黄淮海地区由于地下水开采量不断增加及降水量的减小，近年来地下水水位在区域上呈不断下降趋势，地下水降落漏斗面积及漏斗中心水位埋深在不断增大。河北省地下水降落漏斗与河南省豫北地区及山东省黄河以西地区的地下水降落漏斗已连成一片，其中包括北京和天津两个直辖市，漏斗总面积超过$4\times10^4km^2$。

区域性水位下降直接的影响表现为由于水位下降深度超过井泵的设计开采深度而造成吊泵或枯井，原来的抽水设备抽不上水，潜水泵不得不被深井泵更换等水资源枯竭的现象（表9-2）。

**表9-2 我国部分城市深水井报废或吊泵的情况**

| 城　市 | 上海 | 北京 | 唐山 | 沈阳 | 哈尔滨 | 南昌 | 沧州 | 天津 | 石家庄 | 海口 |
|---|---|---|---|---|---|---|---|---|---|---|
| 报废井数 | 1100 | 200 | 20 | 56 | 100 | 200 | 36 | 169 | 39 | 80 |
| 调查年份 | 1956 | 1972 | 1985 | 1962 | 1986 | 1983 | 1980 | 1987 | 1982 | 1986 |

### 9.3.2 水质恶化

水质恶化（Water quality deterioration）是水体在自然因素或人为因素影响下，导致水质量下降的现象。由于各种原因，经过利用的水常常被污染，如生活污水、生产废水等。如果在未经处理或处理不合格时排放会引起地表水体或地下水污染；而由于环境地质条件的改变引起水文地球化学条件的改变，进一步导致水体污染的情况也是很普遍的。

水质好坏的衡量标准包含有生物、化学、物理等指标。从公众健康和生态的观点来看，污染物超过一定量就会对生物造成伤害。因此，过量的重金属、有毒的有机物、某些放射性同位素、磷、氮、钠和致病的细菌、病毒等等，都是污染物。我国2007年1月1日强制实施了《生活饮用水卫生标准》（GB5749—2006），在原采用的GB5749—1985《生活饮用水卫生标准》基础上，水质指标由原来的35项增加至106项，增加了71项，修订了8项。其中，微生物指标由2项增至6项，饮用水消毒剂由1项增至4项，毒理指标中无机化合物由10项增至21项，有机化合物由5项增至53项，感官性状和一般理化指标由15项增至20项。

#### 9.3.2.1 地表水水质恶化

过多污秽和有害的物质流入水体，超出自然生态系统本身的环境容量时，就会形成地表水污染。地表水污染分为两种：点源污染、非点源污染。

点源（Point source）是指呈点状分布的污染源，通常不连续且范围狭窄，例如工业或城镇污水、废水入河排污口。一般来说，从工业来的点源污染物经就地处理或处置来控制，或发放许可执照来管制。但是在暴雨期间，城市地区的暴雨径流常常超出下水道系统的容量，溢流将污染物及废弃物带进附近的地表水。

非点源（Non-point source）与点源相对，呈面状，具有较大的分布面积，是散布、间歇性的。影响因素有土地利用、气候、水文、地形、植被和地质等，很难加以控制。常见的城市非点源包括街道空地的径流，含有各种污染物：重金属、化学物质、沉积物等。如居民洗车的清洁剂和油渍留在车道表面，暴雨来时冲入河流；雨水冲刷花园植物的杀虫剂，流入河流；流过工厂和仓库的雨水和径流，也是非点源污染。乡村的非点源污染通常和农业、林业与开矿有关。在广大农村地区，不合理地使用化肥、农药等农用化学物质，导致它们将随农田水排放或随水土流失而对地表水造成日趋严重的影响。

根据我国建设部1997年对全国668个城市的工业废水与生活污水统计，总排污量为$416\times10^8 m^3/a$，合计化学耗氧量COD$1757\times10^8 m^3/a$，而乐观地估计，这些废水的处理率仅为23.6%。目前，我国80%的地表水域遭受到区域性的污染，“九五”期间，淮河、海河、辽河以及太湖、巢湖、滇池“三河三湖”被列为重点治理对象，90%以上的城市水体遭受污染。从全国范围来看，水体主要污染指标是氨氮、高锰酸盐指数和挥发酚、石油类等。

9.3.2.2　地下水水质恶化

在天然条件下，地下水各项动态包括水位、水量、水质及水温处于天然的动平衡状态，其中包括水分与盐分的动平衡。在人为因素的支配下，水盐平衡也会打破，表现为水质的变化。区域性地下水位下降不仅能够引起水量平衡的破坏，也是水盐破坏的主要因素。地下水水质恶化具体表现为：

（1）地球化学环境的改变引起水质恶化。由于强烈开采地下水使地下水位大幅度降低，原来的含水层空间被空气充填，包气带厚度加大。其结果使得原来的还原缺氧环境被趋向于氧化环境，一些金属不溶物被氧化成游离的金属离子，淋渗到开采层中。比如原含水介质中含有黄铁矿，则容易被氧化，导致三价铁、硫酸盐含量增大，当水位上升或在雨水淋滤下，将导致地下水中铁、硫酸盐浓度提高，地下水pH值显著下降。

（2）沿海地区海水入侵引起水质恶化。在近海地区大量开采地下水，使得陆域地下水位低于海平面，从而导致海水向内陆含水层侧渗的现象，通常称之为海水入侵（Seawater intrusion）。这种现象可导致地下水水质变咸，盐度提高，在国内外都有实例。

近年来，我国沿海地区的主要城市和农业发达地区都发生了海水入侵。问题比较严重的地区主要有辽宁的大连市、河北的秦皇岛市、山东的潍坊—龙口—青岛市、福建的厦门市以及广西的北海市等。

2007年，国家海洋局启动了海水入侵、盐渍化监测工作，旨在掌握我国滨海地区海水入侵和盐渍化状况。监测结果显示，辽东湾和莱州湾滨海地区海水入侵面积大，南方滨海

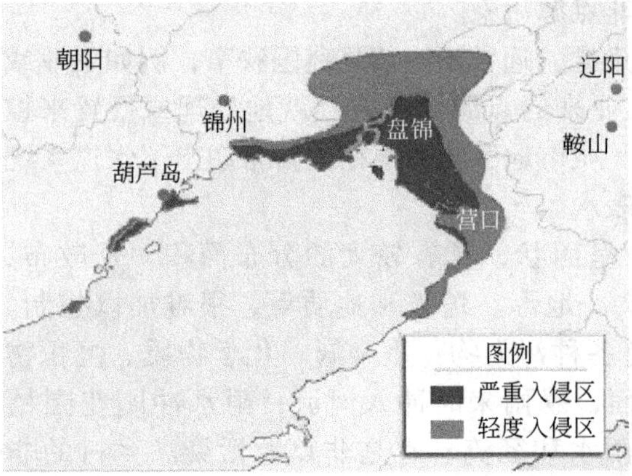


图 9-3 辽东湾海水入侵分布示意图

地区海水入侵面积小。影响海水入侵的因素除有水文地质条件和地形地貌条件外，气候条件和人类活动是产生海水入侵的重要因素。北方干旱少雨、水资源不足，过量开采地下水，是引起海水入侵的主要原因。而海水入侵也带来了严重的土地盐渍化。

辽东湾北部及两侧的滨海地区，海水入侵的面积已超过 4000km$^2$，其中严重入侵区的面积为 1500km$^2$；盘锦地区海水入侵最远距离达 68km（图 9-3）。莱州湾海水入侵面积已达 2500km$^2$，其中莱州湾东南岸入侵面积约 260km$^2$，莱州湾南侧（小清河至胶莱河范围）海水入侵面积已超过 2000km$^2$；严重入侵面积为 1000km$^2$，莱州湾南侧海水入侵最远距离达 45km。

福建长乐海水入侵区伸入陆地约 1.5km，严重入侵达 0.7km，氯度最高值为 2724mg/L；莆田秀屿区沿岸海水入侵区伸入陆地约 4.0km，严重入侵达 3.0km，氯度最高值为 1670mg/L。广西北海和钦州发生轻度海水入侵，入侵范围在距岸线 1km 内。

（3）含水层串层导致水质恶化。在内陆地区开采深部地下水时，由于区域性水位降低，上部高矿化度水通过弱透水层越流及隔水层尖灭处的绕流补给，使开采层地下水水质恶化。

强烈开采地下水不仅导致资源量的枯竭，而且会伴生水质恶化。目前城市开采井一般都是深层开采井，一旦污染了深层水源，其治理、修复是非常困难的。因此，保护地下水资源免遭污染应以预防为主。其一，合理的开采方式是含水层水质保护的重要环节；其二，加强环境水文地质条件的调查，加强对地面污染源的控制是防治地下水污染的保证措施。

（4）地表化学物质侵入导致地下水污染。由于地表污水排放、固体废弃物淋滤、农田过量施肥、地下储藏罐泄漏导致地下水遭受无机、有机化学物质的污染问题已越来越突出。如无机重金属、氮、石油烃等污染事件在全球普遍存在，尤其是发展中国家，严重影响到人类饮用水源的质量。近年来，欧美等国家在该领域的发展很快，在有机类污染含水层修复方面已经形成产业化。

### 9.3.3 过量开采地下水引起地面变形

#### 9.3.3.1 地面沉降

地面沉降（Land subsidence）又称为地面下沉或地陷，它是在人类工程经济活动影响下，由于地下松散地层固结压缩，导致地面标高降低的一种地表下降。除了抽汲地下水能够引起地面沉降外，采掘固体矿产、开采石油与天然气等人类工程经济活动也是导致地面沉降的主要原因。

近半个世纪以来，世界上许多国家的工业城市发生了地面沉降现象，特别是沿海工业城市的地面沉降最为严重。如墨西哥首都墨西哥城，由于长期过量的开采地下水（日平均开采量 $81\times10^4m^3$），使地下水位下降到 $-30m$ 以下，造成地面沉降严重，年沉降率约几十厘米，至 1950 年该城已下沉 6m 之多。近几十年来日本东京下沉了 4m，大阪下沉了 3m。

在台湾某地面沉降地区路面填高后，老房子有半层楼在地面下，新楼则特别加高以留出下陷空间（图9-4）。

图9-4 台湾某地面下陷地区新老房子的差异

我国典型地面沉降地区分布于各大城市，主要是由于超量集中开采地下水，造成地下水水位的大幅度下降，含水介质压密所至。目前我国已有几十座城市受到地面沉降的威胁，比较严重的城市北方有天津、沧州、西安、太原；南方有上海、阜阳市以及苏锡常地区，其中上海和天津的沉降超过2m，太原和西安也超过1m。

A 地面沉降的危害

地面沉降可在相当大的范围内使地面高程累积损失，可使水准测量高程基准网失效。其直接威胁体现在方方面面，例如建筑物下沉开裂破坏、地下管网断裂、在沿海地区加大海水入侵及内涝积水、使河道淤积、降低河流的泄洪与抗洪能力、桥基下沉失稳、桥梁净空减小、降低通航能力、影响交通运输等等，对人民生命财产造成严重威胁，在土地资源可持续利用等方面，都有相当不利的影响。

比如，天津市地面沉降引发的次生灾害有：

（1）地面标高降低，导致海水上岸，防潮堤必须相应加高。滨海区潜水位抬高，加重土壤的次生盐渍化、沼泽化；

（2）海河泄洪能力降低，如遇较大洪水，市区有淹没之险；

（3）河道纵坡降变形（沉降不均），航运受阻，码头运输产生困难；

（4）改变了排水管道的原始状态，影响排水，部分地段水管破损，污水溢出，造成地下水水质污染。市区出现雨后积水点44处；

（5）井管普遍相对上升，输水管受影响；

（6）塘沽区地面强烈下沉后，实际高程在1～3m间，将有被海水淹没的危险。

又如，北京市地面沉降引发的次生灾害有：

（1）地面裂缝两侧不均匀下沉，破坏建筑物及道路工程；

（2）损坏井管，排水管道功能降低；

（3）城市地面水准高程变化；

（4）河水倒灌；

（5）淡水含水层咸化。

B 地面沉降的防治

过量地抽汲地下水是导致地面沉降的主要原因，这种事实已被国内外学者所公认。因此，减轻地面沉降灾害的措施中最主要的是人为控制地下水的开采量。国内普遍采用的措施有以下几种：

（1）减少地下水开采量，这是已被我国很多城市的实践所证明了的有效措施。如上海市颁发了《上海市深井暂行管理办法》，明确地规定了各类水井的管理办法，严格地控制了市区的地下水开采量，效果很好。从50年代每天开采30余万立方米，减少到80年代每天开采40000m$^3$，使地下水位得到回升，地面沉降量由每年22mm减少到5mm。这样，地面沉降基本上得到控制。天津市也如此：一方面节约用水；另一方面，逐步减少对地下水的过量开采，使地面沉降得到控制。如1986～1987年累计关停地下水井601眼，并严格控制审批增打新井，大大减少了地下水开采量。经测量证实，市区和塘沽区平原沉降量分别从1986年的62mm和54mm减少到43mm和46mm。

（2）调整开采层次：这对减轻地面沉降起了缓和作用，是一种辅助性措施。

（3）人工回灌地下含水层：实际上是用人工的灌水方法补充地下水量，以提高地下水位，达到缓和沉降速率的效果。

（4）利用地下水的采、灌数学模型，合理地开发利用地下水：通过这样的采、灌模型，既合理地开发利用了地下水，又达到了基本上控制地面沉降的目的。

9.3.3.2 地面塌陷

地面塌陷（Land collapse）是指岩溶发育地区，上覆土层或隐伏岩层顶板在人为活动或天然因素作用下特别是水动力条件改变引起的环境效应作用下失去平衡发生的下沉或突然坍塌的现象（图9-5）。

图9-5 由于抽水引起的地面塌陷

地面塌陷主要发生在岩溶水分布地区，根据形成塌陷的主要原因分为自然塌陷和人为塌陷两大类。前者是地表岩、土体由于自然因素作用，如地震、降雨、自重等，向下陷落而成；后者是由于人为作用导致的地面塌落，特别是城市地下水集中开采局部地段较为多见。

A 地面塌陷的危害

我国已有许多城市因过量开采地下水而发生了岩溶地面塌陷灾害。塌陷使大量的建筑物变形、倒塌、道路坍陷、土地毁坏、水井干枯或报废、风景点破坏等，给城市的生产建设和人民生活造成了很大损失。

和重要程度在地裂缝两侧各避让一定的距离，这对减轻西安的地裂缝灾害起了重要的作用。

### 9.3.4 水利工程的影响

虽然建坝可以追溯到几千年以前，但事实证明，到20世纪，大坝的数量、类型和规模才开始激增。1950年世界上高15m以上的大坝仅5000处，而2002年已达49700处，85%的大型坝是最近35年间兴建的。世界的水需求量从20世纪中开始到目前为止已增长了3倍。为适应水需求量的迅速增长，不得不大力建堤坝，改建河流通道。人类为最大限度地利用水，对很多河流进行改道，用混凝土加固堤坝。

现在建造的大坝有多种用途，包括供水、发电、防洪和疗养娱乐场所。在很多情况下，大坝的多种用途普遍为人们所公认，大坝能产生多种效益，遗憾的是，有些用途相互制约。例如，对娱乐和发电，水库的水位最好高些；增高库水位对于干旱期灌溉是一种合适的储水方法，而且水位的升高导致淤泥不容易沉积库底，这样也使下游水质得以改善；而对防洪，水库水位应尽可能低些；调节洪水能保障人们的生命和财产安全。此外，人们可以在人工湖里从事养殖业和各种娱乐活动。

目前，我国已成功地在不同河流上兴建了许多大型和中小型水利水电工程，充分发挥了拦洪、灌溉、航运以及发电、旅游效益，在国家经济建设中发挥了巨大效益。根据2002年的统计，我国是世界上建坝最多的国家，15m以上的大坝有25800座，世界合计49700座，我国占52%，其次为美国，占12.5%。表9-4列出了我国总库容20亿立方米以上的大型水库。

**表9-4 我国总库容20亿立方米以上的水库**

| 序号 | 水库名称 | 所在省（区） | 所在河流 | 总库容/亿立方米 | 序号 | 水库名称 | 所在省（区） | 所在河流 | 总库容/亿立方米 |
|---|---|---|---|---|---|---|---|---|---|
| 1 | 三峡 | 湖北 | 长江 | 393 | 24 | 隔河岩 | 湖北 | 清江 | 37.7 |
| 2 | 三门峡 | 河南 | 黄河 | 354 | 25 | 拓溪 | 湖南 | 资水 | 35.7 |
| 3 | 龙羊峡 | 青海 | 黄河 | 276.3 | 26 | 桓仁 | 辽宁 | 浑江 | 34.6 |
| 4 | 新安江 | 浙江 | 新安江 | 220 | 27 | 岩滩 | 广西 | 红水河 | 33.5 |
| 5 | 丹江口 | 湖北 | 汉江 | 209.7 | 28 | 松涛 | 广东 | 南渡江 | 33.4 |
| 6 | 大七孔 | 贵州 | 龙江 | 190 | 29 | 西津 | 广西 | 郁江 | 30 |
| 7 | 水丰（中国、朝鲜共有） | 辽宁 | 鸭绿江 | 146.7 | 30 | 潘家口 | 河北 | 滦河 | 29.3 |
| | | | | | 31 | 安康 | 陕西 | 汉江 | 29.3 |
| 8 | 新丰江 | 广东 | 新丰江 | 139 | 32 | 西洱河一级 | 云南 | 西洱河 | 27.7 |
| 9 | 洪泽湖 | 江苏 | 淮河 | 135 | 33 | 陈村 | 安徽 | 青弋江 | 27.2 |
| 10 | 小浪底 | 河南 | 黄河 | 126.5 | 34 | 响洪甸 | 安徽 | 淠河 | 26.3 |
| 11 | 丰满 | 吉林 | 第二松花江 | 107.8 | 35 | 水口 | 福建 | 闽江 | 26 |
| 12 | 天生桥一级 | 贵州、广西 | 南盘江 | 106.8 | 36 | 红山 | 内蒙古 | 老哈河 | 25.6 |
| 13 | 东江 | 湖南 | 耒水 | 91.5 | 37 | 宝珠寺 | 四川 | 白龙江 | 25.5 |
| 14 | 柘林 | 江西 | 修水 | 79.2 | 38 | 花凉亭 | 安徽 | 长河 | 24 |
| 15 | 白山 | 吉林 | 第二松花江 | 68.1 | 39 | 梅山 | 安徽 | 史河 | 23.4 |
| 16 | 二滩 | 四川 | 雅砻江 | 61.8 | 40 | 乌江渡 | 贵州 | 乌江 | 23 |
| 17 | 刘家峡 | 甘肃 | 黄河 | 61.2 | 41 | 万安 | 江西 | 赣江 | 22.2 |
| 18 | 密云 | 北京 | 潮白河 | 43.8 | 42 | 棉花滩 | 福建 | 汀江 | 22.1 |
| 19 | 五强溪 | 湖南 | 沅水 | 42 | 43 | 大伙房 | 辽宁 | 浑江 | 21.9 |
| 20 | 官厅 | 河北 | 永定河 | 41.6 | 44 | 观音阁 | 辽宁 | 太子河 | 21.7 |
| 21 | 东平湖 | 山东 | 黄河 | 40 | 45 | 乌溪江 | 浙江 | 乌溪江 | 20.6 |
| 22 | 莲花 | 黑龙江 | 牡丹江 | 39.2 | 46 | 湖南镇 | 浙江 | 乌溪江 | 20.6 |
| 23 | 云峰（中国、朝鲜共有） | 吉林 | 鸭绿江 | 39.1 | 47 | 漳河 | 湖北 | 沮漳河 | 20.3 |

然而，从另一个角度看，水利工程所产生的各种影响也是很显著的。确切地说，是以某些自然、社会环境和土地资源等为代价的。而一些不恰当的水利工程，更是对区域的水平衡有巨大的影响。

水库大坝坝址是水利水电工程的枢纽，大坝建成后水库蓄水，坝址的地质环境将发生明显的变化，主要表现在以下几方面。

9.3.4.1 水库及上游淤积

对水利工程来说，流域管理中受到广泛关注的是水库淤积问题。也是在开发水资源、水能资源过程中的全球性工程问题。世界上任何一条河流都夹带泥沙，河流含沙率最高的是我国的黄河，含沙率为2.20%，最低的是非洲第二长河——扎伊尔河（又称刚果河），含沙率为0.0034%。

由于修建水库蓄水必然使泥沙在水库中淤积，引起水库及其周围环境改变以及水库使用寿命缩短。这是大坝对环境的第一个影响。当河水与水库水相汇合时，河水流速减缓，搬运物质沉积在库底。同时，沉积物充满其他沟谷和支流，人造三角洲在上游形成并扩大。由于大量的淤泥和其他沉积物的充填，水库使用年限大为缩短。例如哥伦比亚的安契卡亚大坝，于1955年建成，但21个月以后约25%的库容充填了沉积物，7年后水库失去了蓄水的能力，从而使为利用水能而耗资几百万美元建设的电站，只能靠河水来发电了。为了防止淤泥毁坏水轮机，还必须加强疏浚工程。台湾的仙鹤门水库，人们预言可利用71年，但在1963~1968年间，由于淤积已丧失了大于45%的库容。1941年的一项研究表明，美国国家级的水库已有39%的使用期小于50年。我国黄河三门峡水库集水面积688421$km^2$，设计库容$96.4\times10^8m^3$，在1960~1978年内，水库总淤积量$37.6\times10^8m^3$，占总库容的39%。像埃及的阿斯旺大坝的纳塞尔湖，充填了$13\times10^6m^3$淤泥，它们以往是沉积在洪积平原和尼罗河三角洲的，这一结果对下游地区已产生重大影响。

水库淤积不仅缩短水库使用寿命，而且会给上下游防洪、灌溉、航运、排涝治碱、工程安全和生态平衡带来影响。水库的兴建极大地改变了原河流的水动力条件和河流地质作用，使其侵蚀、搬运和沉积作用发生很大的改变。水库的淤积不仅对上游和库区产生极大影响，而且由于清水下泄，水流冲刷作用增强，底蚀显著，河道下切，河流变直，可导致部分河段岸坡不稳，出现裂缝、坍塌、滑坡等现象，河道还可能出现负比降，影响汛期防洪等。

防治水库淤积的措施包括，在水库上游来沙地区开展退耕还林、水土保持、整治冲沟、植树造林，加固库岸，在严重地段修建拦沙库等。

9.3.4.2 库岸失稳

由于水库蓄水或其他人为因素导致库岸滑坡、崩塌、塌岸等现象，使库岸失稳。

意大利瓦依昂水库滑坡，是一个惨痛的例证。该水库坝高262m，为当时世界上最高的双曲拱坝。在勘测和施工过程中，早已发现库内紧靠左坝肩山体有变形迹象，但直到大坝建成以后，仍未对稳定性和发展趋势作出明确判断。水库蓄水后（1963年10月9日），该山体突然以高达25~30m/s的速度沿层面下滑，约$2.7\times10^8m^3$土石淤填库内，激起的涌浪高出坝顶100余米，库水奔腾而下，摧毁了下游3km处的一村庄，造成近3000人丧生，使整个水库也变成“石库”。我国的湖南柘溪水库塘岩光滑坡也造成巨大损失，水库蓄水仅18天，由前震旦系砂岩夹板岩组成的该处岩体，有$165\times10^4m^3$的土石突然滑落库内，形成高达21m的涌浪，造成人员重大伤亡。湖南风滩大坝附近左岸刺桐溪，于1977年4月16日发生了$20\times10^4m^3$的滑坡。

9.3.4.3 水库浸没

水库蓄水后水位抬高，引起水库周围地下水壅高。当库岸比较低平，地面高程与水库正常高水位相差不大时，地下水位可能接近甚至高出地面，产生种种不良后果，这种作用称为水库浸没，如图9-6所示。

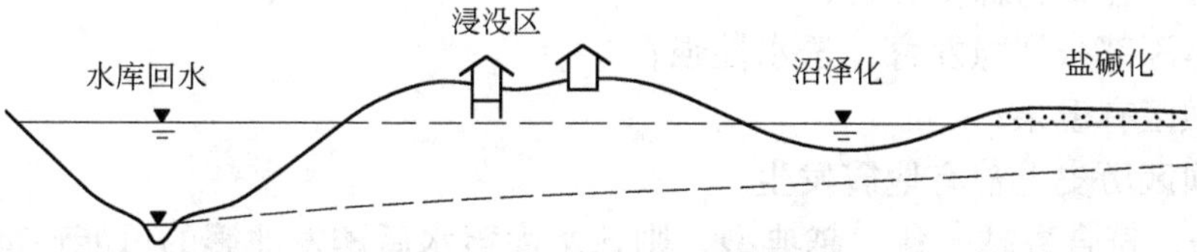


图9-6 水库回水及浸没示意图

水库浸没主要发生于以下地区：（1）平原型水库的周边地带和坝下游地区；（2）盆地型水库边缘平地与山前洪积扇、洪积裙相接的地带；（3）地下水埋藏较浅、地表水或地下水排泄不畅的库岸地带，库岸附近的封闭或半封闭的洼地，以及沼泽的边缘地带；（4）与水库渗漏通道相连的邻谷洼地等。

浸没对库周的工农业生产和居民生活危害很大，它使农田沼泽化和盐渍化；建筑物的地基强度降低甚至破坏，影响其稳定和正常使用；附近城镇居民无法居住，不得不采取排水措施或迁移他处。浸没还能造成附近矿坑渗水，使采矿条件恶化。

对于水库浸没的防治措施主要有：降低地下水位入手，根据水文地质条件和长期观测成果，布置排渗和疏干工程；对农田可按水、土、盐等具体条件，采取工程与农业措施（如改变作物种类和耕作方法）相结合的综合治理方案。

9.3.4.4 水库诱发地震

水库蓄水可以诱发地震。与一般自然地震比较，水库诱发地震在形成机制、发展过程以及地震效应几个方面均表现出独有的特点：

（1）出现的地质环境、条件较严格，范围比较小；

（2）自身表现，有区别于自然地震的特征；

（3）对工程地质环境的破坏作用，有其自身的特点。

自1931年希腊马拉松（Marathon）水库首次诱发地震以来，已有60多年的历史。其后，1933年阿尔及利亚的乌得福达（Oued Fodda）水库发生了地震，但并没有引起人们的重视，到1936年美国胡佛（Hoover）水库诱发地震后，人们才觉得水库诱发地震是一个值得研究的问题。到1986年底已有29个国家报道了116座水库地震震例。

水库诱发地震最大震级一般不超过6.5级。震源深度多在3~5km，强度不大，烈度偏高。然而，水库诱发地震所引起的灾害有时是很严重的。如印度珂依纳水库地震使该城市大部分砖石结构建筑倒塌，死亡177人，伤2300余人，不得不放空水库进行加固处理。我国新丰江水库地震倒塌房屋数千间，死伤数人，水库边坡发生地裂、崩场和滑坡，在大坝右侧坝段108m高程处产生上下游贯通达82m长裂缝，经过加固处理，花费巨大。因此水库诱发地震是一种典型的环境地质问题，应当加以研究和监测。

水库蓄水诱发的地震，其震区多分布在水库影响区域内，除少数在坝址附近外，主要分布在库区中部及尾部，这与坝址选择的地质条件好坏有关。

我国水利水电规划设计院曾归纳了以下七条可能诱发水库地震的定性的标志。

（1）坝高大于100m，库容大于$10\times10^8m^3$；

（2）库坝区有新构造，活断裂呈张、扭性和张扭、压扭性；

（3）库坝区为中、新生代断陷盆地或其他边缘，近代升降活动明显；

（4）深部存在重力梯度异常；

（5）岩体深部张裂隙发育，透水性强；

（6）库坝区有温泉；

（7）库坝区历史上曾有地震发生。

上述七条，符合数越齐备，越典型，则该水库蓄水后诱发地震的可能性就越大。

9.3.4.5 水库对下游的影响

有些河流的泥沙中挟带肥料和营养物较多，建坝后泥沙被截留库中，又由于上游大量取水，使建库后下泄水量减少，致使下游发生许多新问题。如埃及的尼罗河每年挟带1亿多吨泥沙，淤积于下游两岸，当阿斯旺高坝建成后，泥沙被截留库中，排入地中海的水量又大量减少。其结果是不但致使下游农田逐渐失去肥源，需要增加肥料；引起流入地中海的鱼类饲料被隔断，使鱼类丧失了主要的食物来源，原有47种鱼可进行商业捕捞，现在已减少到17种，有些鱼已从埃及海岸外迁，使沙丁鱼的年捕获量减少97%；而且地中海海岸的冲刷得不到泥沙淤积的补偿，原有的自然平衡状态受到破坏，以至于海岸线迅速后退，原有拦水坝和桥梁基础遭到破坏，海岸沙丘体开始无规则地扩散，岸边的许多村庄被淹。为了解决海岸侵蚀问题，埃及在阿斯旺高坝和地中海之间修筑多座拦水坝。

9.3.4.6 水库对水质的影响

从地球化学和生物地球化学的观点，水库蓄水对原来的水生系统会产生显著的改变。水质改变一般是要发生的，特别是由于细菌和富营养化的作用。许多水库的水体中营养物质的含量（氮磷化合物）和元素的总量有了巨大的变化。营养的增加将使细菌和水藻大量繁殖，因而使水发臭，同时也使水中氧的含量降低。水中溶解氧的降低将威胁着某些鱼种的生存，它还会导致厌氧微生物繁殖条件的形成，使水质进一步恶化。

另外，水库上游的工矿企业或土壤本底中会含有有毒物质，由于“三废”的排入或暴雨的侵蚀作用，致使含有大量有毒物质的水和泥沙流入库内，使水库水质和底质受到显著影响。例如丰满水库由于其上游金矿选矿用汞，历年来共有30~60t汞随废水流入库区。又如三门峡水库，由于黄土高原的土壤中含砷较多，暴雨时砷随着泥沙入库，以致使库区泥沙中砷的含量严重超标，此种物质如遇水流急变或水库冲沙就有可能被冲起，使水库和下游水质恶化。

9.3.4.7 大坝事故

在筑坝期间或建成之后，若大坝的安全没有保证，就可能出现大坝倒塌的事件。大坝选择建在一个安全的地带，就像大坝的结构和所用的材料同样重要。

美国加利福尼亚州的圣佛朗西斯大坝由自学成才的工程师威廉·墨尔霍兰德牵头负责开始修建，大坝于1926年竣工，并于1928年首次投入使用。因为没有在建坝前进行地质调查，该坝基的2/3坐落在云母片岩上，1/3坐落在含石膏细脉的砾岩上，干燥时岩石很坚硬，而遇水后变软，大坝首次灌满水后，就出现裂缝。5天后——1928年3月13日凌晨，60m高的大坝坍塌溃堤，4000多万立方米的大水涌进圣弗朗西斯峡谷和圣克拉拉河流域。造成了生命财产的重大损失，大约有500多人丧生。这是美国20世纪最大的公共工程事故。

由于事故时有发生，人们在许多现代化大坝上已增设防护设备，可以抵抗强烈的地震。例如，1968年5月日本的一次7.8级地震破坏了93座土坝，其中85座坝高不足10m，大部分是在1926年以前按当时标准建造的。然而，地震并没有使采用现代设计方案建筑的大坝受到损害。自从1900年以来，地震只对9座大坝有影响，但没有毁坏。

大坝给下游带来财富的论点，给人们造成一种安全的假象，因此，人们在洪积平原上建房，并开荒种地。然而，当考虑到建坝数量及少量事故时，估计在大坝下游还将有更危险的地带。

9.3.4.8　对区域水平衡的扰动

20世纪50年代后期，由于急切希望改善农业生产面貌，我国华北平原除修建了地表引水工程外，还修建了不少拦蓄降水的“平原水库”，有人甚至提出了实现华北平原河网化的口号，以期“水不出田”，保证旱季灌溉用水。但这样做的结果是干扰和破坏了正常的水量平衡。由于排水途径不畅，又恰逢丰水年，使地下水位急剧上升，土壤次生盐渍化普遍存在，反而使农业生产受到了损失。随后取消了“平原水库”，并停止了全部引水工程，地下水位便逐步下降，土壤次生盐渍化也基本消除。

9.3.4.9　其他方面的影响

建坝会导致许多其他环境和社会问题。比如，坝区的移民和水量蒸发问题。埃及建阿斯旺大坝时，移民10万人，建沃尔塔大坝也迁走了同样多的居民，在象牙海岸建成的科索夫大坝移民8万人；干旱地区由于蒸发而损失大量的水，美国西南部的纳赛尔水库，蒸发掉的水量约$150\times10^8m^3$，合计为水库水位下降3m的水量、同时，人工湖的重要影响还在于使其附近地区形成小气候，对当地的居民生活和农作物生长是有益的。

## 9.4 小　结

水是人类生存和人类文明的命脉。随着社会人口的急剧膨胀以及社会经济的快速发展，人类对水资源的需求量越来越大，由此引发的社会矛盾、资源供需矛盾、开发与环境矛盾也越来越突出。

我国水资源总量处于世界第六位，但人均占有水量仅列世界第110位，为世界人均占有水量的四分之一，是13个水资源贫乏的国家之一。由于水资源分布时空的不均匀，我国31个省、自治区和直辖市中有一半以上人均占有水量低于全国平均量。这些地区地处沿海或中原，大部分分属辽河、海滦河、黄河流域，人口众多，社会经济发达，城市化程度高，在土地、矿产等天然资源及社会经济基础等方面都具有进一步发展的巨大潜力，而水资源短缺却成为可持续发展的制约因素。另一方面，当前我国水资源开发利用中却存在农业用水浪费惊人、工业用水重复率低等不容乐观的供求问题。

水资源开发利用尚不止于供需问题，在水资源开发利用过程中，还常常出现区域性水资源枯竭、海水入侵、地面变形、水质恶化等环境地质问题；人类构筑水坝、建筑异地调水工程也将引起上下游或周围水陆生态环境的改变。

在世界上，由于无计划、无限度地使用水资源，已使许多河流断流甚至消失，许多湖泊的面积也日益缩小乃至消亡。这种现象带来了更多的荒漠化、植被枯萎、水生生物难于生息、水资源缺乏以及水体咸化等问题。过量汲取地下水，引起持久性区域水位下降，不仅导致供水工程的报废，而且供需矛盾加剧，水资源枯竭成为遏制地区社会经济发展的瓶颈。

过多污秽和有害的物质流入水体，超出自然生态系统本身的环境容量时，就会形成地表水污染。一般来源于工业与城镇的点源污染相对容易管理与治理，而面源污染尤其是农业污染则更为复杂且难于防治。区域性地下水水位下降，同时会打破水盐平衡，如沿海海水入侵将导致地下水质恶化。

过量开采地下水，地下松散地层固结压缩而产生不均匀的地面沉降，岩溶地区地面塌陷，加剧与诱发地面裂缝。而防治由此带来的危害如建筑物开裂、地下管网损坏、河道淤积、泄洪能力降低、抗洪费用提高、地表水倒灌等问题。减少地下水开采量是有效控制地面沉降的措施。

水库大坝是典型的水利水电工程，能够发挥拦洪、灌溉、航运以及发电、旅游效益，在国家经济建设中发挥了巨大作用。然而，库区淤积、库岸失稳、库区渗漏、水库浸没、诱发地震、大坝事故、水质恶化等环境地质问题却也时常出现。

## 关键术语

| | | |
|---|---|---|
| Consumptive use | Groundwater overdraft | Environmental flow |
| In-stream Flow | In-stream use | Land collapse |
| Land subsidence | Non-point source | Point source |
| Surface crack | Seawater intrusion | Water quality deterioration |
| Water allocation | Water resources | Water demand |
| Water use | Water management | |

## 复习题

1. 我国水资源与国外相比，在数量、分布、开发利用等方面存在哪些差异？
2. 水需求包括哪些类型？
3. 水资源开发利用过程中存在哪些环境问题？
4. 水资源开发利用过程中存在哪些环境问题？
5. 过量开采地下水会造成哪些危害？
6. 水利工程存在哪些利与弊？

## 思考题

结合你的家乡阐述水资源的紧张程度，对于如何缓解供需矛盾，你有什么样的计策。

# 10 土地利用与环境地质

土地是地球陆地的表层。它是人类赖以生存和发展的物质基础和环境条件，是社会生产活动中最基础的生产资料。土地还是植物生长发育和动物栖息及繁衍后代的场所。

土地资源（Land resources）是指在当前和未来可预见的技术经济条件下，可被人类利用的土地。它不同于其他种类的资源，土地资源的基本属性是：位置固定、面积有限，不可代替。

位置固定是指每块土地所处的经纬度都是固定的，不能移动，只能就地利用；面积有限是指不经过漫长的地质过程，土地面积不会有明显的增减，因此在利用土地时，某项活动用地面积的增加，必然会导致其他项活动用地面积的减少；不可替代是指土地无论作为人类生活的基地，还是作为生产资料或动植物的栖息地，都不能用其他物质来代替。

在目前的经济技术条件下，人类活动一般都是在土地上进行的，一定面积土地上创造的价值，反映了开发利用这块土地的水平和程度。不同的土地利用方式，对土地性状和持续创造价值的能力，会有不同的影响。因此，合理开发利用土地资源，保护土地生产力，使土地为人类持续创造更多的财富，是关系到经济和社会发展，乃至人类生存的大事。

从农业生产角度看，利用合理、集约经营，土壤肥力可以得到改善，土地生产力将会提高；如果利用不当，甚至进行掠夺式经营，就会导致土地退化，生产力下降，甚至使环境恶化，影响人类和动植物的生存，主要表现在水土流失、土地沙漠化、盐碱化、潜育化以及土地污染、盲目围垦等。

## 10.1 全球可利用土地的状况

地球陆地面积共 $1.48\times10^{8}\text{km}^{2}$，其中约 $0.14\times10^{8}\text{km}^{2}$ 被冰雪所覆盖，人类可以利用的土地大约 $1.34\times10^{8}\text{km}^{2}$，这就是人类赖以生存和发展基地的总数量，即使人口不断增加，这个常数一般是不会再增加了。

由于人们的视阈有限，常认为地球陆地表面非常大，而目前人们仅开发利用了其中的一小部分，大自然一定还有许多可供人类生存的空间，还有很多未被开发的处女地。因为目前城市、工矿企业、道路大约只占地球陆地表面的3.2%，耕地和果园约占10.6%，牧场约占23.2%，水库、河流、湖泊约占2.4%，总计也只有约39.4%。也就是说，目前人类所占用的土地量还不到陆地总量的一半，大自然一定还存有许多余地。然而，在认真地研究了剩余的土地后人们就会发现，其中冰川、沙地以及被人们过度耕作而贫瘠的土地约占15%，森林约占30%，沙漠约占6.9%，沼泽地约占3%，冻土带约占5.5%。这些不适宜耕作的土地总共占了约60.4%，也就是说，地球表面实际上已经没有多大的余地了。

人类要拓宽自己的生存空间势必要扩大耕地面积，开辟新的工业区，扩大城镇的规模，这一切都需要土地，况且森林的面积已在不断缩小。人们也曾设想改造沙漠，使沙漠能为我所用。但实践表明，改造沙漠并非易事，不仅花费的代价十分昂贵，而且进程非常缓慢。所以，要拓宽人类的生存空间，大自然确实已没有多大的余地可贡献了。

### 10.1.1 人均耕地迅速递减

土地是真正的无价之宝，而其中最为珍贵的是耕地。耕地可种植各类农作物，为人类的生存提供最基本的物质保障。遗憾的是，能作为耕地的平坦而肥沃的土地是极为有限的。在地球陆地表面中，目前耕地和果园只占到约10.6%。土地所承受的人口压力首先就是从人均耕地面积的迅速减少反映出来的。

在20世纪，联合国曾做出估算：1975～2000年世界人均耕地将减少一半。70年代初，平均$1hm^2$耕地养活2.6人，到2000年却要养活4人。人口增长还造成城市膨胀和建筑物增加，这也要损失大量土地。据统计，世界上许多大城市的面积正以比人口增长率高出两倍的速度在发展。1975～2000年，全球的建筑面积扩大了2.5倍。未来城市的发展，仅人类居住一项，全世界每年就要损失$14 \times 10^4 km^2$的耕地，外加$60000km^2$的牧场和$18 \times 10^4 km^2$的森林。显然，由于土地的不断超载，按人口计算的耕地、牧场、森林的面积将大幅度减少，与此同时，土地的质量却在不断下降。

### 10.1.2 土地质量日渐退化

既然土地数量无法增加，那为了缓解人口与土地的矛盾，人类就采取了大量施用化肥和农药、扩大灌溉面积、开垦荒地等措施来增加人类生活必需品的产量。这些措施虽然都收到了增产的显著效果，但却打破了天然生态系统中物质与能量转化的封闭循环机制，并使这个系统愈来愈丧失其自然性，变得愈发不稳定和脆弱起来。这个过程就是土地退化（Land degradation），即由自然力或人类土地利用中的不当措施，或两者共同作用而导致土地质量变劣的过程和结果。

土地退化原因有自然灾害、人为的破坏和不合理利用等。土地质量退化的主要形式有：（1）土地侵蚀（水土流失）是由自然界发生风力、洪水（水力）和机械重力及人为滥垦、滥伐、滥牧等原因所致。（2）土地沙漠化主要发生在干旱、半干旱地区。（3）土地盐碱化主要由灌溉不当、排水不畅以及咸水入侵引起。（4）土地次生潜育化是水田土地的退化形式，主要由排灌不当和不合理耕作制度所造成。（5）土地污染主要是由工业“三废”污染、化肥农药污染和生物污染（种子、产品污染）所造成。此外，还有对土地的不合理利用造成的土地质量退化等。土地退化严重制约着农业生产的发展。

## 10.2 我国土地资源利用特点

我国土地辽阔，总面积约$960 \times 10^4 km^2$，占世界土地总面积的7.2%，居世界第三位

（图 10-1），但人均土地面积 0.777$hm^2$，仅相当于世界平均水平的三分之一。

根据对全国土地利用现状调查，1996 年全国主要地类面积分别为：耕地 13004 × $10^4hm^2$；园地1002 × $10^4hm^2$；林地 22761 × $10^4hm^2$；牧草地 26606 × $10^4hm^2$；居民点及工矿用地 2408 × $10^4hm^2$；交通用地 547 × $10^4hm^2$；其余为水域和未利用土地（图 10-2）。人均耕地面积 0.106$hm^2$，不足世界平均数的 43%，仅为加拿大人均耕地水平的 6%（图 10-3）。

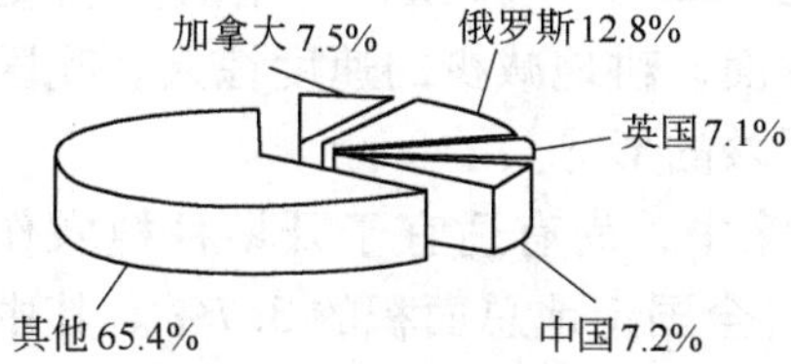

图 10-1　我国的土地面积占世界的比例

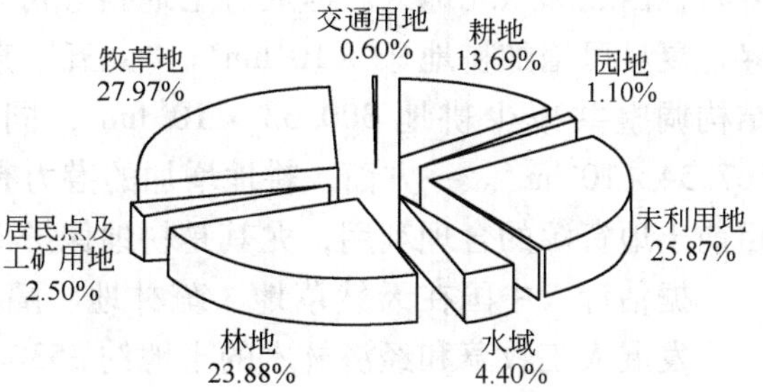

图 10-2　中国土地资源的利用状况

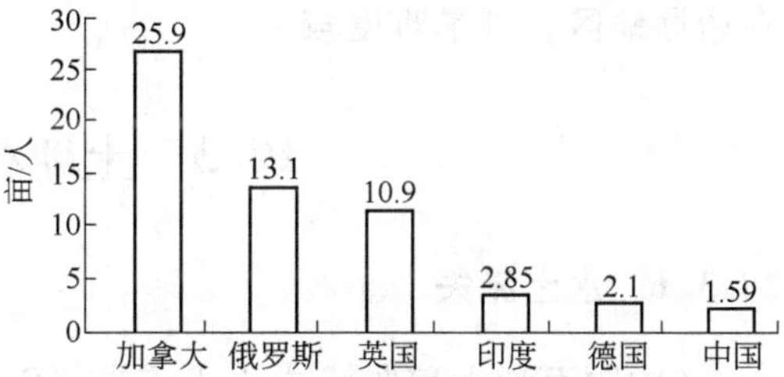

图 10-3　中国人均耕地与世界主要国家比较

耕地是关系国计民生最重要的土地资源，由于人口众多，我国人地关系是很紧张的。而且由于各地区人口、耕地分布的不均衡，区域人地关系也表现出很大的差异性。概括来看，我国土地资源具有如下特点：

（1）土地类型多样。从南北看，中国北起寒温带，南至热带，南北长达 5500km，跨越 49 个纬度。其中中温带至热带的面积约占总土地面积的 72%，热量条件良好；寒温带和高原气候带只占 28%。从东西看，中国东起太平洋西岸，西达欧亚大陆中部，东西长达 5200km，跨越 62 个经度。其中湿润、半湿润区土地面积占 52.6%；干旱、半干旱区土地面积占 47.4%。从地形高度看，中国从平均海拔 50m 以下的东部平原，逐级上升到西部海拔 4000m 以上的青藏高原。在这广大的范围内，由于水热条件的不同和复杂的地形、地质条件的差异，形成了多种多样的土地类型，这为农林牧副渔和其他各行业利用土地提供了多样化的便利条件。

（2）山地面积大。中国属多山国家，山地（包括丘陵、高原）面积约 634 × $10^4km^2$，占土地总面积的 66%。全国 1/3 的人口，2/5 的耕地和 9/10 的林地分布在山地，其中西北、西南地区的山地还是主要牧场。山地自然条件复杂，自然资源丰富，开发潜力大，生产门路广。但是，山地坡度大，土层薄，如利用不当，自然资源与生态环境易遭破坏。

（3）农用土地资源比重小。中国土地总面积很大，居世界第三位。但在 960 × $10^4km^2$ 土地中，按现有技术、经济条件，可以被农林牧渔各业和城乡建设利用的土地资源仅 627 × $10^4km^2$，占土地总面积的 65%。其他约 1/3 的土地，是难以被农业利用的沙漠、戈壁、冰川、石山、高寒荒漠等。在可被农业利用的土地中，耕地和林地所占比重相对较小。其中，耕地约 1.35 × $10^8hm^2$，占土地总面积的 14%；林地约 1.67 × $10^8hm^2$，占 17%（其中有林地

$1.15\times10^8hm^2$，占12%）；天然草地约$2.8\times10^8hm^2$，占29%；淡水水面约$0.18\times10^8hm^2$，占2%；建设用地约$0.27\times10^8hm^2$，占3%。

（4）后备耕地资源不足。从耕地质量来看，我国耕地总体质量不高，全国大于25°的陡坡耕地有$607\times10^4hm^2$，有水源保证和灌溉设施的耕地只占40%，中低产田占耕地面积的79%。

我国可开发的后备资源不足，其中可开发为耕地的土地面积约$667\times10^4hm^2$，且主要分布在西北和东北地区。但通过土地整理可增加耕地大约（533～733）$\times10^4hm^2$，工矿废弃地复垦可增加耕地$93\times10^4hm^2$。"九五"期间我国因建设占用、生态退耕、灾毁和农业结构调整共减少耕地$300.33\times10^4hm^2$，同期增加耕地$132.79\times10^4hm^2$，净减少耕地$167.54\times10^4hm^2$。一方面，耕地增加的潜力有限；另一方面，耕地减少的速度惊人。我国目前土地资源的合理利用，尤其是耕地保护面临着十分严峻的形势。

据估计，中国在天然草地、疏林地、灌木林地和滩涂中，尚有适宜于开垦种植农作物、发展人工牧草和经济林木的土地约$3530\times10^4hm^2$，占全国土地总面积的3.7%。其中有40%，约计$1400\times10^4hm^2$的土地开发后可主要用于种植粮食和经济作物，按开垦系数的60%计算，开垦后可净得耕地$840\times10^4hm^2$左右，为数不多。这些后备土地又大多分布在边远地区，开垦难度较大。

## 10.3　土地利用的环境地质问题

### 10.3.1　水土流失

《中国百科大辞典》中水土流失（Soil and water losses）的定义是："由水、重力和风等外界力引起的水土资源破坏和损失。"《中国水利百科全书》水土流失的定义是："在水力、重力、风力等外营力作用下，水土资源和土地生产力的破坏和损失，包括土地表层侵蚀及水的损失，亦称水土损失。土地表层侵蚀指在水力、风力、冻融、重力以及其他外营力作用下，土壤、土壤母质及岩屑、松软岩层被破坏、剥蚀、转运和沉积的全部过程。"按照《中国百科大辞典》和《中国水利百科全书》中关于水土流失的定义，水土流失的面积应当包括水蚀和风蚀的面积。

水土流失在国外称为土壤侵蚀（Soil erosion），美国土壤保持学会关于土壤侵蚀的解释是："水、风、冰或重力等营力对陆地表面的磨损，或者造成土壤、岩屑的分散与移动。"英国学者对土壤侵蚀的定义是："就其本质而言，土壤侵蚀是一种夷平过程，使土壤和岩石颗粒在重力的作用下发生转移、滚动或流失。风和水是使颗粒变松和破坏的主要营力。"由此可见，水土流失不仅仅是由于水和重力的影响造成的，国外水土流失的定义中也包括了风蚀。

导致水土流失的原因有自然原因和人为原因。自然原因主要是由地貌、气候、土壤（地面组成物质）、植被等因素造成的。人为原因主要指地表土壤加速破坏和移动的不合理的生产建设活动，以及其他人为活动，如战乱等。引发水土流失的生产建设活动主要有陡坡开荒、不合理的林木采伐、草原过度放牧、开矿、修路、采石等。

我国是世界上最早的农业国之一，同时又是世界上水土流失最严重的国家之一。根据我国国务院1992年公布的第二次普查结果，1989年底我国轻度以上水力和风力侵蚀的水土流失面积为$367\times10^4km^2$（其中水蚀面积$179\times10^4km^2$，风蚀面积$188\times10^4km^2$），占国土面积的38.2%，每年流失土壤总量达$50\times10^8t$。

长江与黄河是我国两大流域，水土流失情况严重。长江流域水土流失面积$56\times10^4km^2$，年侵蚀土壤总量$24\times10^8t$，其中上游水土流失面积$35.2\times10^4km^2$，占土地面积的35%，年土壤侵蚀量$15.6\times10^8t$；黄河中上游黄土高原地区总面积$64\times10^4km^2$，水土流失面积约$45\times10^4km^2$，年平均输送到黄河下游泥沙达$16\times10^8t$，成为世界含泥沙最高的河流。

水土流失常常对国民经济建设带来极大的危害，主要表现为如下几方面：

（1）跑水、跑土、跑肥，土地生产力下降甚至丧失。跑水、跑土、跑肥的田地又俗称“三跑田”。我国50%的耕地分布在山坡上，每逢暴雨时，坡面上常出现大量的径流。在强烈暴雨时，60%～70%甚至80%～90%的降水以地面径流形式流失，坡面农田只能拦蓄很少的降水（1/3～1/5）。因此，农作物屡遭干旱，生长不良，常常造成农作物歉收。

许多水土流失区，每年由于水力侵蚀损失的土层厚度达0.2～2.0cm，有的在2.0cm以上，每平方公里年土壤流失量在2000～10000t之间，黄河中游的一些地方达到15000t，最高达30000t。据估计全国山区丘陵区每年流失表层土壤至少$60\times10^8t$以上。如按照平均流失厚度为0.5～2.0cm计算，每年从每平方公里的土地上就流失掉8～15t氮，15～40t磷，200～300t钾。仅黄河流域每年所挟带的泥沙中含的氮、磷、钾的总量即达$4200\times10^4t$以上，全国每年流失的氮、磷、钾总量可达几亿吨，这个数字还未包括由于淋溶侵蚀造成的损失。因此，土壤日益贫瘠化、缺氮、缺磷十分严重。

风力侵蚀也往往大量消耗水分，刮走表层细土颗粒，使土壤结构及肥力严重恶化。

如此大片肥沃的土壤和氮、磷、钾肥料被冲走了，必然造成土地生产力的下降甚至完全丧失。

（2）切割蚕食、淤积、埋压田地。水土流失不仅使坡地上的土壤肥力降低，蓄水保肥能力减退，而且更为严重的是使田地本身遭受到毁灭性的切割、蚕食、淤积和埋压破坏。

沟状侵蚀使得地面支离破碎，千沟万壑。据陕西、山西、甘肃、河北、辽宁、安徽、江西、湖南、广东等省的一些区域的调查，每平方公里支、干沟总数达30～50多条或更多，沟道长度有的2～3km，有的6～7km。如此稠密的沟谷网把土地切割成窄小而不便耕种的碎地，虽然沟壑本身的面积往往只占5%～15%，但实际上，这些沟谷却常常使整块地破坏。黄河流域的一些地方，沟壑面积占总土地面积的30%～50%，有的达60%以上，危害就更加严重了（图10-4）。

图10-4 黄河丘陵沟壑区地貌景观

淤积埋压是和切割蚕食危害相反的危害。大

量的泥土砂石从山坡上流失，在河谷或平川地上沉积起来，使庄稼受到损伤或完全死亡。如我国南方的广东省德庆县曾有万亩水稻常受到沙压危害，一年间泥沙淤积厚度常达 20 ~ 30cm，大批受灾水田产量由 400 ~ 500kg 减少到 100 ~ 200kg。云南省玉溪县修的防沙堤，总土方达 $500\times10^4m^3$，但两年后就被淤满失效。

北方多泥沙河流，每当下游决堤泛滥之后，从上游泻下大量泥沙堆积在泛滥区，埋压大片耕地甚至村镇。历史上黄河下游这种灾害经常发生（图 10-5）。

沙漠区沙丘移动也往往埋没大片农田。如新中国成立前吉林省扶余县沿江的沙丘，每年前移 7 ~ 10m，平均吞没农田 100 多公顷；甘肃省民勤县三雷公社青松堡等二十多个村子的 1300 多公顷耕地，几乎全为风沙所掩埋。

（3）危害水利设施。大量的水土流失，增加了沟谷水流的泥沙含量，一些塘、库、渠等水利设施，经常为泥沙淤积，有的水库，变成了泥库（图 10-6），降低了效益，缩短了寿命，有的渠闸，由于淤积，不能发挥效益，甚至完全失效。陕西省 1979 年底建成的百万立方米以上的水库，淤积十分严重，全省淤平废弃的百万立方米以上的水库达 61 座，直接影响了工农业生产。

图 10-5 黄河流域风沙侵蚀淤积埋压情形

图 10-6 三门峡水库排沙孔近景

（4）淤塞江河，破坏交通。我国许多江河从水土流失区携带的大量泥沙，在中下游段沉积，使得河床不断抬高。黄河下游开封段，河床高出城市 8m，成为举世闻名的“悬河”（图 10-7）。长江及其支流年输沙量也达 $5\times10^8t$ 以上。大量泥沙下泻，使得一些湖泊严重淤积，洞庭湖面积已缩小到原来的 1/3，鄱阳湖面积缩小到原来的 1/2。由于泥沙下泄，

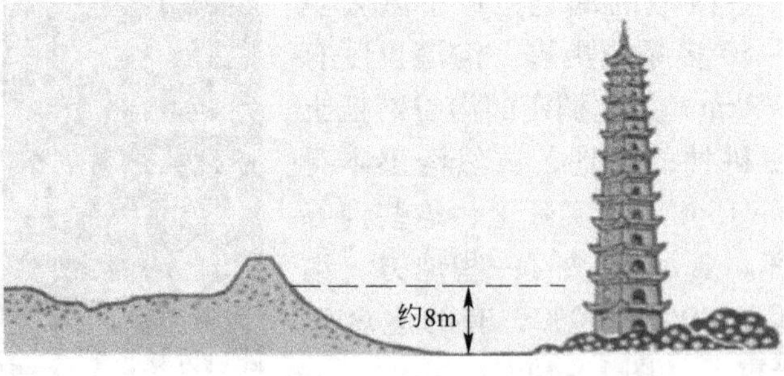


图 10-7 黄河开封段“悬河”示意图

使得河流下游淤浅，洪水位升高，往往冲决堤防，泛滥成灾。黄河在新中国成立前两千多年中就决口1593次，吞没了大片农田、村舍，造成大量人畜死亡，给河南、山东、河北、安徽、江苏等省的广大人民带来了极大的灾难。

另外，水土流失，泥沙淤积还严重威胁城镇、厂矿、交通等的安全，给国民经济建设带来很大困难。1981年由于泥石流，宝成铁路、西兰铁路中断两月之余。云南省东川矿区，1968年发生一次泥石流，冲垮排洪道堤坝，堵塞了小江，水位上涨10m，沿江公路和铁路的桥梁、涵洞都遭到毁坏，中断交通3个月。陕西省渭北高原卧龙寺一次滑坡，不仅毁坏了坡下一个村庄，而且把陇海铁路向南推移了100多米。

（5）污染水质影响生态平衡。当前，我国一个突出的问题是江、河湖（水库）水质的严重污染。水土流失则是水质污染的一个重要原因。水体被污染不但会影响水生植物、动物、微生物的正常生长，同时会给沿江的动植物和人类带来极大的危害，从而影响到整个流域的生态平衡。

### 10.3.2 土地荒漠化

20世纪60年代末和70年代初，非洲西部撒哈拉地区连年严重干旱，造成空前灾难，使国际社会密切关注全球干旱地区的土地退化。“荒漠化（Desertification）”名词开始流传开来。根据1994年通过的《联合国关于发生严重干旱或荒漠化国家（特别是非洲）防治荒漠化公约》定义，荒漠化是指“包括气候变化和人类活动在内的种种因素造成的干旱、半干旱和亚湿润干旱地区的土地退化”。荒漠化包括水蚀、风蚀、次生盐渍化和沙化等多种土地退化的过程（即沙漠化、石漠化、盐漠化、寒漠化、砾漠化等过程）。

从概念上来讲，土地沙漠化与土地荒漠化有着非常相近的含义，但存在含义上的差别。土地沙漠化是指在干旱、半干旱和部分半湿润地区，由于自然因素或者人为活动的影响，破坏了自然生态系统的脆弱平衡，使原非沙漠的地区出现了以风沙活动为主要标志的、类似沙质荒漠景观的土地退化，以及在沙漠地区发生的沙漠环境向外围扩展前进的过程。简言之，沙漠化就是沙漠的形成与扩张阶段（图10-8）。而荒漠化的结果大多是沙漠化。

图10-8 沙漠扩张侵蚀耕地的外貌

产生荒漠化的原因有自然因素和人为因素。自然因素包括干旱（基本条件）、地表松散物质（物质基础）、大风吹扬（动力）等；人为因素包括过度樵采、过度放牧、过度开垦以及水资源不合理利用等。

荒漠化是一个世界性的生态环境问题。据联合国环境规划署（UNEP）统计，全球已经受到和预计会受到荒漠化影响的地区占全球土地面积的35%。荒漠和荒漠化土地在非洲占55%，北美和中美占19%，南美占10%，亚洲占34%，澳大利亚占75%，欧洲占2%。荒漠和荒漠化土地在干旱地区和半干旱地区占土地面积的95%，在半湿润地区占土地面积的28%。世界平均每年约有5万~7万公顷土地荒漠化，以热带稀树草原和温带半干旱草原地区发展最为迅速。

中国荒漠化形势十分严峻。根据1998年国家林业局防治荒漠化办公室等政府部门发表的材料指出，中国是世界上荒漠化严重的国家之一。根据中国沙漠、戈壁和沙化土地普查及荒漠化调研结果表明，中国荒漠化土地面积为262.2万公顷，占国土面积的27.4%，近4亿人口受到荒漠化的影响。

土地的沙化给大风起沙制造了物质源泉。因此中国北方地区沙尘暴（Sand and dust storm）发生越来越频繁，且强度大，范围广。这是一种大风扬起地面的尘沙使空气浑浊、水平能见度小于1km的风沙现象（图10-9）。比如1998年4月15~21日，自西向东发生了一场席卷中国干旱、半干旱和亚湿润地区的强沙尘暴，途经新疆、甘肃、宁夏、陕西、内蒙古、河北和山西西部。4月16日飘浮在高空的尘土在京津和长江下游以北地区沉降，形成大面积浮尘天气。其中北京、济南等地因浮尘与降雨云系相遇，于是“泥雨”从天而降。宁夏银川因连续下沙子，飞机停飞，人们连呼吸都觉得困难。

图10-9　席卷而来的沙尘暴

### 10.3.3　土地盐渍化

土地盐渍化（Land salinization）是指可溶性盐碱在土壤中积聚，形成盐土和碱土的过程。在土壤学中，一般把表层含有0.6%~2%以上次生易溶盐的土壤称为盐渍地。土壤盐渍化严重时，一般植物很难成活，土地就变成了不毛之地（图10-10）。

图10-10　土壤盐渍化景观

在干旱气候下的低洼地区，如果地下水埋藏不深，就可以通过土壤毛细管上升而强烈蒸发，水中所含盐分便沉淀析出，堆积于土壤中。干旱地区的盐渍化主要是不合理灌溉（如灌水量过大，或灌溉水质不好）形成的，这种由于人类不合理的农业措施而发生的盐渍化称为次生盐渍化。比如，北方干旱、半干旱区和半湿润区的黄淮海平原、东北西部平原、黄河河套平原及西部内陆地区；在新疆、甘肃，受盐渍化威胁的耕地占耕地面积的30%~40%。

引起土地盐渍化的原因与沿海地区的海水入侵也有很大关系。2007年，国家海洋局启动了海水入侵、盐渍化监测工作，监测结果显示，辽东湾和莱州湾滨海地区海水入侵面积大、盐渍化程度高，南方滨海地区海水入侵面积小、盐渍化程度低。辽东湾北部海岸盐渍化程度较高，盐土区向陆地最远达20km；盐渍化类型近岸为氯化物型，向内陆方向逐渐过渡为硫酸盐-氯化物型、氯化物-硫酸盐型、硫酸盐型。莱州湾南部海岸盐渍化程度较高，且范围较大，盐土区向陆地最远达24km，盐渍化类型主要为硫酸盐型。在南方，广西沿海地区土壤盐渍化程度低，北海市、钦州市和防城港市盐土区分布在距海岸线1km范围内，盐渍化类型主要为硫酸盐型和氯化物-硫酸盐型；海南海口市滨海1km内为氯化物型盐土，向内陆方向变为硫酸盐型盐土，三亚市滨海0.2~1km内为氯化物型盐土，向内陆方向盐渍化类型逐渐过渡到硫酸盐-氯化物型、硫酸盐型。

## 10.3.4 土壤潜育化

土壤潜育化（Soil gleying）是指土壤长期滞水，严重缺氧，产生较多还原物质，使高价铁、锰化合物转化为低价状态，使土壤变成蓝灰色或青灰色的现象。

潜育化水稻土的特点是在稻田土层的50~60cm深处形成一个青灰色的还原层（通称青泥层），不利于水稻的生长。由于土壤管理不善或灌排不当使非潜育化水稻土发生潜育化的现象称为次生潜育化。该过程主要在沼泽土或排水不良的水稻土中出现，往往发生在剖面的下部，全剖面颜色比较灰暗(图10-11)是潜育过程形成的土层。标尺下方的地下水位清晰可见，离地面仅60cm。潜育化土层中低价铁锰活性强，易造成植物的铁毒锰害，同时土壤也易产生$H_2S$、$CH_4$等还原性有害气体，土壤磷容易被固定而有效性低，这样的水稻田秧苗成活低，返青慢，产量低，农民一般称之为“烂泥田”。

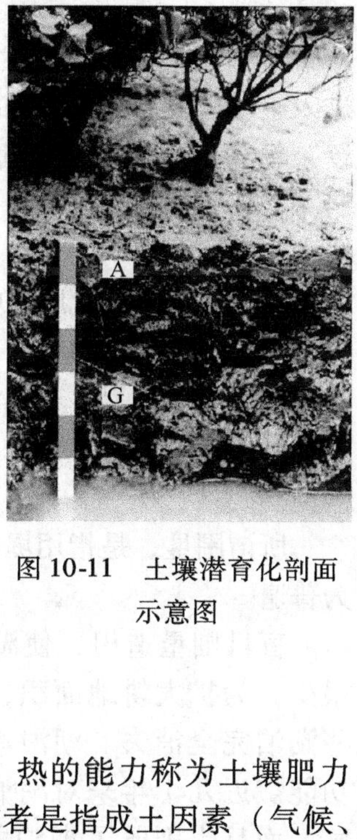

图10-11 土壤潜育化剖面示意图

据调查，南方各省潜育化稻田约420万公顷。湖南省洞庭湖周围，次生潜育化稻田约占稻田面积的20%。江西省潜育化稻田有40万公顷，也占全省稻田总面积的20%。次生潜育化水稻土面积的扩大已成为提高水稻产量的主要障碍之一。

## 10.3.5 耕地肥力下降

土壤能供应与协调植物正常生长发育所需的养分和水、气、热的能力称为土壤肥力(Soil fertility)。土壤肥力按成因可分为自然肥力和人为肥力。前者是指成土因素（气候、生物、母质、地形和时间）影响下形成的肥力，主要存在于未开垦的自然土壤；后者是指长期在人为的耕作、施肥、灌溉和其他各种农事活动影响下表现出的肥力，主要存在于耕作（农田）土壤。

肥力下降是指土壤的结构变坏，养分减少，地力下降。造成土壤有机质含量降低的主要原因是许多地区对耕地实行掠夺式经营，广种薄收，只用不养或重用轻养。据1958年的全国土地普查结果和1994年第二次全国土壤普查结果比较，上海、江苏、浙江、河北海河平原等农业实行集约经营的地区，土壤肥力有所提高；但有相当大的地区，主要是耕作粗放、广种薄收的地区，土壤肥力有所下降。在内蒙古、陕北、宁夏南部的半农半牧区和云南等地，还盛行倒山轮种、刀耕火种的轮耕制，由于休耕期从十多年缩短到三五年，对地力的破坏更为严重。据第二次全国土壤普查1403个县初步汇总：土壤无障碍因素的耕地只占耕地总面积的15.3%；土壤有机质低于0.6%的耕地占10.6%；耕地总面积有59%缺磷，23%缺钾，14%磷钾俱缺；耕层浅的占26%；土壤黏板结的占12%。总的看来，中国耕地的肥力不高，这是限制农业生产发展的重要因素。

### 10.3.6 土地污染

土地污染（Land pollution）是指土地因受到采矿或工业废弃物或农用化学物质的侵入，恶化了土壤原有的理化性状，使土地生产潜力减退、产品质量恶化并对人类和环境造成危害的现象和过程。污染土壤的主要污染物包括：无机污染物（如重金属、酸、盐等）、有机农药（如杀虫剂、除莠剂等）、有机废弃物（如生物可降解或难降解的有机废物等）、化肥、污泥、矿渣和粉煤灰、放射性物质、寄生虫、病原菌和病。

随着工农业生产的发展，特别是乡镇企业蓬勃兴起，有毒有害的废气、废水和废渣进入土壤的数量逐年增加，受污染的土地面积越来越大。据统计，1980年受工业“三废”污染的土地面积已达580多万公顷。截止1985年底，历年工业废渣堆存总量约$54.6\times10^8$t，占地面积$5.6\times10^8m^2$，其中占农田$6799\times10^4m^2$。城市垃圾占地面积日益增大。

全国每年使用化肥4000多万吨，农药50多万吨，因利用率低和使用不合理，大部分散失在土壤、水体和大气中，直接间接地使土壤受到污染，进而使动植物和各种农产品中有毒物质大量积累，不但危害到人畜健康，也影响了农产品出口的信誉。

### 10.3.7 盲目围垦

所谓围垦，是指用堤坝把滩地围起来开垦。有围海造田、围湖造田之分，但以后者更为普遍。

盲目围垦造田，使湖泊面积和容积日益减小。由于我国人口众多，耕地面积相对很少，为扩大耕地面积，曾大量围湖造田，造成了对湖泊环境的严重破坏，并使得有些湖泊完全消失。湖泊本身有调节洪水、灌溉、供水、航运、旅游及水产养殖等多种功能。近几十年来对湖泊盲目围垦致使湖泊面积和容积日益缩小，不但增加了洪水灾害，而且也削弱了湖泊的其他功能。以洞庭湖和鄱阳湖为例，仅从新中国成立初到70年代末，洞庭湖被围湖$15.7\times10^4hm^2$，鄱阳湖被围$8\times10^4hm^2$。曾经是中国最大淡水湖的洞庭湖，由于围湖垦殖和泥沙淤积，面积已由1896年的$5400km^2$，缩小为1980年的$2342km^2$，减少了57%，储水量也相应由$293\times10^8m^3$减少至$159\times10^8m^3$，减少了46%。鄱阳湖自20世纪50年代以来面积由$5050km^2$缩小为$2939km^2$，减少了近2/5，储水量从$321\times10^8m^3$减少至$246\times10^8m^3$；再如江汉平原，在新中国成立初期，湖群数量达1066个，到80年代减为326个，湖泊总面积由$8330km^2$缩小为$2370km^2$；洪湖1956年前湖面为$6\times10^4hm^2$，50年代平均年产鱼6975t，由于围湖，80年代初只剩下$3.5\times10^4hm^2$，1975～1979年期间平均年产鱼仅2592t，只及50年代的37%（表10-1）。

表 10-1 中国湖泊水体面积变化

| 项 目 | $1km^2$以上湖泊数 | 湖泊面积/$km^2$ | 储水量/$m^3$ | 淡水储水量/$m^3$ |
|---|---|---|---|---|
| 20 世纪 50 年代 | 2848 | 80645 | $7590 \times 10^8$ | $2590 \times 10^8$ |
| 20 世纪 80 年代 | 2305 | 70988 | $7077 \times 10^8$ | $2250 \times 10^8$ |
| 30 年减少量 | 543 | 9657 | $513 \times 10^8$ | $340 \times 10^8$ |
| 所占比例/% | 19.1 | 12.0 | 6.8 | 13.1 |

总之，我国绝大多数湖泊目前处于自然或人为作用下的消亡过程中。表 10-1 反映了湖泊水体减少和萎缩的趋势。一般认为我国东部湖泊缩小受人类围垦活动和淤积的影响较大。

### 10.3.8 其他影响

开采矿藏，特别是露天采矿，采矿后如果不注意土地的复垦，常常会破坏大量土地资源。表土剥离和废矿渣的堆放，破坏了植被和景观，造成水土流失和土地污染，并占去了大量的农田，使之不能耕种。煤矿地面塌陷毁坏农田的现象也日益增多。据开滦、峰峰等 21 个矿区统计，到 1982 年累计塌毁土地总面积达 $5.9 \times 10^4 hm^2$。

有些城市和地区由于地下水开采过度，也引起地面沉降，导致土地面积的减少。

## 10.4 应采取的主要管理措施

基于以上情况，我们应该认识到珍惜每寸土地，合理利用每寸土地，保护耕地应是国家土地利用的基本政策。为此，应明确下列合理利用与保护土地的原则：

（1）随着经济力量和技术水平的提高，农业用地的总量应该增加，不应减少，尤其是优良耕地使用时应严格控制。

（2）根据各种类型土地的特性，以及社会经济发展的需要，应合理规划各项用地，因地制宜，提高土地利用率。

（3）实行集约经营，不断提高土地质量和生产力，并不断改善生态环境。

依据这些原则，除了采取加强法制、人才培养和科学研究等一般性措施外，还应采取下列管理方法和技术对策：

（1）搞好土地资源的调查和规划工作，科学地开发利用土地。做好土地资源调查工作，是合理开发利用土地的基础和前提。应加强对土地资源的综合调查研究，查清其数量、质量和分布，在此基础上，认真进行地籍管理，开展土地资源动态监测与预报工作。

土地的利用几乎涉及国民经济的所有部门，必须按照经济规律、土地类型以及土地所处自然环境的特点，分级制定土地利用总体规划，加强土地利用的宏观控制。通过规划，协调各部门、各单位用地矛盾，保证国民经济各部门的均衡发展。在农业内部，要认真搞好农业区划，根据社会经济发展的需求和土地类型的特点及其适宜性，因地制宜地安排农、林、牧、副、渔各业用地。

（2）要严格控制城乡建设用地，保护耕地。完善管理法规，编制城乡建设规划，实行建设占地指标控制办法，严格审批制度，征收土地税和土地使用费，运用行政、经济、法律的综合措施，把城乡建设用地管理起来。

（3）农业发展应主要依靠提高单产，走集约经营的道路。彻底改变农业生产中掠夺式的经营方式，加强农田基本建设，改造中低产田，改进农业技术，增加各种技术、物质和劳力的投入，遵循生产与建设、利用和保护相结合的原则，不断提高农用土地的质量。

建立农、林、牧、副、渔各业综合经营的制度，纠正只重视耕地利用，忽视林地、草场、水面利用的倾向，对这些土地也应该努力实行集约经营，提高单产。鼓励按生态规律综合发展农林牧副渔业，提倡各种农产品综合利用，既提高土地利用率和生产力，又同时改善农业环境。

（4）积极治理已退化的土地。治理水土流失的原则是：要实行预防与治理相结合，以预防为主；治坡与治沟相结合，以治坡为主；生物措施与工程措施相结合，以生物措施为主，因地制宜，综合治理。对沙化土地的治理，要明确易沙化地区土地应以牧为主，严禁滥垦草原，加强草场建设，并控制载畜量，以保护草场和其他植被。当前防治的重点应放在经济较发达、自然条件较好、治理容易、农牧业生产潜力大的地区。对土壤次生盐渍化和潜育化的治理，要靠建立完善的排灌系统，实行科学的灌溉制度，采用先进的灌溉技术。对易产生次生盐渍化的土地，要防止地下水位升高到临界深度。对潜育化水稻土要排除渍害，改善土壤通气状况，此外，还要配合适当的耕作措施。

防治土地污染和破坏的主要措施是：控制和治理工业及城市“三废”；按照国家规定的污水灌溉标准实行科学的污水灌溉；合理使用化肥；推广高效、低毒、低残留的农药；提倡生物防治，采取综合措施防治病虫害；要特别加强乡镇企业污染的防治；对采矿破坏的土地进行整治复用。

土地资源退化的地区一般都是低产贫困地区，往往口粮、饲料、燃料、肥料俱缺。这些地区土地资源的保护和治理必须同满足当地居民的生产生活需要相结合，与治穷致富相结合。国家对这些地区要给予必要的扶持，主要是帮助群众建设一些力所不及的基础设施，发展商品经济，增强本地经济的内在活力和群众自身的投资能力，这样才能扭转土地退化和生态恶性循环的局面。

（5）预防土地退化和破坏。土地保护要采取预防和治理相结合的方针。一方面努力治理土地已经退化的地区；一方面要防止出现新的破坏。开发新的土地时，要做好环境影响评价以及勘察、规划和设计工作。在开垦中，应统一规划水资源，注意排灌渠道、农田防护林网和道路桥梁的建设，注意根据垦区的自然条件合理配置农林牧副渔各业，避免单一经营。随着工业布局的战略西移，国家将在内蒙古、山西、陕西、甘肃、青海等省（自治区）的干旱、半干旱地区建设一系列新的工业基地，这些地区生态系统脆弱，在开发建设的同时，必须注意土地资源的保护。

（6）加强土地管理。进一步完善农村家庭联产承包责任制。合理分配和调整承包地，使土地逐步向专业户集中，适度扩大经营规模，以提高劳动生产率。要明确草地、林地、水面和滩涂的使用权，改变公有土地有人利用、无人管理的状态，鼓励承包户在土地上改良投资，以提高土地生产力。

在加强行政审批微观管理的同时，加强宏观控制措施。国家主要根据国土开发利用总体规划，依靠订立经济合同、调整土地税和农产品价格以及运用税收、信贷等经济手段，来控制建设占用耕地，并指导农民调整农业生产结构和布局，因地制宜地建立农林牧综合经营、用地养地相结合的农作制度。

加强土地统一管理，改变目前多部门分管、各自为政、互相争地、追求单一开发、忽视综合利用等倾向。合理有效地利用每一寸土地，避免因任何的原因而毁坏或弃置每一寸土地。

## 10.5 小　　结

土地是人类赖以生存和发展的物质基础和环境条件，土地资源的基本属性是：位置固定、面积有限、不可代替。对地球之大的认识，通常人们会想到“地大物博”，然而地球表面可供人类开发利用的土地尤其是耕地实质上已经所剩无几了。在人均耕地迅速减少的同时，土地的质量也日渐退化。就土地而言，我国“人口众多”不再是优势，尽管占有世界第三位的土地面积，但人均面积仅为世界平均水平的三分之一。山地面积大、农业用地少、后备耕地资源不足是我国土地资源的特点。

土地资源的不足，影响到社会进步，经济发展。然而，土地利用的过程又存在诸多的环境问题：日渐严重的水土流失、切割蚕食、淤积埋压、跑水跑土跑肥，使土地生产力下降甚至丧失，而且淤塞江河，破坏交通，危害水利设施，污染水质，又成为影响生态环境的主要因素；土地沙漠化、次生盐渍地、次生潜育化、肥力下降限制了农业生产发展；各种类型的“三废”排放加重了土壤污染，直接影响到人畜健康，影响农产品质量；盲目围垦，使湖泊面积和容积日益减少，降低了洪水的调蓄能力，增加了洪水灾害的发生率。

珍惜每寸土地、合理利用每寸土地、保护耕地应是国家土地利用的基本政策。搞好土地资源的调查和规划工作，科学地开发利用土地；要严格控制城乡建设用地，保护耕地；农业发展应主要靠提高单产，走集约经营的道路；积极治理已退化的土地；预防土地退化和破坏；加强土地管理则是当前保护土地、保护耕地的基本对策。

### 关键术语

| | | |
|---|---|---|
| Desertification | Land pollution | Land resources |
| Land degradation | Land salinization | Soil fertility |
| Sand and dust storm | Soil and water losses | Soil erosion |
| Soil gleying | | |

### 复 习 题

1. 土地资源的基本属性是什么？
2. 人类扩张生存空间有多大余地？
3. 土地退化有哪几种表现？

4. 我国土地资源利用中存在哪些特点？存在哪些环境地质问题？
5. 水土流失的定义是什么？它有哪些直接的危害？
6. 试阐述“土地沙漠化”和“土地荒漠化”的区别？

## 思 考 题

1. 请你在合适的时候与你身边有经验的长辈了解，30 年来土地的利用有什么样的变化，通过什么样的途径来弥补？
2. 如果家里的田地越来越少，或越来越难耕作，会出现什么样的结局？

# 11 矿产资源开发与环境地质

我国地理学定义，矿产资源（Mineral resources）是指由地质成矿作用形成的有用矿物或有用元素，含量达到具有工业利用价值的，呈固态、液态或气态赋存于地壳内的自然资源。从矿床资源学来讲，更强调技术上可行、经济上有利用价值的自然资源。它们以元素或化合物的集合体形式产出，绝大多数为固态，少数为液态或气态，人们习惯上称之为矿产。

矿产与它们的衍生产品渗入到人类文明的各个方面——习俗、商业、福利和生活质量。战争可赢得和失去拥有矿产的权利，矿产勘探过程能导致新的殖民地产生。当今世界，矿产资源的拥有能力已成为一个国家或地区财富与权利的象征，是现代社会经济、政治与文化的支柱。在日常生活中，矿产及其衍生品也随处可见，同样能够反映一个家庭的富有程度，矿产与奢华如同连体兄弟分不开。然而，矿产资源是不可更新资源（Non-renewable resources），随着不断的开发利用，资源的储藏量与可开采量日渐减少，人类面对矿产资源的可利用形势也越来越严峻。因此，地质学家在可利用矿产资源预测与勘探中起着重要的角色。

矿产在人类社会经济发展中具有极其重要的作用，然而在开发利用矿产资源的过程中，又常常带来或引发一些环境地质问题，如地形地貌的改变、水均衡变化、地震、“三废”的产生与污染、水土流失等，给人类社会发展形成了负面效应，在人类活动中对地质环境的影响表现最为直接。

## 11.1 矿产资源分类

按照矿产的可利用成分及其用途，可将之分为金属、非金属、能源三类（表 11-1）。

**表 11-1 矿产资源的分类**

| 矿产类别 | | 说明 |
|---|---|---|
| 金属类 | 黑色金属类 | 能提炼铁、锰、镍、钒、钴、钼、钨等钢铁工业所需原料的矿产资源 |
| | 有色金属类 | 能提炼铜、铅、锌、铝、锡、铋、镁、钛等金属的矿产资源 |
| | 贵金属类 | 能提取金、银、铂等贵重金属的矿产资源 |
| | 稀有金属类 | 能提取锂、铍、铌、钽、锑、汞、稀土元素等元素的矿产资源 |
| 非金属类 | | 富含硫、磷、碘、硼等元素，以及重晶石、石棉、萤石、石墨、金刚石、石膏、滑石、膨润土、高岭土、珍珠岩、硅灰石、蛭石、海泡石等矿产资源 |
| 能源类 | | 包括煤、石油、天然气、泥炭和油页岩等“化石燃料” |

### 11.1.1 金属类

自然环境中金属类矿产（Metallic mineral）的形成与富集具有多样性和复杂性，与板块构造、生物地球化学循环和水循环等因素影响下的岩石循环有很密切的关系。按照金属矿产的形成作用与过程，具有火成、变质、沉积、生物和风化等成因。

11.1.1.1 火成作用（Igneous processes）

世界上大多数金属矿床是在岩浆岩形成与富集过程中产生的（图 11-1），比如铜矿、镍矿和金矿等。在岩浆成因的矿床中，热液沉积（Hydrothermal deposit）也许是最为常见的成因类型。火山岩浆上升时，压力温度下降，挥发组分强烈析出，通过分馏形成火山热液，也可以与地下水形成混合热液。由于热液的温度很高，富有不同化学成分，以及流动性等，热液可以沿构造带上升，或充填于裂隙带中，形成热液沉积矿脉。这类火山热液矿床主要出现于陆相火山活动地带。岩浆矿床类型主要有金刚石矿床、铂族元素矿床、铬铁矿矿床、钒钛磁铁矿床（如我国的四川攀枝花铁矿）和铜镍硫化物矿床（如我国甘肃的金川矿）。

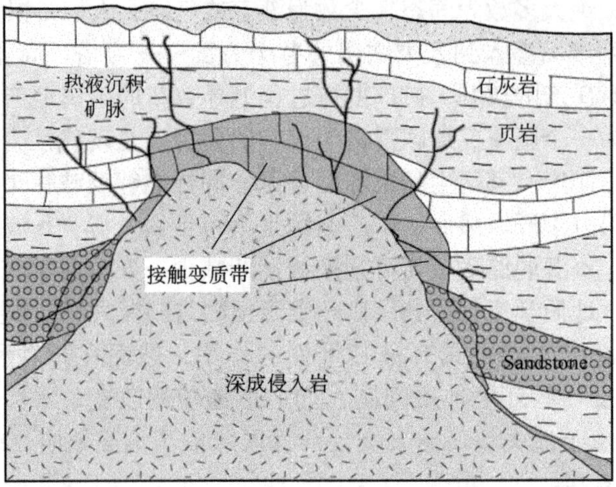


图 11-1 火成岩成矿的剖面示意图

11.1.1.2 变质作用（Metamorphic processes）

高温岩浆与周围岩石接触，常常导致围岩在高温与高压作用下发生物理与化学上的变化，即变质作用。这种变质作用影响范围可以从几米到几百米，有时能出现几千平方公里的区域性变质作用。在这样的接触变质中，不仅能够产生金属类矿床，而且能产生非金属矿床，如石棉和化石矿床。

变质矿床多产于年代古老的变质岩区，时代主要为太古宙和元古宙，矿床的层控性质明显。变质矿床具有矿种多、矿床规模大等特点，具有重大的经济价值。世界上铁矿储量的2/3 以上来自变质铁矿。金、铜、铅、锌、磷、锰、菱铁矿等也占有较大比重，如中国辽宁大石桥菱镁矿矿床、山西垣曲铜矿峪铜矿、山东莱西市南墅石墨矿等。

11.1.1.3 沉积作用（Sedimentary processes）

地表和近地表的条件同样可产生很多重要的金属矿床，这里包括在低温和常压或近于常压条件下生成的次生矿物，也包括火成岩和变质岩的风化产物在水环境中富集成矿。沉积作用形成的矿体多呈层状，层位稳定，矿层与周围沉积岩层产状一致。在沉积成因的金属矿产中，铁、铝、锰较为常见，属于化学沉积矿床，成矿物质在流水等介质中被搬运到水盆地中，在化学作用和生物作用下沉积形成矿床，如我国湖南湘潭锰矿、广西云南贵州等省的铝土矿等。

### 11.1.2 非金属类

非金属矿产（Nonmetallic mineral）的形成，与变质作用、沉积作用具有非常密切的关系，尤其在沉积作用中，可形成河流机械搬运成因的矿砂、封闭盆地蒸发沉积成因的盐类矿产，以及生物沉积成因的煤、石油和油页岩等资源。非金属类矿产资源中，主要有两类用途的矿产，一类被称为“工业矿物”，这些矿物有一些共同点，它们可整体利用，即整个矿物或岩块不需进一步加工就可用；另外一类被当作建筑材料使用，如水泥、熟石膏等。

未来，我国的非金属矿产材料在节能、电子工程、环境保护、密封、耐火保温、生物工程及填料、涂料方面，将会得到进一步的发展。从低廉的矿物原料，开发高附加值的深加工非金属矿物材料以及高精尖技术功能材料，将是今后我国非金属矿物工业的主要课题。

#### 11.1.2.1 工业矿物

A 矿石肥料

矿石肥料已成为土壤增肥和喷施农田的最主要物质。由于能增肥而被施加于土壤中的最多的元素为钙、氮、磷、钾和硫。除氮以外，其他元素都是用人工方法从矿石中提炼出来的。钙大多是从灰岩中提出，它是最丰富和最便宜的添加剂；氮是从大气中提出的，也有从非海相蒸发沉积硝酸盐物质中提出，美国使用这些产品大约占世界的三分之一。

磷矿石（磷灰石）就是典型的矿石肥料，世界上磷矿石的消费结构中约 80% 左右用于农业。我国磷矿资源比较丰富，已探明的资源储量仅次于摩洛哥和美国，居世界第 3 位。云南、贵州、四川、湖北和湖南 5 省是我国主要磷矿资源储藏地区，储量达 $98.6\times10^{8}$t，占全国总储量的 74.5%。

钾盐矿也是常见的矿石肥料，用于制造钾肥。主要产品有氯化钾和硫酸钾，是农业不可缺少的三大肥料之一。世界上 95% 的钾盐产品用作肥料，5% 用于工业。它是一种蒸发沉积矿物，由含盐溶液沉积而成，因而常见于干涸盐湖中，如我国柴达木盐湖中产有钾盐。目前，我国已查明的可溶性钾盐资源储量不大，尚难满足农业对钾肥的需求。因此，钾盐矿被国家列入急缺矿种之一。

B 化学矿石

这些矿石的重要性在于它们的化学特征和无机性能的应用，但是，它们的用途广泛而难于分类，它们覆盖于商业世界的“滨水区”，食盐、黏土、硼酸盐、碳酸盐、硫酸盐、氟化物等都是重要的物质。

C 其他矿物的用途

社会上对矿物有多种其他用途，特别是一些坚硬矿物常被用作磨料，水晶、石榴子石、刚玉、金刚石等常用作切割材料，精美而稀少的矿物常常被用作珠宝和装饰品。

#### 11.1.2.2 建筑材料

建筑材料可以分成两大类：（1）仅需手工加工的建筑石料；（2）由一些其他成分来充填，并通过煅烧、高压铸造成新的材料。

A 建筑石料

原料分类中的建筑石料是由一些具备无须化学加工而直接用于建筑工业和结构工艺中的石块组，有规格石料和碎石之分。前者是按照建筑需要将基岩分割成一定形状和体积的石块；后者由基岩碾压成的碎块和砂、砾石等未固结沉积物组成，用于道路铺设和其他建筑填料。各种类型的岩石都可用于建筑，但是由于其运输费用很高，一般仅在当地开采。

B 加工的矿石产品

矿物的用途可以说是无限的。建筑业上普遍使用的、由矿物组成的五种加工产品，即水泥、熟石膏、黏土、玻璃和石棉，它们都是与其他配料混合制成的建筑材料。

另外，其他许多种的矿物产品也越来越多地应用于颜料、纸张制作、水体净化、糖的提炼等。

### 11.1.3 能源类

煤、石油、天然气、核能、地热是人类生活和经济建设的五大能源，其中煤、石油、天然气又占有十分重要的地位，在人们的日常生活中每天都离不开它们，是典型的化石燃料（Fossil fuel），是由生物遗体在地底高压下经过长期埋藏而形成的可燃物质。

11.1.3.1 煤

煤（Coal）主要由碳、氢、氧、氮、硫和磷等元素组成，而碳、氢、氧三者总和约占有机质的95%以上，是非常重要的能源，也是冶金、化学工业的重要原料。有褐煤、烟煤、无烟煤、半无烟煤这几种分类。

A 煤的形成

在地表常温、常压下，由堆积在停滞水体中的植物遗体经泥炭化作用或腐泥化作用，转变成泥炭或腐泥；泥炭或腐泥被埋藏后，由于盆地基底下降而沉至地下深部，经成岩作用而转变成褐煤；当温度和压力逐渐增高，再经变质作用转变成烟煤至无烟煤（图 11-2）。泥炭化作用（Peatification）是指高等植物遗体在沼泽中堆积经生物化学变化转变成泥炭的过程。腐泥化作用（Putrefaction，saprofication）是指低等生物遗体在沼泽中经生物化学变

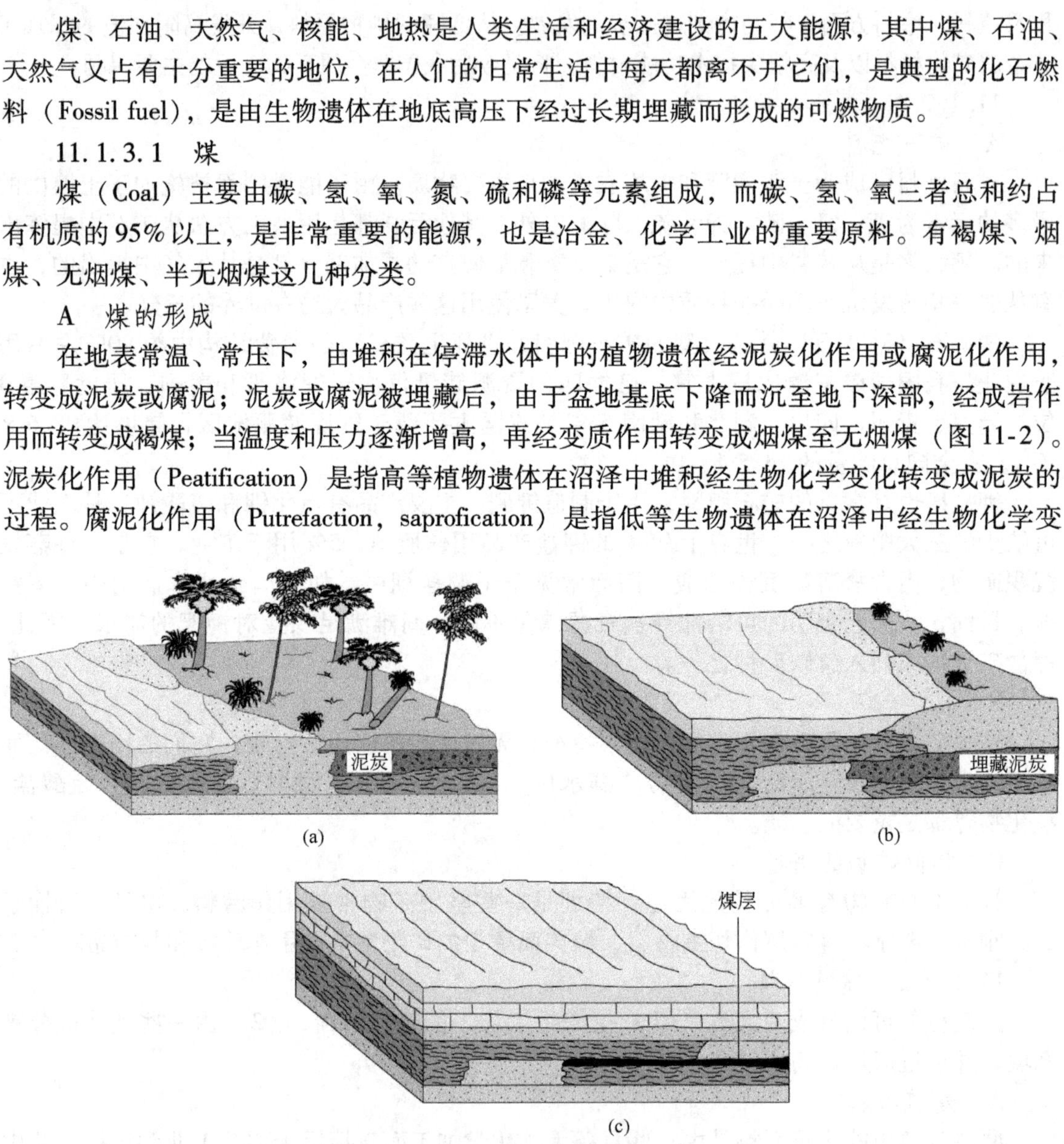


图 11-2 煤的形成过程示意图

（a）泥炭沼泽地形成；（b）海平面上升掩埋沼泽地；（c）泥炭层受压成煤

化转变成腐泥的过程。腐泥是一种富含水和沥青质的淤泥状物质。冰川过程可能有助于成煤植物遗体汇集和保存。然而，煤的形成一般需要几千万到几亿年的漫长时间。

B 煤的用途

煤是重要能源，也是冶金、化学工业的重要原料，主要用于燃烧、炼焦、气化、低温干馏、加氢液化等。首先，任何煤都可作为工业和民用燃料；其次，通过置于干馏炉中隔绝空气加热的炼焦过程，可形成焦炉煤气、煤焦油和焦炭；通过气化可转变成煤气；通过低温干馏可制取高级液体燃料；通过加氢液化，加工可得汽油、柴油等液体燃料。

当前，综合、合理、有效开发利用煤炭资源，并着重把煤转变为洁净燃料，是人们努力的方向。

C 煤的产地

在各大陆、大洋岛屿都有煤分布，但煤在全球的分布很不均衡，各个国家煤的储量也很不相同。美国、俄罗斯、中国、德国是煤炭储量丰富的国家，也是世界上主要产煤国，其中中国是世界上煤产量最高的国家。根据国际能源机构在2002年的统计，世界上煤（包括硬煤和褐煤）的产量为4713百万吨，其中中国产量1326百万吨，占世界产量比重28.1%，其次为美国，占21.0%，印度位列第三，占7.6%。世界产煤量前十位的国家见表11-2。

**表11-2 世界煤产量前十位国家（地区）**

| 国家 | 产量/Mt | 占世界比重/% |
|---|---|---|
| 世界总计 | 4713 | |
| 中国 | 1326 | 28.1 |
| 美国 | 992 | 21.0 |
| 印度 | 356 | 7.6 |
| 澳大利亚 | 343 | 7.3 |
| 俄罗斯 | 235 | 5.0 |
| 南非 | 223 | 4.7 |
| 波兰 | 162 | 3.4 |
| 印度尼西亚 | 101 | 2.1 |
| 乌克兰 | 84 | 1.8 |
| 哈萨克斯坦 | 74 | 1.6 |

我国主要煤城有河北省的开滦、峰峰，山西省的大同、阳泉、西山，辽宁省的阜新，黑龙江省的鸡西、鹤岗，江苏省的徐州，安徽省的淮北、淮南，河南省的平顶山，山东的兖州。若按省、市、自治区划分，年产量排行前5名的依次为：山西，河南，山东，黑龙江和内蒙古。目前，全国仅上海、天津二市及西藏自治区为无煤区。

D 煤的伴生元素

煤的伴生元素是指以有机或无机形态富集于煤层及其围岩中的元素。有些元素在煤中富集程度很高，可以形成工业性矿床，如富锗煤、富铀煤、富钒石煤等，其价值远高于煤本身，锗、镓、铀、钒等都是有益的伴生元素。相对地，也存在有害伴生元素，主要有硫、磷、氟、氯、砷、铍、铅、硼、镉、汞、硒、铬等。

硫是煤中常见的有害成分，其他有害元素在煤中含量一般不高，但危害极大，如砷是一种有毒元素。煤在燃烧中，硫是造成城镇环境污染的主要物质源。当然，对有害元素如果收集、处理得当也可变成对人有用的财富。

另外，成煤过程中的一种伴生气体，也称“瓦斯”，是指煤矿井下以甲烷 $CH_4$ 为主的有害气体的总称。瓦斯的危害主要是令人窒息，甲烷等气体聚集到一定浓度，可引起爆炸。

E 煤的开采

由于煤炭资源的埋藏深度不同，开采方式一般有矿井开采（埋藏较深）和露天开采（埋藏较浅）之分。其中，可露天开采的资源量在总资源中的比重大小，是衡量开采条件优劣的重要指标。中国可露天开采的储量仅占 7.5%，美国为 32%，澳大利亚为 35%。矿井开采条件的好坏与煤矿中含瓦斯的多少成反比，中国煤矿中含瓦斯比例高，高瓦斯和有瓦斯突出的矿井占 40% 以上。

我国采煤以矿井开采为主，如山西、山东、徐州及东北地区大数采用这一开采方式。75% 以上的地下煤炭生产由使用连续采矿机械的房柱法开采，20% 左右是长壁开采法，另外还有传统先爆破后移除煤炭的炸药法。相比，我国的露天开采占有比例较小，典型的露天煤矿有山西朔州平朔煤矿，内蒙古准格尔黑岱沟露天煤矿，内蒙古通辽市境内的霍林河露天煤矿。

煤的开采是一项最艰苦的工作，当前正在花较大的力量来改善工作条件。

11.1.3.2 石油

石油（Petroleum）又称原油（Crude oil），是从地下深处开采的棕黑色可燃黏稠液体，是各种烷烃、环烷烃、芳香烃的混合物。它是古代海洋或湖泊中的生物经过漫长的演化形成的混合物，与煤一样属于化石燃料。石油主要被用来生成燃油和汽油，是目前世界上最重要的一次性能源之一。石油也是许多化学工业产品如溶剂、化肥、杀虫剂和塑料等的原料。

A 石油的形成

大多数地质学家认为石油像煤和天然气一样，是古代有机物通过漫长的压缩和加热后逐渐形成的。经过漫长的地质年代，这些有机物与沉积物在地下的高温和高压下逐渐转化，形成蜡状的油页岩，并转化成液态和气态的碳氢化合物。温度太低石油无法形成，温度太高则会形成天然气。然而形成油田还需要三个条件：丰富的生油岩，渗透通道和一个可以聚集石油的岩层构造。生成的石油与天然气在经过生油岩层中的一次运移和在储集层中的二次运移，遇到地质构造等阻挡场所，在石油地质中称为“圈闭”，聚集起来，便形成油田（图 11-3）。

B 石油产品

石油经过加工提炼，可以得到的产品大致可分为四大类：

（1）石油燃料，是用量最大的油品，按其用途和使用范围包括点燃式发动机燃料（航空汽油，车用汽油等），喷气式发动机燃料（航空煤油），压燃式发动机燃料（柴油），液化石油气燃料（液态烃），锅炉燃料（炉用燃料油和船舶用燃料油）。

（2）润滑油和润滑脂，被用来减少机件之间的摩擦，保护机件以延长它们的使用寿命并节省动力，它们的数量只占全部石油产品的 5% 左右，但其品种繁多。

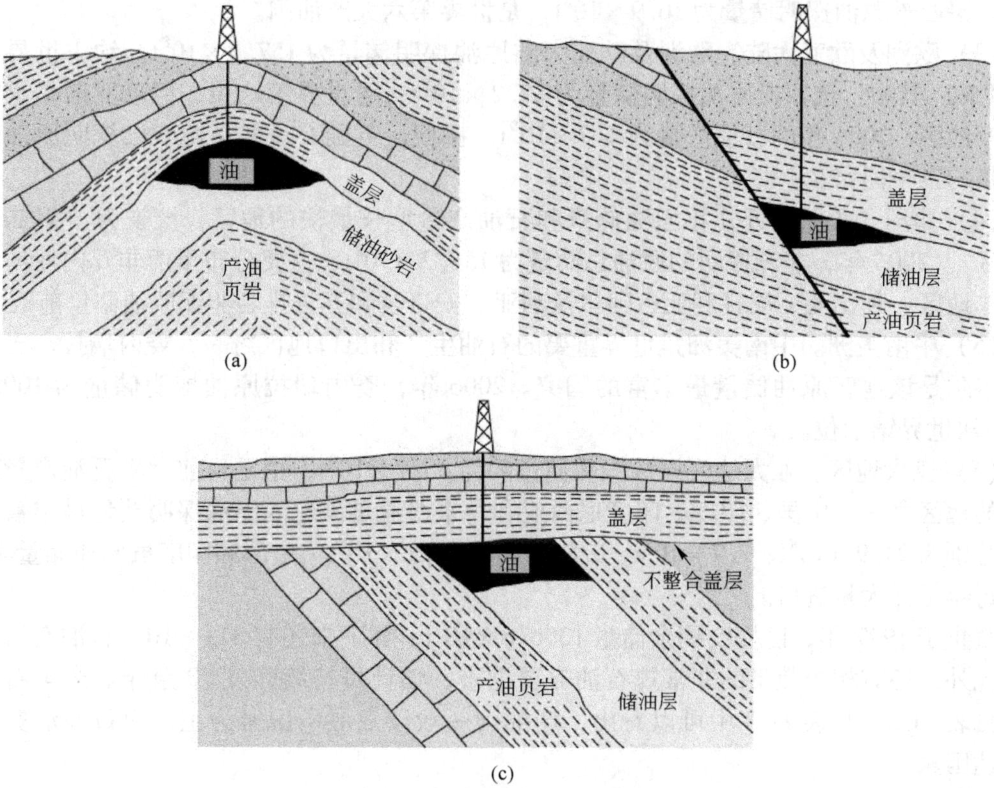


图 11-3 典型油气储藏的地质构造

(a) 背斜圈闭；(b) 断层圈闭；(c) 不整合圈闭

（3）蜡、沥青和石油焦，它们是从生产燃料和润滑油时进一步加工得来的，其产量约为所加工原油的百分之几。

（4）溶剂和石油化工产品。

C 石油分布

原油的分布从总体上来看极端不平衡：从东西半球来看，约 3/4 的石油资源集中于东半球，西半球占 1/4；从南北半球看，石油资源主要集中于北半球；从纬度分布看，主要集中在北纬 20°～40°和 50°～70°两个纬度带内。波斯湾及墨西哥湾两大油区和北非油田均处于北纬 20°～40°内，该带集中了 51.3% 的世界石油储量。全球石油的分布可以按以下 6 个区域叙述：

（1）中东波斯湾沿岸。中东海湾地区地处欧、亚、非三洲的枢纽位置，原油资源非常丰富，被誉为“世界油库”。据美国《油气杂志》2006 年最新的数据显示，世界原油探明储量为 $1804.9\times10^8$t。其中，中东地区的原油探明储量为 $1012.7\times10^8$t，约占世界总储量的 2/3。在世界原油储量排名的前十位中，中东国家占了五位，依次是沙特阿拉伯、伊朗、伊拉克、科威特和阿联酋。其中，沙特阿拉伯已探明的储量为 $355.9\times10^8$t，居世界首位。伊朗已探明的原油储量为 $186.7\times10^8$t，居世界第三位。

（2）北美洲。北美洲原油储量最丰富的国家是加拿大、美国和墨西哥。加拿大原油探明储量为 $245.5\times10^8$t，居世界第二位。美国原油探明储量为 $29.8\times10^8$t，是世界第二大产油国。墨西哥原油探明储量为 $16.9\times10^8$t，是世界第六大产油国。

(3) 欧洲及欧亚大陆。欧洲及欧亚大陆原油探明储量为 $157.1\times10^8$t，约占世界总储量的8%。其中，俄罗斯原油探明储量为 $82.2\times10^8$t，居世界第八位，但俄罗斯是世界第一大产油国，2006 年的石油产量为 $4.7\times10^8$t。挪威、英国、丹麦是西欧已探明原油储量最丰富的三个国家。

(4) 非洲。非洲是近几年原油储量和石油产量增长最快的地区，被誉为“第二个海湾地区”。2006 年，非洲探明的原油总储量为 $156.2\times10^8$t，主要分布于西非几内亚湾地区和北非地区。利比亚、尼日利亚、阿尔及利亚、安哥拉和苏丹排名非洲原油储量前五位。

(5) 中南美洲。中南美洲是世界重要的石油生产和出口地区之一，委内瑞拉、巴西和厄瓜多尔是该地区原油储量最丰富的国家。2006 年，委内瑞拉原油探明储量为 $109.6\times10^8$t，居世界第七位。

(6) 亚太地区。亚太地区原油探明储量约为 $45.7\times10^8$t，也是目前世界石油产量增长较快的地区之一。中国、印度、印度尼西亚和马来西亚是该地区原油探明储量最丰富的国家，分别为 $21.9\times10^8$t、$7.7\times10^8$t、$5.8\times10^8$t 和 $4.1\times10^8$t。中国和印度虽原油储量丰富，但是每年仍需大量进口。

截止于 1997 年，已探明剩余储量 $1396.6\times10^8$t，算下来还有 $313\times10^8$t 石油有待去探查。此外，还有相当数量的非常规石油需要勘查，估计可持续开发 70 余年。全球石油的分布见表 11-3。从表 11-3 中可以看出，产油国一般以发展中国家为主，而石油消费国多是发达国家。

**表 11-3 世界石油剩余可采储量的分布**

| 地　区 | 储量/t | 所占比例/% | 地　区 | 储量/t | 所占比例/% |
|---|---|---|---|---|---|
| 亚太 | $57.8\times10^8$ | 4.1 | 非洲 | $95.9\times10^8$ | 6.9 |
| 西欧 | $24.8\times10^8$ | 1.8 | 北美 | $91.6\times10^8$ | 6.6 |
| 东亚与独联体 | $80.9\times10^8$ | 5.8 | 南美 | $118.0\times10^8$ | 8.4 |
| 中东 | $927.3\times10^8$ | 66.4 | | | |

我国历史上第一个工业化油田是玉门油田，1998 年原油产量 $40\times10^4$t，但加工原油达 $145\times10^4$t；新中国成立以后，最早建成的大油田是克拉玛依油田，1998 年产原油 $871\times10^4$t，天然气 $4.71\times10^8m^3$，成为我国重要的石油工业基地；新中国成立以来中国最大油田是大庆油田，在 1996~1998 年间，原油产量仍稳定在（5570~5600）$\times10^4$t 之间；中国第二大油田是胜利油田，1998 年原油产量达 $2731\times10^4$t，天然气产量达（9~18）$\times10^8m^3$。中国第三大油田是辽河油田，1996~1998 年原油产量稳定在（1452~1504）$\times10^4$t 之间，1998 年天然气产量达 $15.5\times10^8m^3$。另外，我国年产原油百万吨以上的大、中型油田还有中原、华北、大港、河南、吉林、长庆、江汉等油田。年产数十万吨的中、小型油田有江苏、柴达木、冀东等油田。

D　石油开采

与一般的固体矿藏相比，石油开采有三个显著特点：(1) 石油在整个开采过程中不断地流动，油藏情况不断地变化，因此，油气田开采的整个过程是一个不断了解、不断改进的过程；(2) 开采者在一般情况下不与矿体直接接触，对油气藏的了解与采取的措施都要通过专门的测井来进行；（3）油气藏的某些特点必须在生产过程中，甚至必须在井数较多后才能认识到。

在开采过程中还需要通过生产井、注入井和观察井对油气藏进行开采、观察和控制。石油的开采有三个互相连接的过程：（1）从油层中流入井底；（2）从井底上升到井口；（3）从井口流入集油站，经过分离脱水处理后，流入输油气总站，转输出矿区。

开采过程中常常需要向油气藏注入某些物质，来干扰其分布，或降低其黏度，或将石油从岩石中分离出来，注入物有高温水蒸气、氮气、二氧化碳以及某些能改善水油表面张力的水溶液。然而，尽管如此仍然有大量的石油无法开采。

#### 11.1.3.3 天然气

说到石油，就需要介绍天然气（Natural gas），天然气和石油是一对孪生兄弟，人们在进行石油资源的勘探和开发时，往往会同时采到丰富的天然气，而人们对天然气储量的了解要比对煤和石油储量的了解少得多。

##### A 天然气的组成

天然气是一种多组分的混合气体，主要成分是烷烃，其中甲烷占绝大多数，另有少量的乙烷、丙烷和丁烷，此外一般还含有硫化氢、二氧化碳、氮和水汽，以及微量的惰性气体，如氦和氩等。在标准状况下，甲烷至丁烷以气体状态存在，戊烷以上为液体。天然气在燃烧过程中产生的能影响人类呼吸系统健康的物质极少，产生的二氧化碳仅为煤的40%左右，产生的二氧化硫也很少。天然气燃烧后无废渣、废水产生，相较于煤炭、石油等能源具有使用安全、热值高、洁净等优势。

##### B 天然气的分布

天然气的储量，估计全球的资源量为 $328\times10^{12}m^3$，截止于1997年，已探明的储量为 $143.9\times10^{12}m^3$，可持续开发100余年。天然气储量最大的10个国家中有中国（表11-4），另外，俄罗斯占有量最多，其次为中东地区，美国也是天然气大国。

**表 11-4 世界天然气储量位于前10名的国家**

| 国　家 | 资源量/$m^3$ | 占的比例/% | 已探明储量（1977年）/$m^3$ |
|---|---|---|---|
| 前苏联 | $107.24\times10^{12}$ | 32.73 | $47.60\times10^{12}$ |
| 美国 | $40.43\times10^{12}$ | 12.34 | $4.66\times10^{12}$ |
| 伊朗 | $35.37\times10^{12}$ | 10.79 | $22.68\times10^{12}$ |
| 加拿大 | $13.75\times10^{12}$ | 4.19 | $1.82\times10^{12}$ |
| 沙特阿拉伯 | $13.73\times10^{12}$ | 4.19 | $5.29\times10^{12}$ |
| 阿联酋 | $7.29\times10^{12}$ | 2.22 | $5.32\times10^{12}$ |
| 尼日利亚 | $7.20\times10^{12}$ | 2.20 | $3.21\times10^{12}$ |
| 卡塔尔 | $7.18\times10^{12}$ | 2.19 | $8.40\times10^{12}$ |
| 委内瑞拉 | $7.14\times10^{12}$ | 2.18 | $4.01\times10^{12}$ |
| 中国 | $6.43\times10^{12}$ | 1.96 | $1.15\times10^{12}$ |

我国目前已经探明的沉积盆地有400多个，它们大小不同、形状各异，埋藏在地层深处。虽然我国天然气工业起步较晚，但在很短的时间内就取得了一批显著的成果，已初步

完成了沉积盆地地质结构的详细调查，确认了近70个蕴藏着天然气资源的盆地，估算天然气资源总量有近$4.0\times10^{12}m^3$。应该说，面积愈大的盆地储藏的天然气资源愈丰富，因此，塔里木盆地、四川盆地、鄂尔多斯盆地、准格尔盆地都已探明含有大量的天然气资源。此外，沿我国大陆架周围还分布着一系列海上盆地，如东海、莺歌海、珠江口及渤海湾等，这些盆地内也含有丰富的油气资源。

C 天然气的开采

天然气也同原油一样埋藏在地下封闭的地质构造之中，有些和原油储藏在同一层位，有些单独存在。对于和原油储藏在同一层位的天然气，会伴随原油一起开采出来。对于只有单相气存在的，称之为气藏，其开采方法既与原油的开采方法十分相似，又有其特殊的地方。

由于天然气密度小，为$0.75\sim0.8kg/m^3$，黏度小，膨胀系数大，天然气开采时一般采用自喷方式，这和自喷采油方式基本一样。然而，由于气井压力一般较高，加上天然气属于易燃易爆气体，对采气井口装置的承压能力和密封性能比对采油井口装置的要求要高得多。

11.1.3.4 地热资源

地热资源（Geothermal resources）是指贮存在地球内部的可再生热能。一般集中分布在构造板块边缘一带，起源于地球的熔融岩浆和放射性物质的衰变。

A 分类

地热资源按温度可分为高温、中温和低温三类。温度大于150℃的地热以蒸汽形式存在，称高温地热；90~150℃的地热以水和蒸汽的混合物等形式存在，称中温地热；温度大于25℃、小于90℃的地热以温水（25~40℃）、温热水（40~60℃）、热水（60~90℃）等形式存在，称低温地热。

高温地热一般存在于地质活动性强的全球板块的边界，即火山、地震、岩浆侵入多发地区，著名的冰岛地热田、新西兰地热田、日本地热田以及我国的西藏羊八井地热田、云南腾冲地热田、台湾大屯地热田都属于高温地热田。中低温地热田广泛分布在板块的内部，我国华北、京津地区的地热田多属于中低温地热田。

B 成因

关于地热的来源，有多种假说。一般认为，地热主要来源于地球内部放射性元素蜕变放热能，其次是地球自转产生的旋转能以及重力分异、化学反应，岩矿结晶释放的热能等。在地球形成过程中，这些热能的总量超过地球散逸的热能，形成巨大的热储量，使地壳局部熔化形成岩浆作用、变质作用。

现已基本测算出，地核的温度达6000℃，地壳底层的温度达900~1000℃，地表常温层（距地面约15m）以下约15km范围内，地温随深度增加而增高。地热平均增温率约为3℃/100m。不同地区地热增温率有差异，接近平均增温率的称正常温区，高于平均增温率的地区称地热异常区。地热异常区是研究、开发地热资源的主要对象。地壳板块边沿，深大断裂及火山分布带等，是明显的地热异常区。

普查勘探地热资源，一般采用地表地热调查、钻探和各种物探方法。近年来红外线遥感技术在勘查中取得显著效果。

C 用途

对于地热能的利用，包括将低温地热资源用于浴池和空间供热以及用于温室、热力泵和某些热处理过程的供热，同时还可以利用干燥的过热蒸汽和高温水进行发电，利用中等温度水通过双流体循环发电设备发电等，目前这些地热能的开发应用技术已经逐步成熟，而且对从干燥的岩石中和从地热增压资源及岩浆资源中提取地热能的有效方法进行研究可以进一步提高地热能的应用潜力，但是目前地热能的勘探和提取技术还有待改进。

中国地热资源分布较广，资源也较丰富。据预测，在距地表2000m以浅范围内，约有相当于$137\times10^8$t标准煤的地热资源量，若可采率为1%，则有相当于$137\times10^8$t标准煤的地热可采资源量。地热资源主要分布于构造活动带和大型沉积盆地之中，前者资源量较集中，如藏、滇、川带和东南沿海（闽、赣、粤、台）带以及辽东-胶东一带；后者资源分布面广，如华北盆地京津唐地区。目前已发现地热点2000多处，已经进行过不同程度勘查的有739处。

## 11.2 矿产资源开发

矿产资源的开采方法因矿床所在地的自然条件而异，一些地区及其邻区的严重环境污染来源于开采过程。

### 11.2.1 地下开采

地下开采（Underground mining）是在地面以下用地下坑道进行矿产开采工作的总称（图11-4），包括挖取地下矿物并运输到地表，并且提供工人、设备、动力、通风设备和供水以保持开采进行。一般适用于矿体埋藏较深，在经济上和技术上不适合于露天开采的矿床。

图11-4 地下开采坑道示意图

地下开采通过矿床开拓、矿块的采准、切割和回采4个步骤实现：

（1）矿床开拓。矿床开拓根据矿床的赋存条件与矿体的产状选用不同的矿床开拓方式以便于运输、行人、通风排水。

（2）采准。矿块的采准工作是指按照预定的计划和图纸，掘进一系列巷道，从而为矿块的切割和回采工作创造必要的条件。

（3）切割。矿块切割工在采准工作的基础上，为回采矿石开辟自由面和落矿空间，从而为矿块回采创造必要的工作条件。

（4）回采。回采是从矿块里采出矿石的过程，是采矿的核心。回采通常包括三种作业：

1）落矿，将矿石以合适的块度从矿体上采落下来的作业；

2）出矿，将采下的矿石从落矿工作面运到阶段运输水平的作业；

3）地压管理，包括用矿柱、充填体和各种支架维护采空区。

在实施开采过程中，长壁开采法是一种适用于开采相对平缓、脉状或层状岩体矿床的一种方法，整个矿区沿着开采面移动，不支护上覆岩体，所以经常导致塌方和地面塌陷。另外，广泛应用于煤矿和盐矿的替代方法是房柱式开采方法。在矿体中以地窖方式挖取并留一些矿柱顶住上覆岩体，大量矿物被遗弃在矿洞中，发掘洞室的最终沉陷引起地表麻点状的塌陷。

### 11.2.2 露天开采

露天开采（Open-pit mining）是指先将覆盖在矿体上面的土石剥离，自上而下把矿体分为若干梯段，直接在露天进行采矿的方法。适用于高储量、高纯度、上覆岩层薄的矿，是一种经济的开采方法。石灰石、大理石、花岗石的采石场就是露天开采；砾石开采也是一样。

与地下开采相比，优点是资源利用充分、回采率高、贫化率低，适于用大型机械施工，建矿快，产量大，劳动生产率高，成本低，劳动条件好，生产安全。但需要剥离岩土，排弃大量的岩石，尤其较深的露天矿（图 11-5），往往占用较多的农田，设备购置费用较高，故初期投资较大。此外，露天开采，受气候影响较大，对设备效率及劳动生产率都有一定影响。随着开采技术的发展，适于露天采矿的范围越来越大，可用于开采低品位矿床和某些地下开采过的残矿。对平缓矿床（一般矿层倾角小于 12°）采用倒堆、横运或纵运采矿法。对于倾斜矿床采用组合台阶、横采掘带或分区分期开采的方法。

图 11-5　露天开采的矿坑示意图

## 11.3　矿产资源开发引起的环境问题

矿产资源的开发与利用，构成了国家与地方社会经济建设的支柱产业。然而，不合理地开发、利用，也已经对矿山及其周围环境造成了严重的污染，并诱发了多种地质灾害，破坏了生态环境。越来越突出的环境问题不仅威胁到人民的生命安全，而且严重地制约了国民经济的发展。

矿业活动（Mining activity）主要包括矿石采掘、选矿及冶炼三部分。其产生的生态环境问题和破坏的种类很多（表 11-5）。例如：露天开采直接破坏地表土层和植被；尾矿，矸石等废弃物的堆置，导致对土地的过量占用和对堆置场原有生态系统的破坏；矿石、废渣等固体废物中含酸性、碱性、毒性、放射性或重金属成分，通过地表径流、大气飘尘，污染周围的土地、水域和大气，其影响面将远远超过废弃物堆置场的地域和空间。而且，污染影响要花费大量的人力、物力、财力，需要经过很长时间才能恢复，而且很难恢复到原有的水平。

表 11-5 矿业活动与主要环境问题

| 环境要素 | 矿业活动对矿山环境的作用形式 | 产生的主要环境问题 |
|---|---|---|
| 大气环境 | 废气排放，粉尘排放，废渣排放 | 大气污染，酸雨 |
| 地面环境 | 地下采空，地面及边坡开挖，地下水位降低，废水排放，废渣、尾矿排放 | 采空区地面沉陷（塌陷），山体开裂、崩塌，滑坡、泥石流，水土流失、土地沙化，岩溶塌陷，侵占土地，土壤污染，矿震，尾矿库溃坝 |
| 水环境 | 地下水位降低，废水排放，废渣、尾矿排放 | 水均衡遭受破坏，海水入侵，水质污染 |

建国以来，我国的矿业发展很快。截至 1997 年底，国有矿山已达 10838 个，乡镇集体矿山 154643 个，个体采矿点 96376 个，矿产开发总规模居世界第三位，已成为世界上的矿业大国之一。随着矿业的发展，已新建成 300 多座矿业城市。但是，占矿山总数 59.06% 的乡镇集体矿山，环保工作差距较大；更为严重的是，占总数 36.80% 的个体采矿点的环保工作几乎为空白。

## 11.3.1 矿山废气、废水与废渣

### 11.3.1.1 矿山废气

矿山废气（Mine waste gas）包括岩矿爆破产生的炮烟和粉尘，硫化矿石氧化、自燃、水解产生的气体，以及含铀矿床放射性元素蜕变过程中转化成的有害气体等。这些气体中含有一氧化碳、氮氧化物、二氧化碳、硫化氢、氡气等，有的本身就是剧毒，有的则与其他媒体发生作用而生成各种毒液，直接侵袭人体和其他生物内部器官，导致发生病变直至危及生命。矿山废气、粉尘排放，会引起大气污染和酸雨，其中以硫化矿和煤矿最为严重。通常炼 1t 硫磺需排放 10000$m^3$ 有害气体，其中含二氧化硫、硫化氢折算达 1.8t，并产生大量废水及汞、砷、镉等有害物质。煤炭采矿行业中工业废气多为烟尘、二氧化硫、氮氧化物和一氧化碳。

矿山废气治理（Waste gas treatment）主要是针对窑炉的烟尘治理、各种生产工艺废气中物料回收和污染的处理。废气处理的原理有活性炭吸附法、催化燃烧法、催化氧化法、酸碱中和法、等离子法等多种原理。

据 1985 年的统计资料，我国矿业采选行业治理情况见表 11-6。其中采盐和黑色金属矿采选业处理率最高，高于 40 个行业的平均水平（44.06%）；煤炭采选业处理率则最低，在 40 个行业中列倒数第三名。整个采选行业处理率为 17.24%，低于全国 40 个行业的平均处理率。

表 11-6 各矿业采选行业废气治理统计

| 名　　称 | 废气排放总量/$m^3$ | 经净化量/$m^3$ | 处理率/% |
|---|---|---|---|
| 煤炭采选业 | $3954.3\times10^8$ | $386.9\times10^8$ | 9.8 |
| 黑色金属矿采选业 | $440.6\times10^8$ | $254.6\times10^8$ | 57.8 |
| 有色金属矿采选业 | $497.8\times10^8$ | $133.0\times10^8$ | 26.7 |
| 建材、非金属矿采选业 | $415.1\times10^8$ | $93.9\times10^8$ | 22.6 |
| 采盐业 | $101.4\times10^8$ | $63.0\times10^8$ | 62.2 |
| 其他矿采选业 | $4.7\times10^8$ | $1.8\times10^8$ | 38.3 |
| 合　计 | $5413.9\times10^8$ | $933.2\times10^8$ | 17.2 |

近年来，云南、贵州两省，由于加强了对土法炼硫的环境管理，在坚决取缔土炉的同时，推广炼硫新技术，土法炼硫污染的防治工作已初见成效。如云南省镇雄县已基本完成了土法炼硫的技术改造，使硫的回收率有了大幅度提高，炼硫厂区周围大气环境中 $SO_2$ 日平均浓度已达到国家标准。

随着工业的发展，废气排放虽呈增长趋势（1993 ~ 1995 年增长率为 10.36% ~ 15.04%），但自 1996 年后增长变缓，增长率呈下降趋势。由此说明，随着环境保护国策的深入贯彻实施，治理“三废”的力度加大，废气治理已取得了一定的成效。

11.3.1.2 矿山废水

矿山废水（Mine waste water）主要来自矿山建设和生产过程中的矿坑排水，洗矿过程中加入有机和无机药剂而形成的尾矿水，露天矿、排矿堆、尾矿及矸石堆受雨水淋滤、渗透溶解矿物中可溶成分的废水，矿区其他工业和医疗、生活废水等。其中煤矿、各种金属、非金属矿业的废水以酸性为主，并多含大量重金属及有毒、有害元素（如铜、铅、锌、砷、镉、六价铬、汞、氰化物），有机质含量指标化学耗氧量（Chemical oxygen demand）和生化耗氧量（Biochemical oxygen demand）高；这些废水排放后又直接或间接地污染了地表水、地下水和周围农田、土地，并进一步污染了农作物，有害元素成分经挥发也污染了空气。如我国江西某地多金属矿床，排放酸性矿坑水，造成河水污染，鱼虾绝迹，水草不生，25km 长河道的河水不能饮用，同时土壤物理性质改变，造成农田污染，农作物生长受到严重的损害。

矿山废水的处理比其他工业废水的处理要复杂、困难，但处理方法上也通常包括物理处理法、化学处理法和生物处理法。为防止对环境的污染，目前主要从改革工艺、更新设备、减少废水和污染物排放，提高水的重复利用率，以废治废、将废水作为一种资源综合利用三个方面进行治理，发展较为迅速。比如煤炭采选业矿井水的处理和利用，1990 年外排达标率为 90.56%，利用量为 $2.12 \times 10^8$t；洗煤水排放量及煤泥流失量减少，实现洗煤水闭路循环的洗煤厂 1990 年为 100 个。二十多年来，有色金属工业废水治理技术也有了较大的发展，工业用水复用率逐年提高，1973 年仅 12%，到 1987 年时已达到了 58%，2005 年达到 84.5%，从废水中回收有价值金属已初见成效。

然而，矿山废水的处理仍存在不少问题：一是废水处理装置能力不足；二是废水处理技术开发水平还不高；三是节约用水和废水治理的管理制度还不够完善。

11.3.1.3 矿山废渣

矿山废渣（Mine waste residue）包括矿山生产过程产生的固体残留物，如煤矸石、废石、尾矿等。表 11-7 是我国各矿业废渣累计堆存量及占地面积现状（1995 ~ 1997 年）。1997 年我国废渣的累计贮存量已达 $64.72 \times 10^8$t，占地面积为 $50650 \times 10^4 m^2$，其中矿业及

**表 11-7 矿业及相关行业废渣堆存情况**

| 年份 | 全国 | | 其中：矿业及相关行业 | |
|---|---|---|---|---|
| | 固体废渣累计堆存量/t | 占地面积/$m^2$ | 固体废渣累计堆存量（亿吨）及所占总量比例 | 占地面积（$m^2$）及所占总量比例 |
| 1995 | $66.41 \times 10^8$ | $55440 \times 10^4$ | 59.60（89.75%） | $33446 \times 10^4$（60.33%） |
| 1996 | $64.93 \times 10^8$ | $51680 \times 10^4$ | 55.63（85.68%） | $27375 \times 10^4$（52.97%） |
| 1997 | $64.72 \times 10^8$ | $50650 \times 10^4$ | 58.51（90.40%） | $29160 \times 10^4$（57.57%） |

相关行业的废渣为 $58.51\times10^8$t，占地面积 $29160\times10^4m^2$。1997 年与 1995 年相比，已有明显的下降趋势，但所占比重却有所增加。另外，尾矿库溃坝对周围与下游的水体、土地也存在污染破坏。据统计，我国有尾矿库约 700 座，江西、云南、安徽、湖北等省都发生过尾矿库溃坝事件。

矿山废渣的处理主要是综合利用，即废渣减量化、资源化、无害化。这是一项保护环境、保护一次性原材料、促进增产节约的有效措施。

据 1996 年统计，国有重点煤矿利用煤矸石为 $3470\times10^4$t，占当年排出量的 48.5%，其中用于发电、燃料 $800\times10^4$t，建材原料 $590\times10^4$t，筑路材料 $360\times10^4$t，充填材料 $990\times10^4$t。

自 1991～1997 年间，随着工业的发展，固体废物排放量增加，但其综合利用率也有所提高，从 1991 年的 37.92% 增加到 1997 年的 45.64%（表 11-8）；贮存总量自 1996 年后开始下降，占地面积自 1996 年后也有减少的趋势。

**表 11-8 1997 年全国工业固体废物产生及处理利用情况**

| 工业固体废物 | | 冶炼废渣 | 粉煤灰 | 炉渣 | 煤矸石 | 尾矿 | 放射性废渣 |
|---|---|---|---|---|---|---|---|
| 产生量/kt | 657500 | 74600 | 125200 | 72180 | 111880 | 192660 | 2480 |
| 综合利用量/kt | 300090 | 62940 | 64410 | 54380 | 53950 | 12840 | |
| 综合利用率/% | 45.64 | 84.44 | 51.45 | 75.34 | 48.22 | 6.66 | |

总的看，矿业废渣占全国固体废物总量的一半，但处置利用率最低，对矿山环境的影响大。从各类矿业看，煤炭、建材非金属采选业的废渣利用率较高，而黑色金属采选业的废渣处置率较高。

## 11.3.2 岩溶塌陷及采空区塌陷

### 11.3.2.1 *岩溶塌陷*

在地下矿产开采中，由于矿坑的强疏排水及矿坑的突水、涌水等，使许多矿区产生了岩溶地面塌陷，从而造成建筑物裂缝倒塌、农田毁坏、道路中断、采矿滞产、甚至停产、矿井报废等，其经济损失和社会影响巨大。

塌陷不仅出现在煤炭矿山，而且也出现在有色金属、黑色金属、化工及核工业矿山当中。我国的矿山开采中，以地下开采为主，据 1173 家国有大中型矿山调查，地下开采占 68.89%，塌陷区占地面积为 $84201.4hm^2$，占矿山开发破坏土地面积的 39.57%；另外，采用水溶法开采岩盐所形成的地下溶腔，可导致地面沉陷。这种现象在一些盐矿当中已有发生，如湖南湘澧盐矿、云南洱源县乔石盐矿和湖北应城盐矿水采基地。

根据初步调查的资料，我国发生岩溶地面塌陷灾害的大型矿区以煤矿和金属矿山居多，煤矿如湖南的恩口煤矿、斗笠山煤矿、桥头河煤矿、煤炭坝煤矿、江西丰域云庄煤矿；金属矿山如湖南水口山铅锌矿，湖北大冶铜录山铜矿、大冶叶花香铜矿、大冶大广山铁矿，乐平花亭锰矿，广西泗顶山铅锌矿，广东的石菉铜矿、凡口铅锌矿、英德硫铁矿、黑石岗黄铁矿、阳春硫铁矿，山东莱芜铁矿业庄矿区、莱芜顾家台铁矿，安徽铜陵新桥铜矿、铜官山矿，河北唐山开滦煤矿范各庄矿等数十个矿区。其中以恩口煤矿、水口山铅锌矿、凡口铅锌矿、泗顶山铅锌矿和铜灵山铜矿的岩溶地面塌陷最为典型和强烈，从地理分布看，几乎遍布南方各省，尤以湘、粤、鄂、桂、赣诸省居多。

我国对岩溶塌陷的防治工作开始于20世纪60年代，目前已有一套比较完整和成熟的方法、防治的关键是在掌握矿区和区域塌陷规律的前提下，对塌陷作出科学的评价和预测，即采取以早期预测、预防为主，治理为辅、防治相结合的办法。

（1）塌陷前的预防采取如下主要措施：合理安排矿山建设总体布局；河流改道引流，避开塌陷区；修筑防洪堤；控制地下水位下降速度和防止突然涌水，以减少塌陷的发生；建造防渗帷幕，避免或减少预测塌陷区的地下水位下降，防止产生地面塌陷；建立地面塌陷监测网。

（2）塌陷后的治理措施主要有以下几种：塌洞回填；河流局部改道与河槽防渗；综合治理。

#### 11.3.2.2　采空区塌陷

采空区（Goaf）是由人为挖掘或者天然地质运动在地表下面产生的“空洞”。采空区的存在使得矿山的安全生产面临很大的安全问题，人员与机械设备都可能掉入采空区内部受到伤害。

由于地下采空区隐伏性强，空间分布规律性差，以及采空区顶板冒落塌陷难以预测，如何对这些特征进行量化评判，一直是工程技术人员评价采空区潜在危害性、合理确定采空区处置对策的技术难题。

目前，地下采空区已经成为制约矿山发展的一个重要难题，随着矿山向深部开采，地压增大，地下采空区在强大的地压下，容易发生坍塌事故，尤其对地下转露天开采的矿山影响很大；地下开采残留大量的采场、硐室、巷道没有进行及时处理，对露天开采带来了严重的隐患，同时给矿山工作人员和设备带来严重的威胁。

自20世纪末以来，我国矿业开采秩序较为混乱，非法无序的乱采滥挖在一些矿山及其周边留下了大量的采空区，这是影响矿山安全生产的主要危害源之一。如河南栾川钼矿、广西大厂矿区、甘肃厂坝铅锌矿、铜陵狮子山铜矿、云南兰坪铅锌矿、广东大宝山矿、湖南柿竹园矿等许多矿山都存在大量的采空区，致使矿山开采条件恶化，引起矿柱变形、相邻作业区采场和巷道维护困难、井下大面积冒落、岩移及地表塌陷等。更为严重的是，采空区突然垮塌的高速气流和冲击波造成的人员伤亡和设备破坏，这些都给矿山安全生产构成严重威胁，并造成环境恶化、矿产资源严重浪费。

解决上述问题的前提条件就是要科学地探查井下采空区的即时状态和空间形状，为采空区安全治理和资源回采提供准确的设计依据。目前世界上先进的采空区整体解决方案是利用高密度电法等地球物理方法探测到采空区的大概位置，再使用C-ALS地下空间和采空区三维激光扫描系统对采空区进行数字化和可视化，达到科学探测采空区的目的。

采空区的处理方法一般有：垮落法、充填法、支撑法、缓慢下沉法。

### 11.3.3　土地占用与土地退化

矿业活动占用并破坏了大量土地，包括采矿活动所占用的土地（如厂房、工业广场、堆矿场）；为采矿服务的交通（公路、铁路等）设施，采矿生产过程中堆放的大量固体废弃物所占用的土地，以及因矿山开采而产生地面裂缝、变形及地表大面积的塌陷等。据估计，1994年我国采矿工业占用和破坏的土地已达（130～200）$\times 10^4 hm^2$之多(表11-9)。

表 11-9 1994 年各矿业开发占用及破坏土地情况

| 序 号 | 统计单位 | 矿石产量/t | 矿山企业占地总面积/$hm^2$ | 破坏土地/$hm^2$ |
|---|---|---|---|---|
| 1 | 全国大中小矿山 | $57.9\times10^8$ | $586.7\times10^4$ | $186.5\times10^4$ |
| 2 | 1173 个国有大中型矿山企业 | $7.2\times10^8$ | $73.0\times10^4$ | $23.2\times10^4$ |
| 3 | 能源、黑色、有色、化工、建材及非金属甲类矿产 | $31.9\times10^8$ | $323.3\times10^4$ | $102.7\times10^4$ |
| 4 | 全国砖瓦黏土 | $18.4\times10^8$ | | $54.0\times10^4$ |
| 5 | 总 计 | | | 3、4 项合计 $157\times10^4$ |

在我国重点金属矿山开采当中，约有 90% 是露天开采，每年剥离岩土约（2.2～2.6）× $10^8$t。露天矿坑及堆土（岩）场，侵占了大片的山村（林）和农田。根据 28 个重点露天矿调查，仅堆土场占地总面积即达 $0.45\times10^4hm^2$，今后每年还要新占土地面积约 $400hm^2$以上。全国重点煤矿 1985 年有矸石山 671 座，$7.8\times10^8$t，至 1988 年增加到 730 座，$9\times10^8$t。

矿山井下开采，由于岩石的冒落，地面发生大面积塌陷（沉陷）积水，致使大量良田废弃，村庄搬迁。据调查，华北、华东平原地区，每采万吨煤炭要塌陷土地 $0.2hm^2$，许多村庄出现农田全部塌完，变成无地可耕、无处迁村的局面。山西省统配煤矿的 43 对矿井，有 29 个矿井因采煤发生地面塌陷、裂缝、变形，面积达 $2.4\times10^4hm^2$。

矿业活动，特别是露天开采，大量破坏了植被和山坡土体，产生的废石、废渣等松散物质极易促使矿山地区水土流失。如位于鄂尔多斯高原的神府东胜矿区，由于气候及人为因素的影响，已使该区生态环境非常脆弱，土地沙化、荒漠化的面积已超过 $4.17\times10^4$ $km^2$，占全区面积的 86% 以上。据对全国 1173 家大中型矿山的调查，产生水土流失及土地沙化所破坏的面积分别为 $1706.7hm^2$ 及 $743.5hm^2$，治理投资的费用已达 2393.3 万元。

土地复垦（Land reclamation）是对因采掘、建材工业发展和其他工矿废弃物堆积等而被占用或破坏的土地，通过整治改造使失去的生产能力得到重新再利用，是国土整治和环境保护工作的重要组成部分，也是解决采掘、建材等工矿企业与农、林、牧、渔业争地的矛盾，防止环境污染、恢复生态平衡的有效途径。

土地复垦是采空区造成的地面沉陷、排土场、尾矿堆和闭坑后露天采场治理的最佳途径，不仅改善了矿山环境，还恢复了大量土地，因而复垦具有长远的社会效益、环境效益和经济效益。

20 世纪 60 年代以来，我国一些矿山陆续开展复垦工作，近十年来复垦工作逐渐被各矿山所重视，并取得了明显成效。但总的来看，我国目前矿山土地复垦率还较低，只是局部性或零星地恢复利用，复垦率仅 1%，其中冶金矿山较高，达 10%，可见其复垦的艰巨性。

### 11.3.4 矿震

矿震（Shock bump）是采矿所诱发的地震，采矿业称之为“冲击地压（Rock burst）”，出现在我国许多矿山当中，已成为矿山主要的环境问题之一。它包括由采矿和抽水采矿引起的构造性地震、塌陷地震和岩（煤）爆等三类。

（1）构造型地震。采矿形成的自由空间使采空区周围的岩体由原来的三向受压变成两向或单向受压，从而引起应力集中和高压异常（应力集中地段和高压异常带往往沿断裂分布），使应力、重力重新分布，从而诱发地震。另外，抽水采矿引起水压下降，沿断裂面发生卸荷作用，当形成的偏差应力大于断面的抗剪强度时，即可以诱发地震。

（2）塌陷型地震。矿区的诱发地震多属此类，它起因于采空区和顶板的陷落。我国具有80多年开采历史的山西省大同煤矿，在1956~1980年间，该煤矿因顶板塌落而产生的有感地震达40多次，最大震级3.4。岩溶区矿山的抽水疏干普遍产生的地面塌陷也可诱发规模较小的矿震。

（3）岩（煤）爆。岩爆或煤爆是地压以小规模方式急剧释放的一种表现，往往出现在新开采的掌子面（Tunnel face）上，其危害性较小，但对井下工作人员威胁较大。

### 11.3.5 水均衡系统破坏

通常，矿山地质和水文地质条件都很复杂，采矿时对地下水必须进行疏干排水，甚至要深降强排（即降深大，集中时间疏干），由此而出现了一系列的地质环境问题，给矿山生产带来了许多灾害。

首先是矿井突水事故不断发生。我国许多矿床的上覆和下伏地层为含水丰富的石灰岩，特别是北方石炭二叠纪煤系地层，不仅煤系内部有含水性强的地层，其下伏为巨厚的奥陶纪灰岩，这些矿床随着开采的延伸，地下水经深降强排，产生了巨大的水头差，使煤层受到来自下部灰岩地下水高水压（20~60kg）的威胁，在一些构造破碎带和隔水薄层的地段经常发生突水事故，严重地威胁着矿井和职工的生命安全。据统计，30多年来我国主要煤炭矿区，因突水淹没全矿井58次，部分淹井64次。目前我国北方主要的矿务局，有130余个矿井受水威胁，随着向深部开采，水压不断增加，突水灾害威胁日趋严重。近几年来群采矿山、乱采滥挖，使地表水体或废弃矿山的积水灌入大矿，而造成国营大矿淹井事故，在淮南、水城、鹤壁等煤矿也都曾发生。

第二，由于疏干排水，在许多岩溶充水矿区，引起地面塌陷，严重地影响地面建筑、交通运输以及农田耕作与灌溉，并使得大气降水、地表水入渗能力加强。

第三，在我国沿海地区的有些矿区（如复州湾黏土矿、金州湾石棉矿等），因疏干排水形成海水入侵，其入侵范围不断扩大，破坏了当地淡水资源，影响了土地利用与植物生长。

第四，某些矿山由于排水，疏干了附近的地表水，浅层地下水长期得不到补充恢复，影响植物生长；有的矿区甚至形成土地石化和沙化，生态环境遭到破坏。因采矿造成缺水的地区也在不断地增加。如山西因采矿而造成缺水的，有18个县、26万人吃水困难，2万多公顷水地变成旱地，其中晋城地区即有$0.5\times10^4hm^2$耕地变坏，$0.3\times10^4hm^2$水地变成旱地。

为防治和防止因疏排地下水而引起对矿山地区水均衡的破坏，保护地下水资源，并消除或减轻因疏排地下水引起的地面塌陷等环境问题。自20世纪70年代起，一些矿山相继采用防渗帷幕、防渗墙等工程，堵截外围地下水的补给，取得了显著的环境效益和经济效益。如淄博黑旺铁矿采用防渗帷幕工程后，淄河水补给大部分被截住，堵水效果达61%。

### 11.3.6 坡地失稳

采矿活动及堆放的废渣因受地形、气候条件及人为因素的影响，也会发生坡地失稳。

我国许多露天矿山在开采过程中，经常发生边坡滑塌和崩塌等灾害。如阜新海洲、平庄西露天、抚顺西露天、辽宁大孤山铁矿、湖北盐池河磷矿，都发生过较严重的滑坡和崩塌，少则几百立方米，多则几十万、几百万立方米，除造成运输和生产中断、附近建筑物遭受破坏外，也严重地影响人民群众的生命安全。

矿山排出的大量矿渣及尾矿的堆放，除了占用大量土地、严重污染水土资源及大气外，还经常发生塌方、滑坡、泥石流，尤其是一些乡镇集体和个人采矿场，在河床、公路、铁路两侧开山采矿，乱采滥挖，乱堆乱放，经常把矸石甚至矿石堆放在河床、河口、公（铁）路边等处，一遇暴雨就会造成水土流失，产生滑坡、泥石流，把其尾矿、矸石等冲入江河湖泊，造成水库河塘淤塞、洪水排泄不畅，甚至冲毁公路铁路，使交通中断，给国民经济造成了严重的损失。矿山排放的废渣常堆积在山坡或沟谷内，这些松散物质在暴雨的诱发下，极易发生泥石流。如山西峨口铁矿，尾矿坝被洪水冲垮，形成和泥石流相似的灾害，使下游的繁峙、代县的400hm$^2$农田被毁；陕西金华山煤矿因地下采空，地面变形，产生崩塌性滑坡，摧毁了村庄和矿山工业广场的设施；我国最大的黄金生产地之一的河南秦岭西峪沟金矿，由于乱采滥挖，并将数万立方米的矿渣堆放在沟底，以致河道严重受阻，在1994年7月中旬，暴雨形成的泥石流沿沟下泄，使道路及生产、生活设施遭到严重破坏，并且有51人丧生，损失惨重。

我国目前所采取的预防措施主要有：合理选择剥离物排放场址，慎重采用“高台阶”的堆排方法；清除地表水对剥离排弃物的不利影响；有计划地安排岩土堆置、复垦等。对泥石流的治理，可采取生物措施（如植树、种草），但其时间长、见效慢。目前除加强排土场和尾矿库的管理外，大多采用工程治理措施，主要是栏挡、排导及跨越措施。

## 11.4 小 结

矿产资源是指岩石圈内由地质作用形成，技术上可行、经济上有利用价值的自然资源，可分为金属、非金属、能源三类。大多数金属是由火山活动原生形成的，但在一定程度上金属也来源于变质作用与河流的沉积作用；非金属矿产包括非金属矿物与建筑材料，在节能、电子工程、环境保护、密封、耐火保温、生物工程及填料、涂料、建筑方面有着广泛的用途；煤、石油、天然气、核能、地热是人类生活和经济建设的五大能源，其中煤、石油、天然气又占有十分重要的地位，是典型的化石资源，由生物遗体在地底高压下经过长期埋藏而形成的可燃物质。

随着全球人口的指数增长，人类也面临着发展所依赖资源的危机。从矿产资源的总量来看，我国的拥有量约占世界的12%，仅次于美国和俄罗斯，居世界第三位，然而人均拥有量仅占世界人均拥有量的58%，排名第53位，主要大宗支柱矿产在世界上地位偏低，而用量不大的矿产具有较大的优势。

人类的发展离不开矿产资源，然而，矿产资源的开发又带来了许多环境问题：由于矿业活动中废气、粉尘、废渣的排放，引起大气污染、酸雨的产生；由于地下采空、地面开挖、排水疏干、废水排放、废渣与尾矿排放等，造成采空区地面沉陷、斜坡岩土位移、岩溶塌陷、土壤污染、矿震、水污染、水均衡破坏、海水入侵等环境问题。这些问题又反过来抑制了人类社会的进步。我国在矿业环境保护方面，作出了大量的工作，取得了显著成绩，积累了防治经验。然而，仍然存在突出的经济利益与环境保护的冲突，这是我们不能回避、急需重视的可持续发展问题。

## 关键术语

| | | |
|---|---|---|
| Coal | Crude oil | Fossil fuel |
| Geothermal resources | Goaf | Igneous processes |
| Land reclamation | Mineral resources | Metamorphic processes |
| Metallic mineral | Mining activity | Mine waste residue |
| Mine waste water | Mine waste gas | Natural gas |
| Nonmetallic mineral | Non-renewable resources | Peatification |
| Open-pit mining | Putrefaction, saprofication | Shock bump |
| Sedimentary processes | Underground mining | Tunnel face |

## 复习题

1. 矿产资源的分类有哪些？
2. 金属类资源又有哪些分类？
3. 金属矿藏分布与板块边界有什么关系？
4. 化石燃料的形成条件？
5. 矿产资源开发可引起哪些环境问题？
6. 什么是瓦斯，有什么危害？
7. 煤的燃烧与酸雨有什么样的关系？

## 思考题

请列举我们家庭的日常生活中经常利用哪些矿产资源，你对这些资源的依赖性如何？想一想，随着人口的增长与时间的推移，将来可能会出现什么样的局面？你能做些什么呢？

# 12 城市化与环境地质

城市是人类经济和社会活动最集中的地区（图12-1）。随着人类社会的进步和科学技术的飞速发展，城市化的进程不断加快，人口迅速增加，规模不断扩大，城市建设也由平面开发转向立体开发。然而，城市地质环境所受的影响和压力与日俱增。

图12-1　上海城市中心俯瞰图

法国国家人口研究所日前发表报告指出，随着世界人口城市化进程加快，2007年世界上已有33亿人生活在城市，超过了全球人口总数的50%。根据中国市长协会组织编写的《中国城市发展报告》(2007)，目前我国的城市数量为656个，城市人口5.94亿，100万人口以上的特大城市33个。城市人口的快速增长和密集的工程建筑已给城市带来一系列环境地质问题。

地质学与城市选址及其继续发展有关，地质上的许多限制条件，在城市建设中必须加以考虑，以保证人口拥挤地区的安全和有效的管理。城市需要大量的水，但超量抽取地下水，会造成一些城市和地区的水位下降，水资源枯竭，进一步还会造成地面沉降、岩溶塌陷、地裂缝等地质灾害。工程建设中的加载和开挖，破坏了地壳表层的力平衡，导致工程设施沉降、位移乃至失稳。城市大量排出的废弃物，包括工业废水、生活污水、工业垃圾、建筑垃圾和生活垃圾，已造成了城市的严重污染。上述问题的解决显得越来越重要，只有逐步适应和合理利用城市环境地质条件，并酌情改造和治理城市环境地质条件，才能获得巨大的经济效益，若忽视了它，就难免招来自然的惩罚，导致巨大的经济损失。

## 12.1 城市化及其进程

### 12.1.1 城市化

城市是有一定人口规模，并以非农业人口为主的居民集聚地，是社会生产力发展到一定阶段的产物。从城市的产生与发展来看，城市最先是政治的产物，是政治统治的中心，军事防卫的堡垒。由于人口的积聚，逐步发展成为商业中心，“四周筑墙谓之城，有买有卖谓之市”。随着手工业的发展，城市又成为手工业中心。随着生产力的发展，现代工业开始产生。现代工业的产生和发展，引起了科学技术、生产和交换、劳动力和人口、资本和财富的集中，使城市的政治和军事功能逐步被经济功能所代替，并且在一些交通要道、原材料产地兴起了不依托政治功能的新型产业城市。随着工业化的不断推进，城市第二、三产业对农村剩余劳动力的吸纳能力不断增强。而农村在工业化的推动下，剩余劳动力也不断增加，由此促使农村人口逐步集聚城市。

城市化（Urbanization），是指一个地区的人口在城镇和城市相对集中的过程，它意味着城镇用地扩展，城市文化、城市生活方式和价值观在农村地域的扩散，是当今世界重要的社会、经济现象之一。国际学术界对城市化的研究已有数十年的历史，一种较为主要的提法是：人口向城市集中的过程即为城市化。其衡量指标是城市地区人口占全地区总人口的百分比。

城市化是现代化的基本进程和重要标志。据世界银行统计资料，1996 年，全世界城镇化水平已达 45.5%，发达国家城镇化水平一般都在 70% 以上，发展中国家的平均水平也在 40% 以上。在 21 世纪，城市将是经济全球化的中心、网络化的结点、高技术化的孵化器，信息化的主要信息源与受体。

### 12.1.2 世界城市化的历史进程

世界城市化的历史进程大致经历了三个阶段：

（1）工业革命前时期。早期城市因生产力水平不高，可提供城市居民需要的农副产品数量有限，所以城市发展受到限制。那时城市数目少、规模不大，城市人口比重小，主要分布在灌溉发达、利于农业生产或便于向周围征收农产品的地带。早期城市主要为行政、宗教、军事或手工业中心。从 1796 年到 1850 年为初步兴起阶段，这个阶段延续的时间最长，城市人口增长缓慢，直到 1800 年，世界城镇人口仅占总人口的 3%。

（2）工业社会时期。18 世纪中叶开始的工业革命，迎来了城市发展史上一个崭新的时期。在工业革命的浪潮中，城市发展之快、变化之巨，超过了以往任何时期。工业化带动城市化，是近代城市化的一个重要特点。1851 年到 1950 年为局部发展阶段，欧美国家城市数目激增，城市规模快速增长，英国在 1900 年城镇人口比重达到 75%，成为世界上第一个城市化国家。近代世界城市化的又一特点是亚非国家城市化的兴起，出现了由一元的封建城市体系向封建城市与近代城市并存的二元结构转化。世界城市体系的出现是近代城市化的第三个特点。1950 年，世界城市化水平上升到 29.2%（图 12-2）。

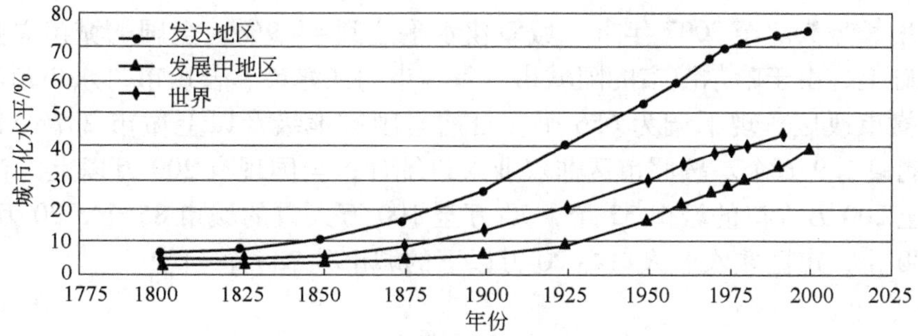


图 12-2 世界城市化水平进程

（3）当代世界的城市化。第二次世界大战后，城市化开始形成世界规模。因为从20世纪50年代到70年代初期，资本主义国家经济增长较快，殖民地半殖民地国家取得政治独立以后，经济上也有一定发展，这一切大大加快了世界城市化的进程。发展中国家已经构成当今世界城市化的主体。目前已经进入了普遍迅速发展阶段，主要表现为城市化速度明显加快，尤其是发展中国家城市化速度更快：大城市对中小城市的辐射力迅速增强，成为城市化的主导；中小城市群和城市带迅速兴起，成为城市化的主流方向；城市化由规模和数量扩张阶段逐步向质量和环境改善阶段转变。

### 12.1.3 我国城市化进程

我国的城市化进程经历了漫长而曲折的发展过程。我国城市化进程从新中国成立后开始，至今经历了四个发展阶段：

第一个阶段是新中国成立后的初期发展阶段（1949～1957年），国民经济进入恢复和健康发展的新阶段，城镇工商业日趋活跃，城镇人口逐步增加，1957年与1949年相比，城镇人口由0.58亿增加到0.99亿，城市化率由10.64%提高到15.39%。

第二个阶段是曲折发展阶段（1958～1964年），1958年开始大跃进，大办工业，导致城镇人口迅速增长，由1957年的0.99亿增加到1958年的1.07亿，城市化率也提高到16.25%。由于城市化进程超过了农业支撑能力，国民经济调整使得2000万城镇人口返回农村，使城镇人口由1960年的1.31亿下降到1963年的1.16亿。1964年城镇人口开始恢复性上升，当年城镇人口达到1.30亿，占总人口比重达到18.37%。

第三个阶段是徘徊发展阶段（1965～1978年），这一时期虽然也有知识青年上山下乡和干部下放运动，但由于城镇人口出生率较高，因而城镇人口绝对数仍逐年增长，由1965年的1.30亿增加到1978年的1.72亿，但城镇人口占总人口的绝对数下降，城市化率也一直徘徊在17.13%至17.98%之间。

第四个阶段是城市化水平迅速提高的阶段（1979年至今），城镇人口由1979年的1.85亿增加到1996年的3.60亿，城市化率由1979年的18.96%上升到1996年的29.37%。但与目前世界城市化平均水平45.5%相比，我国还有较大差距。2006年年底，我国城镇人口已达5.77亿，城市化率为43.9%，上升速度很快。我国东、中、西部城市化水平分别为54.6%、40.4%和35.7%。其中，城市化水平最高的是上海，为88.7%，其次为北京和天津，分别为84.3%和75.7%。

由中国市长协会组织编写的《中国城市发展报告（2007）》显示，中国的城市发展继续保持高速增长势头。至2007年末，城镇化水平达到44.9%。全国的城市总数在连续两年不变的基础上，由于哈尔滨市的阿城市，重庆市的江津市、合川市、永川市和南川市等五个县级市撤市改区，现下调为656个。目前全国有地级及以上城市287个，县级城市369个，建制镇1.9万个。按照市区非农业人口统计，全国现有200万以上人口的城市22个，100万至200万人口的城市33个，50万至100万人口的城市85个，20万至50万人口的城市230个，市区非农业人口在20万以下的城市共286个。

## 12.2 城市化与水

水对于城市来说是最根本的，与城市环境的其他方面的自然条件相比，水的利用与处理及其天然作用会影响到更多的人，并引起更多的城市环境问题。因此水一直被恰当地说成是"必需而又令人讨厌的东西"。

### 12.2.1 水资源在城市发展中的重要作用

（1）城市的起源离不开水。水是生命的摇篮，水资源是城市的生命线，丰富和可靠的水资源是城市选址和产生的基本原则和重要条件。人类自古逐水而居，举世闻名的人类文化四大发明发源地都是依水（黄河、尼罗河、恒河、幼发拉底河和底格里斯河）而筑。犹太人早在1919年就已指出，他们建国的"最基本要求""有赖于"控制发源于戈兰高地的约旦河。在1967年的阿以战争中，以色列军队占领了这些水资源的大部分，并在1978年和1982年对黎巴嫩开战，企图掌握利塔尼河的控制权。数十年来，以色列已从被占领的约旦河西岸的地下水层抽取了80%的地下水，而巴勒斯坦的开采行动却遭禁止。迄今，以色列国内足有一半的供水来自1967年战争中的被占领土。我国古代城市多数选在水源充沛的江河沿岸，古都西安、洛阳、开封等城市都傍大河、大江而建。今天我国很多大城市，尤其是省会城市和省级城市无一不是沿海、沿江、沿河而建。

（2）城市的生存离不开水。城市因水而兴，因水而衰，因江河断流或水源不足而废。丝绸之路古道南线从塔克拉玛干河到沙漠深处，尼雅河下游2000多年前曾出现过西域36国，其中尤以楼兰古国最为富丽繁华。然而，兴亦是水，败亦是水，历史被一滴水凝固在时空。2000多年前到1600年前期间，恰恰是商旅的过量进入，对古丝绸之路沿线水草资源的过量使用，以及人口的猛增，使水土终日不堪重负，于是沙漠躁动了，尼雅36国终于成为永久的废墟，现在只有考古学家从楼兰古国的遗迹上去领略昔日楼兰的辉煌（图12-3）。香港自身缺乏足够水源，不得不依靠广东供水，历史上曾发生过由于广东停止供水而使香港成为"臭港、死港"的事件，可见水对城市的制约作用。

（3）城市的发展离不开水。水是人类一切经济活动的命脉，是城市生活和建设中重要的物质基础，并且是其他物质所不能替代的。

城市生活和建设每时每刻都要用水，水和油一样是工业的血液，在工业生产中是用作传递热量的介质或工艺过程中的溶剂、洗涤剂、吸收剂、萃取剂，也是直接作为生产原料或反应物质的反应介质，几乎每一个工业生产部门都离不开水。

城市的建筑业、交通运输业、商业、服务业等也同样离不开水，有些行业如餐饮业、旅馆业等，如果没有水的供应，根本就无法经营。

图 12-3　楼兰古国的遗迹

国家建设部《建设事业“十五”计划纲要》指出，我国的城市化水平已有很大进步，但城市可持续发展尚存五大问题：一是大城市交通拥堵状况仍然比较严重，公交落后；二是供水不足，水资源污染严重，全国有 400 多个城市缺水；三是环境污染严重，清洁能源利用率比较低，污水处理能力和排水设施严重不足；四是生态建设力度不够，建成区绿化覆盖率不足 28%；五是市政公共事业改革严重滞后，垄断排斥了必要的经营性竞争。以上五大问题中，四个与水资源有关，可见水资源问题对城市发展的重要性。

（4）城市功能的完善离不开水。城市，作为人类居住生活的空间，应该是人与自然和社会协调健康发展的乐园。随着人们生活水平的提高和环境意识的增强，对城市的建设提出了更高的要求：城市不仅要具备经济方面的功能，而且应该拥有最佳的人居环境。人居环境不仅要有健康性，有充足的阳光、自然风、水源和植被，能避免噪音和大气污染，有效防止自然灾害和人类废弃排放物的侵害，而且还要体现人与自然和谐、融洽的自然生态原则，保持城市对大自然的亲和性，科学合理地利用如地形地貌、树林植被、水系河流资源等自然条件，充分重视对阳光、空气、水及自然风的综合利用，采取有效措施进行大气净化、水体改造、水源利用和水土保持等工作。

水是净化城市环境的源泉，一定面积的水体能够影响小气候，如湿润空气、调节气温，而贯穿城区的河道又是一条天然的通风走廊，能促进空气流通、扩散城市热能、粉尘。

水能给人以欢乐，人们渴望亲近水，营造水环境景观，恢复优美的河湖生态环境，蓄上清水，形成新水面，将水体污染治理同沿岸景观设计结合起来，将水体周边环境改造成可供市民休闲的场所，这些都是广大市民回归自然，亲和自然的共同心声。

### 12.2.2　城市水资源系统特征

城市水资源系统是流域（区域）水资源系统的组成部分，与社会、经济、政治、科技、法律等系统密切相关。城市水系统为城市社会、经济、环境三个系统提供服务，并受这三个系统的制约。

一般认为，城市水系统由城市水源、城市供水、城市用水和城市排水等四个子系统组成。同样，每个子系统又可分成若干个次一级的子系统，各子系统之间既相对独立，又相互影响，相互依存，密不可分。城市水源按种类分有地下水、地表水、海水、微咸水、再生水、雨水等。城市水源工程从选定的水源取水，并输往水厂或用户，设施包括水源和取水点、取水构筑物、输水管渠、泵站等。

城市水资源系统与其他水资源系统相比，具有以下特征：

（1）人工干预强烈。城市水资源系统是人工—自然的叠加系统，在市区以人工系统为主，人工干预控制的特征十分明显。社会制度、经济发展、科技水平、人口规模等均对水资源系统产生作用，同时也接受来自水资源系统的反馈，相互影响。

（2）强调安全性。城市水资源系统对安全性的要求比较高：为保证城市经济和生活的安定，对水量要求达到95%以上保证率，对水供应要求每天24小时不间断等；为保证市民的健康，对水质要求符合生活饮用水卫生标准；对水压也有一定的要求，以保证管网水流、建筑物给水和消防用水。

（3）动态规律性。随着城市的发展，取水、用水、水处理、排水均将发生变化，特别是在水量、水质上的动态变化将较有规律性。如城市用水量将随城市经济发展而增长，随着城市的定型和工业逐步让出在城市经济中的主导地位而保持平稳或开始下降；城市用水量变化规律明显，一般而言，夏季比冬季多，白天比夜间多，大城市用水量的变化较为均匀，时变化系数小。

城市用水水质标准随时间不断提高，以我国为例，我国于1959年制定生活饮用水水质指标有16项，1976年有23项，1985年实行的生活饮用水卫生标准已有35项指标，到2007年，生活饮用水卫生标准已有106项。标准的完善不仅是指标数量的增加，而且还表现在一些单项指标的规定上，以最常见的水质指标浑浊度为例，美国自来水1962年为10度，1975年为5度，1977年为1度，1979年为0.5度；我国生活饮用水1979年为5度，1985年为3度，2007年为1度。

（4）以城市污水处理厂为核心的排水系统。拥有以污水处理厂为核心的排水系统是城市水资源系统的主要特征之一。在环境保护意识高涨的现代化城市，除了各工业企业自备的污水处理设施外，为处理大量的工业和生活污水，集中的污水处理厂是必不可少的。

（5）城市用水需求广泛。城镇用水按用途分，有工业用水、生活用水、环境用水等。其中，工业用水为工业企业生产用水和厂区生活用水。城镇生活用水分为两大类：居民住宅用水和城镇公共设施用水。居民住宅用水为居民家庭的日常生活用水，包括居民的饮用、烹调、洗涤、清洁、冲厕、洗澡等用水。公共设施用水包括机关办公、商业服务业、宾馆饭店、医疗、文化体育、学校等设施用水以及绿化、道路浇洒等用水。环境用水包括补充城区河道、湖泊、池塘等以保持景观和水体自净能力的用水。

### 12.2.3 城市化对水资源和水环境的影响

城市化过程是社会生产力变革所引起的生产方式、生产力布局、人口分布及生活居住方式发生客观演变的过程。由于城市用水比较集中，特别是城市化进程加快后，用水量迅速增长，所以城市对水资源的需求量不断增大，因而缺水的问题在城市表现得尤为突出。目前，城市缺水已成为一个世界性的普遍现象。确保水资源的供给以满足目前及未来城市内各种用水的需求，已成为城市当局必须重视的问题。

城市化进程对水资源和水环境的影响可以从以下几个方面分析：

（1）水系形态。城市在建设过程中往往要对原有的自然水资源系统进行各种改造，以适应城市发展的需要。为了城市防洪、景观等需求，河湖水体的填平、改道、开挖改变了原来的水系形态，市区的供、排水网络作为人工的水系形态，与自然水系叠加，形成人工—自然复合水资源系统，这一改变对城市环境的影响，需要从长期的、多方面的视角进行分析研究。

（2）蒸发和降雨。人们可用多种办法来改变城市的供水预算，也可以创造出一种城市微气候，其中风、温度和降雨模式可为楼房及其他石、砖、铺面结构所改变。例如“热岛”就是一种效应，城市的温度比相邻地区的高出 3～6℃并不稀奇。对欧洲几个城市的调查研究也表明，城市所接收的降雨量比相邻地区的要高出 10%以上。美国的研究工作表明，城市上空的云层比相邻地区的多 10%，一周中的雨量也比周围地区在相同的时间内的雨量多 24%，这就是“热岛效应”带来的城市“雨岛效应”、“雾岛效应”等等。如我国上海市区汛期雨量平均比远郊多 50mm 以上，等于多下了一场暴雨。

城市工业排放的废气以及汽车尾气是酸雨形成的主要原因之一。

（3）地下水。随着城市规模的不断扩大，许多城市的地表水源早已不敷使用，地下水已成为其主要的供水水源。城市范围内的地下水被大量超采，致使形成的降落漏斗越来越大、越来越深。地下水位下降后，由于破坏了原地层的受力平衡，在地面载荷作用下被疏干的含水层就会被压缩，因此可造成地面下沉，建筑物倾斜、开裂，桥梁、道路变形，地下管道破坏等严重的后果。地面沉降的过程基本上是不可逆的，已经收缩的地层不大可能重新复原，土层一经收缩压实，即使含水层的水位恢复，地面也不可能完全复原。由此可见，及早采取措施，防止和控制地面沉降就显得十分重要。

地下水位下降还能引起海水倒灌、咸水入侵等污染淡水资源的现象。在沿海地区，地下咸淡水直接接触，并形成咸淡水交接面。如果城市过量抽取地下淡水，随着潜水面的降低，咸淡水交接面就会向内陆方向移动，而有的淡水水井就可能由于咸水入侵而报废。沿海地区在大量抽取地下水的同时又修筑了排水系统，使地表径流直接排入海中，减少了地下淡水补给量，因而产生了咸水侵入现象。在沿海地区，因地面沉降，会发生海水倒灌内陆，影响城市的生产和生活。

在岩溶城市，大量开采地下水，会产生地面塌陷、地面裂缝等现象。在我国许多城市如大连、秦皇岛、泰安、武汉、桂林、水城、昆明等，由地面塌陷带来的破坏与影响是非常严重的，而地裂缝的活动给西安市人民的生活和生产建设等都造成了极大的危害。

（4）地表径流。在城市环境中市区的地表水已完全被改造，而且河流水文曲线的几何形态也与天然地区的大不相同，市区的正常河川径流形态受到破坏。水文后退曲线的坡度变得很陡，原因是流入河道的河岸蓄水及地下水较少，因而基流受到损失，在无雨的干旱季节，河道中可以利用的水量较少。由于基流减少，落入河流的污染物对河水的污染效应增强。河川径流状况受控于不透水面积占总面积的百分比以及河水穿过陆地的输送速度，由建筑物、街道、停车场等构成了不能渗透的地面，无法通过正常的渗滤吸收的雨水，很快就流入了人工挖掘的阴沟和雨水排水沟，它们在极短时间内抵达相邻的河流，这将使河流产生极高且快速的洪峰。此外，由于雨水不能穿过地表进入地下水面，而使地下水补充受到影响。

（5）水土流失。城市径流往往突涌而至，高速水流会冲刷河床，且暴雨水中的悬浮物也有侵蚀作用。当城市用地不够时，人们常利用某些有利条件以人工挖山填土的方式，向海、向一切低地和山坡要地填土和开挖以增加城市建设用地。新填的质地松软的土地以及由于人工开挖而裸露的土壤，经雨水冲刷常造成水土流失，也可能使土壤中的氮分被水冲走，流入河湖，并可能造成水污染，毒死鱼类。

（6）水质污染。当把水作为资源来使用时，未消耗的部分通常也都受到了污染，这部分水的处理费用甚高，如不处理，则附近水质的恶化将损害环境。

城市既是用水的集中地，又是污水排放的集中地。大量的工业和城市生活废水没有经过处理就随意排放，对环境造成了严重污染，随着工业的发展和生活日用品的丰富，越来越多的有机物、重金属、合成化学品进入排放的废水中，将更加难以处理。

即使在污水处理设施比较完善的城市，暴雨和融雪期间的大量雨（雪）水也会带走许多城市污染物：汽车废气中的重金属、轮胎的磨损物、建筑材料的腐蚀物、路面的砂砾、动植物的有机排泄物、动物排泄物中的细菌病毒、城市绿地喷洒的农药、融雪撒的路盐、石油、润滑油、阻冻液以及城市固体废弃物的渗液等。城市河流的污染在暴雨时期，特别是暴雨初期将更加严重以至破坏水生环境，足以杀死水生动物。

在某些城市，降雨可能会造成另一个严重问题：混合污水溢流。出于节约的目的，许多城市建造了混合下水道，同时充当雨水和污水的下水道，并将其引到污水处理厂。但若遇暴雨，污水处理厂往往无法处理大量同时而至的雨水和污水，致使未经任何处理或仅进行了一级处理的混合污水溢流到水域里。

（7）水生环境。污水的大量排放将给水生生物带来致命的危险。城市河道在暴雨期间会产生高速水流；在旱季由于缺少地下水补给，溪流可能会完全干枯，河流水面会大幅下降，这些对水生环境都有破坏作用。

（8）城市周边地区。城市用水大量集中，将会影响城市所在区域水资源的供需平衡，由于水资源短缺，许多城市挤占周边小城镇和农村用水。同时，城市产生的大量污水也排向下游地区。城市与其周围和上下游其他城乡，在水资源、水环境方面的需求不同，如处理不当会造成尖锐的矛盾。

如果城市不得不依靠长距离输水，甚至跨流域调水来解决城市缺水问题，则可能对水源地区和沿线的水资源以及水环境造成深远的影响。如对水源地区近期和远期用水的影响，对沿线水文地质状况的影响，对沿线的水环境保护问题、特别是影响生态平衡的问题的影响，由于在水资源总量不变的情况下，人工用水越多，生态用水就越少，故而人们对跨流域调水的态度应越来越审慎。

## 12.3 城市化与土地

### 12.3.1 城乡建设用地逐年扩大，占用了大量耕地

从 1949 ~ 1980 年，我国城乡建设用地估计约增加 $1500 \times 10^4 hm^2$，其中大部分占用的是良田，城乡建设还将占用耕地 700 多万公顷。根据 1999 年我国建设部《城市建设统计年报》，1981 年我国城市面积为 $20.7 \times 10^4 km^2$，占国土面积 2.15%，建成区面积为 $7400 km^2$；到 1990 年，城市面积为 $116.6 \times 10^4 km^2$，占国土面积的比例上升到 12.14%，

建成区面积为12900万$km^2$；随后城市占地面积有所下降，尽管建成面积仍在上升。1998年城市面积为814000$km^2$，占国土面积比例8.47%，建成区面积为21400$km^2$。如果将城市占地面积与建成区面积比较，可能说明城市扩张过程中存在的一些问题，比如多征少用、早征晚用、征而不用等问题。

1998年我国按全部城市人口计算的人均市区面积为2176.7$m^2$。各大城市中，重庆(1710.0)、大连（920.4）、沈阳（901.6）、天津（745.5）、武汉（659.5）、青岛(587.7）的人均市区面积大于500$m^2$，北京、上海分别为400.0$m^2$和30.3$m^2$。然而，与1992年国外部分城市相比，纽约人均占地113$m^2$，东京76$m^2$，莫斯科112$m^2$，伦敦229$m^2$，我国的城市占地面积除了上海外，几乎都比国外大很多。

以重庆为例，2003年6月城市扩张加速，七座垃圾场提前退出主城。江北区龙头寺垃圾开始转运到南岸长生桥，1985年开建时，龙头寺附近周边的红旗河沟、五里店还是一片农田，18年后，由于城市扩张得很快，一幢幢高楼已在垃圾场四周拔地而起，“垃圾场只有退避三舍”。而其他6座老垃圾场与龙头寺的情况差不多，公、检、法机关，中央商务（南部）开发区，祺龙工贸园区，西部国际汽车城，重庆家具交易市场，服装生产基地等在渣场四周落地生根。

城乡建设占用一些耕地是需要的，但现在的问题是，由于缺乏统筹规划和土地管理工作跟不上，不少项目宽打宽用、多征少用、早征晚用、征而不用或能用坏地用好地，浪费土地的现象相当普遍。在农村，随着小集镇、乡镇企业和农民住宅建设的发展，乱占耕地的问题也十分突出。随着城市化进程的加快，目前不少地方正在调整规划，扩大城市空间和规模。为了防止“空壳化”和“圈地运动”再次发生，应特别强调产业支撑是城市做大的前提条件。

### 12.3.2　地基扰动

城市化过程，是人群不断聚集与城市规模不断扩大的过程，城市建筑物在不断向外围扩张的同时，地下空间的利用也发挥了巨大作用。然而，由于地质环境条件的不同，很多情况下需要对地下物质进行地基处理（图12-4）。比如建筑物基础与软弱地层接触时、建筑物荷载需要符合要求的持力层时、岩溶地区地下存在岩溶发育时等等，都需要对地基进行强度处理，采用各种基础或补强措施直到满足建筑物需要。

图12-4　城市地基处理工程

在这样的情况下，势必存在对地下物质的扰动，而这样的扰动，会对城市范围地下水赋存、径流以及排泄造成干扰甚至阻碍了地下水运动的途径，其次生影响表现在：城市地下水储藏空间被占用，可开发利用的地下水量减少；地下水水质受径流条件改变而逐渐恶化；城市河流在洪水季节向地下排泄途径不畅，或排泄量减少；河流在枯水季节可能得到的基流量减少，进而减少了河流枯季的水环境容量，地表水污染效应增强；在岩溶地区由于地下水径流条件的改变会增加地面塌陷发生的频率。

### 12.3.3 工地开挖

当地质基础已评价，地址已选定，施工类型也已确定，开挖工作便可开始。如何做好这项工作，也是对环境至关重要的，因为这关系到地形及有关自然系统受破坏的程度。水土侵蚀及沉积作用对地形的危害，在某种程度上影响所有的开发工程，城市地区由于沉积作用的加强会造成某些有害后果，包括：（1）堆积和洪水水位升高；（2）娱乐场所淤泥堆积；（3）下水道堵塞；（4）浊水不宜于城市或工业利用；（5）损害抽水机具；（6）水道几何形态发生变化。在对某些施工点的调查表明，高速公路施工中的泥沙堆积比相邻农业地区高2万~4万倍。

## 12.4 城市化与固体废弃物

固体废弃物（Solid waste）是指人类生产和消费活动产生的没有“利用价值”而被遗弃的固体或半固体物质。

工业革命之后的100年，即19世纪中期，废弃物的量并不多，“稀释和分散”的概念就已足够。工厂坐落在河流附近，方便用船舶运送原料，有充足的水作为加工和冷却之用，还很容易将废弃物丢进河中。当时工厂不多，人口稀疏，“稀释和分散”似乎就可以从环境中除去废弃物。

但是随着工业区和都市区的持续扩张，“稀释和分散”的概念就不再适用，转变为“集中与围堵”的概念。时至今日，发现围堵并没有控制住污染，不管是天然或人工的容器，都会破坏或渗漏，使得废弃物逸出。后来发展出替代的概念是“资源回收”，将废弃物转变成有用的物质，把废弃物视作资源。然而，即使是最先进的科技，也无法在经济条件下，将大量废弃物加以转换。因此，废弃物处置问题仍然存在。所谓固体废弃物处置（Solid waste disposal）是一种试图最小化固体废弃物对自然与人类影响的最终或安全处置方法，是固体废物污染控制的末端环节。

全世界的人类正面对着固体废弃物处置的问题，特别是在人口持续扩张的都市地区。都市产生大量的废弃物，却没有地方可以处置。只要是人口稠密的地区，几乎都有垃圾问题，甚至爆发乡镇之间、国家之间的垃圾大战。

1999年中国首届城市生活垃圾态势与对策学术研讨会上公布的一组数据令人震惊：据统计，全世界每年产生$4.9\times10^8$t垃圾，中国城市垃圾就达到$1.3\times10^8$t；近10年来，中国城市垃圾产生量以平均每年6.98%的速度增长，少数城市的增长率更是达到15%~20%；在我国近700座城市中已有2/3被垃圾带所包围，全国垃圾占地累计达50000$\text{hm}^2$，且有1/4的城市已发展到无适合场所堆放垃圾，以至于城市把解决垃圾的途径延伸到乡村，导致了城乡结合区域生态环境的急剧恶化。而北京的情况更不容乐观。目前，北京附近已经形成了700座垃圾山，侵占着533$\text{hm}^2$耕地，北京的地下水水位本来就因过度消耗连年下降，几近枯竭，再也经不起有害垃圾的侵害了。同时，现在北京每天的生活垃圾已达20900t，相当于两座半景山的体积，而每年运送这些垃圾就要耗去北京市财政中的6.8亿元。

固体废弃物处置主要是都市的问题。依来源分为工业废弃物、家庭垃圾、建筑废料、街道垃圾，含有纸张、塑料、金属、食物、玻璃、木材等。从重量来看，城市固体废料的组成大致是：纸品 50%，食品废料 12%，金属 9%，玻璃 9%，工场渣滓 7% 以及塑料、木片、布头、橡皮等 13%。令人想不到的是，纸品竟成为固体废弃物的最主要组成部分！最常见的固体废弃物处置法有：原地处置、堆肥、焚化、开放式垃圾场、卫生掩埋等。

（1）原地处置。原地处置（On-site disposal）是一种现场减量、转化固体废弃物便于进一步处理的方法。城市地区最常见的原地处置方法是机械磨碎厨余，在厨房水槽安装废弃物处理设备，将废弃物磨碎冲入污水系统，快速清除残羹并减少垃圾清运量，不过会进入污水处理厂，成为有待处理的污泥。另一种原地处置的方法是小型焚化炉，在机构和公寓内很常见，但是需要经常检修和定期维护，以确保运作正常。此外，灰烬也要定期送到最终处置场。

（2）堆肥。堆肥（Composting）是一种生物作用过程，可以将有机物分解成类似腐殖质的物质。堆肥在亚洲、欧洲比较常见，满足集约农业制造对堆肥的需求。堆肥的主要缺点是必须把有机物和其他废弃物分开来，因此只有单独集运有机物才划算。由于堆肥后的产物在农业上的应用，加上分离废弃物的过程可便于废物回收，堆肥这一处置方法的重要性与日俱增，几乎在所有大型城市都存在。

（3）焚化。焚化（Incineration）是将可燃性废弃物高温燃烧（900 ~ 1000℃）成灰烬的一种处置方法。这种温度足够烧掉任何可燃性物质，只留下灰烬和不可燃物。理论上，焚化可以减少废弃物处置量达 75% 到 95%，但由于焚化设备维护和废弃物供应的问题，实际上只是接近 50%，这种比例，和废弃物减量和回收差不多。焚化的优点有二：焚化将大量可燃性废弃物转成少量灰烬，减少掩埋场负荷；废弃物的燃烧可补充其他燃料，用于发电。

燃烧城市废弃物并不是完全干净的方式，它会产生空气污染，有毒灰烬也要送到掩埋场处置。焚化炉的烟囱会冒出氮、硫的氧化物，会造成酸雨；还有一氧化碳，铅、镉、汞等重金属。烟囱可以安装设备来捕获一些污染物，但这种减轻污染的做法都很昂贵。

（4）开放式垃圾场。开放式垃圾场（Open dump）是最古老，也是最常见的废弃物处置法，又称露天垃圾场（图 12-5）。在大多数情况下，经常选在溪谷、天然洼地、废弃的卵石坑或采石场、或者在海洋中，只要有土地可用，就能设立开放式垃圾场，通常不会考虑安全性、健康危害、视觉污染。有些地方还将垃圾点火燃烧，并定期推平夯实。除了有碍观瞻之外，开放式垃圾场还会滋生害虫，污染空气、地下水和地表水，危害大众健康。虽然先进国家已经用卫生掩埋取代开放式垃圾场，但是在世界许多贫穷国家它还是十分常见的。

（5）卫生掩埋场。美国土木工程学会定义，卫生掩埋场（Sanitary landfill）是一种固体废弃物的处置方法，它不至于危害大众健康，通过工程原理将废弃物围堵在一小块地区，将废弃物体积减小，每天作业完毕在废弃物上覆盖一层压密土，如果需要的话，覆土频率可以增加，也就是这层覆土，让掩埋场称得上“卫生”（图 12-6）。压密的土层能有效阻止昆虫、动物进出废弃物，隔绝空气，减少地表水进入。

卫生掩埋场最值得注意的潜在危害是污染地下水或地表水。如果掩埋的废弃物接触到地表渗漏下来的水，或是侧向移动的地下水通过废弃物，就会产生渗滤液，它是挟带细菌污染物的矿化液体。掩埋场渗滤液的污染物浓度，远比一般污水高得多，不过水量也少得

图 12-5 开放式垃圾场示意图

图 12-6 垃圾卫生填埋示意图

多。另一种可能的危害是甲烷气体的产生和散逸。有机废弃物分解会产生甲烷，如果妥善管理、不受污染，甲烷是一种能源。有些掩埋场利用塑料衬里以及黏土封闭甲烷，再从特殊构造的井收集。这种先进技术使掩埋场生产并贩售甲烷，降低废弃物管理的相关费用。

卫生掩埋场可行性的控制因素有：地势、地下水位、降雨量、岩石土壤的种类、处置场在地表水和地下水流系统中的位置。最佳场址是能确保固体废弃物处置的安全，尽量减少地下水和地表水的污染，使其在合理可接受的范围。以下是选择卫生掩埋场的通用准则：

1）石灰岩或极度破碎的采石场、砂和砾石为主的洼地不适合当掩埋场，这些地质材料的透水性太高；

2）沼泽区也不适合，除非可以彻底排水，防止处置场泡在水中；

3）泛滥平原定期有地表水淹没，不应考虑作为垃圾处置场；

4）渗透性能高和地下水位高的地方可能都是不合适的场址；

5）地形崎岖的地方，最佳场址在沟渠的上头，此处地表水最少；

6）干燥的黏土洼地，可能是合适的场址；

7）上覆有厚层黏土的平地，是合适的场址。

选址之后，还要进行水文地质调查，钻取土样进行渗透试验，测定水力传导系数，并预估渗滤液的流动情况。选定卫生掩埋场之后，在启用之前必须先监测地下水的流动情况；启用之后，还要持续监测渗滤液与气体的动向，防止任何污染的可能性。特别是在掩埋场填满，铺上永久覆盖层之后，应加强掩埋场的监测与维护，以降低污染的可能性。固体废弃物处置场的有害污染物，主要由六条路径进入环境：

1）甲烷、氨、硫化氢、氮等气体，挥发进入大气；

2）铅、铬和铁等重金属停留在土壤中；

3）氯化物、硝酸盐和硫酸盐等可溶性物质快速穿过土壤和回填物，进入地下水系统；

4）如果有地表径流，就会把渗出水带入地表水网络；

5）在处置场生长的作物和覆盖植物会选择性地吸收重金属和毒性物质，进入食物链传递给摄食的人类和动物；

6）如果含有毒性物质的植物残渣留在当地，会透过土壤和通过径流作用回归环境。

必须建立监测井，经常做地下水质取样，监测是否有渗滤液进入地下水。否则，一旦污染，整治费用代价很高。

## 12.5 城市化与有害化学废料

越来越多的有害废料（Hazardous waste）的产生及其严重危害性，已经引起了人们的重视。但只是在近几年，才有足够资料证明这一社会公害的严重性。

近年来新的化学合成物质种类激增，每年约有1000种新的化学物质出现，目前市面上约有5万种化学物质。虽然这些化学物质大多是对人有利的，却有上万种被认为对人体健康有一定或潜在的危害。有害废弃物分为几类：对人类、生物有高毒性的物质；暴露在空气中会爆炸或燃烧的废弃物；极度腐蚀性的废弃物；不稳定的废弃物。

工业国家每年产生的有害废弃物数以百万吨计。不久之前，这些废弃物多半是随意倾倒，虽然有些先进国家已经立法禁止，但是非法倾倒的行为仍在继续，特别是在都市的污水系统中。过去有害废弃物不受管制的倾倒已经污染了土壤和地下水资源。老旧废弃的化学废弃物处置场也有相当严重的问题，整治相当困难。

管理有害废弃物有几种选择：再循环、原地处理回收有商业价值的副产品、微生物分解、化学平衡、高温分解、焚化、安全掩埋或深井灌注等。处置场的成本越来越高，最近倾向于原地处理。虽然原地处理无法消除所有的有害化学废弃物，但处置还是有其必要性的，而且上述的技术都可能对环境造成一定的破坏，并没有单一的解决方案。

（1）安全掩埋。安全掩埋（Secure landfill）的基本理念是将废弃物围堵在一小块地方，内部排水系统把渗出水汇流到集水坑，抽送到废水处理厂进行处理。设计上常采用多重阻隔，由几层不透水层和滤料构成，加上不透水覆盖层，确保渗滤液不会污染土壤和地下水资源。但是这种废弃物处置的做法，必须设置一些观测井，以防渗出水跑出处置系统可能污染到附近的水资源，以便让工作人员有所警觉。

有人认为，并没有真正的安全掩埋，只是渗漏范围大小不同而已。这种说法是可能的，因为不透水的塑料衬里、滤料和黏土层可能会遭破坏；排水系统可能会堵塞，产生溢流。妥善选址和施工可以减少问题发生。好的场址必须拥有良好的天然阻隔，例如厚层黏土和沉泥堆积层、干燥气候和深的地下水位，以减少渗出水的迁移。不过，土地处置也只能用在特定的化学物质的处置上。

（2）土地施用。把废弃物均匀散布在地表土层上，称为土地施用（Land application）。这种方法适用于某些生物分解的工业废弃物，包括石油废弃物和某些有机化学厂的废弃物。通常用生物持久性来衡量土地施用方法的适用性，也就是衡量物质在生物圈残留的时间长短。生物持久性长，就不适用土地施用的方法；盐类与重金属等无机物，是不适合利用土地施用方法来处置的。

（3）地表储蓄。地表储蓄（Surface impoundment）就是利用人为开挖或天然洼地来容纳有害的液体废弃物。这种地表储蓄池主要是由土壤等地表材料，覆上塑料衬里所构成，例如曝气坑和废水池。地表储蓄很容易渗漏，造成地下水和土壤的污染，因而饱受责难。地表储蓄的蒸发也会造成空气污染，从而产生一系列的环境问题。

（4）深井处置。有害废弃物处置的另一种方法是深井灌注（Deep-well disposal）。深度要达到含水层隔水底板以下的岩层，以保证废弃物的灌注不会污染到可利用的水源。一般来说，废弃物要灌注到地表下数百或数千公尺的可渗透岩层，上方要有低渗透性、抗破裂的岩层加以围堵，例如页岩。

深井灌注在处置油田的盐水方面已经行之有效，以控制油田的水污染，把随着石油抽出的大量盐水重新灌注回到岩石之中。现在每天灌注到地下岩层的水量有几十亿升。近年来，这种技术更常见于工业废弃物的永久处置，典型的井深为210m，岩层厚21m，每分钟灌注400L。

工业废弃物的深井处置并不简单，即使地质条件适合深井处置，自然的限制也使得场址与空间都相当有限。想要灌注的渗透性岩层还充满着自然流体，如果灌入废弃物，因为压力的缘故会使得自然流体移位或贮存岩石的微量膨胀。深井处置液体废弃物会造成地震，灌注在岩石裂隙增加的流体压力会导致裂隙位移或断层活动。

深井灌注的可行性有四大要素：地质和工程条件；废弃物的体积和物理化学特性；经济参量；法律规范。地质参量有二：（1）灌注区要有足够的孔隙率、厚度、水力传导度，确保安全灌注的容量，例如砂岩；（2）灌注区必须在淡水循环的深度之下，并且由低水力传导度的岩石围堵起来，例如页岩或岩盐。要想最佳利用地下的贮存空间，必须仔细评估废弃物的物理化学特性，确保贮存岩石顺利接收。在灌注前将废弃物处理，可以将不利因素减到最低，强化与贮存岩石、原先存在的流体的兼容性。还可以利用天然的缓冲剂，例如酸性的废弃物，可以利用石灰岩来贮存，可以借化学反应加大裂隙，增加岩石的水力传导度，允许注入更多的废弃物，但是像硫酸，却会阻塞石灰岩的孔隙。建造与操作的成本也会影响深井灌注的可行性，井的深度视地质而定，涉及钻井成本。操作成本则取决于水力传导度、孔隙率、灌注区的厚度以及贮存岩层的流体压力，这些都是岩层接受液体废弃物速率的重要因子。另外还要注意法律的规范，有些有害废弃物是不允许注入地下的。

处置系统最重要的一环就是监测，由此可以知道废弃物的动向与稳定性，测定迁移的速度，特别是在深井处置有毒或有害物质时。有效的监测，必须在开始处置计划之前作好地质调查与制图，其中最重要的是测定出所有淡水含水层及利用油气井的位置，以免让废弃物向上进入淡水含水层，甚至跑出地表。监测井系统应布置在处置井附近，以便监视废弃物的动向；浅井钻进淡水层监测水质，以防废弃物向上迁移。

（5）焚化。有害废弃物在高温焚化时可能会遭到破坏。通常把焚化当作废弃物处理，而非最后处置。因为有害废弃物不能直接处置，必须先处理成灰烬，再送到掩埋场处置。焚化等高温分解的技术日新月异，主要过程是废弃物进入旋转燃烧室，灰烬掉入水槽，残余的气体物质进入第二燃烧室，再重复一次，最后气体和微粒经过除尘系统去除微粒和酸性成分，二氧化碳、水、空气则从烟囱排出。焚化产生的灰烬和废水，必须做进一步处理，再送到掩埋场。

现在有许多更先进的焚化和高温分解废弃物的技术正在研发，其中有的利用融化的盐类来破坏某些有机物。焚化废弃物要依据废弃物的性质和成分，来决定破坏有害成分的温度。

（6）土地处置的替代方案。直接将有害废弃物在土地上处置，通常不是最好的方案。

再好的设计与防护，都不能保证所含的废弃物日后不会造成环境的危机，因场址的疏失而污染空气、土地、地表水、地下水。地下水污染是其中最受关注，最有可能将污染物带到人类和生物周遭的，最好的办法是将废弃物减量，并将残余的废弃物再循环或是在处置之前加以处理。

减量的方法有：改变化学制程、设备、使用原料等，可以有效减低有害废弃物的数量和毒性。有害化学废弃物的物质有些可以回收做进一步利用，例如酸和溶剂可以用来处理污染物，或用在其他制程之中。有害废弃物在处理之后，改变了物理化学组成，可以降低其毒性和有害特性，例如将酸中和、让重金属沉淀、氧化分解有害化合物等；焚化，也算是一种处理。

## 12.6 小　结

城市是人类经济和社会活动最集中的地区，城市化是每个国家走向现代化的必然趋势。而城市化进程的推进，对于其依赖的水资源与土地资源产生了许多的负面效应以及一系列的城市环境问题。

城市化改变了水系形态，导致了热岛效应、雨岛效应；由于过量开采地下水引起城市地面沉降、地面塌陷、地面裂缝、区域水位下降、水质恶化；水系形态的改变导致地表径流过程改变，提高了洪水灾害发生的频率；而城市的工程建设、污废水的集中排放又进一步加重了水土流失与水质污染。

城市的扩张大量占用土地，更多的则是农业用地；在用地紧张情况下，地下空间的开发又呈上升趋势。高层建筑的建设，不仅带来诸多的工程地质问题，也带来了若干水文地质问题，这些问题又构成其他灾害的影响因素。

不仅如此，城市化还产生大量的废弃污染物。垃圾与有毒污染物的产生与排放，不仅影响城市景观，而且影响大气、水体与土地。如何处置废弃物，已经成为城市化进程的主要影响因素。乍看起来，清除和处理废料似乎主要是生物学家、化学家和工程师们的职责，但由于其最终归宿是土壤、岩层和水域，因而这正是地质学家的工作范畴。因此，地质科学必须参与到废料管理和控制的宏图之中来，并且为各种废料处理系统的规划、监测和设计提供专门技术和知识。只有通过各学科的协作，人类才能获得一个较清洁的具有较高质量的生活环境。

### 关键术语

| | | |
|---|---|---|
| Composting | Deep-well disposal | Hazardous waste |
| Incineration | Land application | On-site disposal |
| Open dump | Secure landfill | Solid waste disposal |
| Sanitary landfill | Surface impoundment | Urbanization |

### 复 习 题

1. 城市化的含义是什么？
2. 为什么说水是城市中“必需而又令人讨厌的东西”？

3. 城市化对水资源及水环境是如何影响的？
4. 城市化进程的加快对土地有何影响？
5. 固体废弃物的处理、处置方法有哪些？在处理、处置上有哪些异同点？
6. 卫生掩埋场的选择应注意哪些问题？
7. 有害废弃物的处置有哪些安全方法？

## 思 考 题

在你生活的地区，城市化存在什么样的环境地质问题？如果你选择居住地，会考虑到这些问题吗？

# 13 全球气候变化

人的一生是很短暂的，但一系列的变化却经常困扰着我们的人生、家庭和环境，包括渐变的、突然的变化，造成一些无秩序的、令人惊讶的混乱局面。有些变化是局部的，区域性的，而有些则是全球性的。本章将讲述的气候变化，则属于一种全球性的变化。

## 13.1 全球变化与地球系统科学概述

普雷斯顿（Preston Cloud，1912～1991）是美国从事地球生命起源、人类对环境影响和资源利用研究的著名地质学家，他提出了地球科学研究的两个中心目标：（1）地球从一个荒芜地貌演变成今天看到的充满生机而复杂的景象，其过程如何？（2）在理解这个过程的基础上，更有效地管理环境。这些目标强调，我们的行星具有复杂的演变历史，大气圈、水圈、岩石圈和生物圈之间相互作用，导致了复杂多样的地貌形态，如陆地与海洋，山地与平原，河流与湖泊，以及丰富多彩的生命形态。

尽管人们过去一直认为，人类活动仅会导致局部的、至多是地区性的环境变化，然而现在，正在逐步认识到人类活动影响是广泛的，人类的行为似乎已经被卷进了一场没有计划的行星“试验”。要认识甚至修正已经产生的变化，就需要不断认识整个地球演变的系统性。从学科上讲，这就是地球系统科学（Earth system science），它是研究地球系统各个组成部分（大气圈、海洋、陆地和生物圈）在全球尺度上是如何相互联系、相互作用，并影响地球生命的一门科学。

## 13.2 全球气候变化研究的工具

### 13.2.1 地质记录

在已有的工作中，对洪泛区、湖泊、沼泽、冰川和海洋的沉积物都做过一些对比，对沉积物中的有机物质也都采用不同方法进行过年代上的划分。这些有机物质记录了曾经发生的气候变迁、生命演变和环境变化。

地质记录的一个很有意义的作用是对冰川的考证。在冰川形成过程中，会有一些气体被包裹在冰川中。分析南极冰川气泡中二氧化碳浓度，得出了气泡具有16万年的历史。冰川还包含了一些重金属以及一些其他化学物质，可以被用来研究近代的地球历史。

### 13.2.2 实时监测

监测（Monitoring）是一个目的性明确的数据采集过程，实时监测（Real-time monitoring）是指事件发生过程中的数据采集。比如，我们经常监测河流的流量，便于评价洪水灾害或水资源。类似地，大气样品可用来确定大气圈中组成的变化趋势，海水温度与成分的测量可用来监测海洋的变化。因此，为检验模型以及校正由地质数据推测的历史记录，实时采集数据是必要的。

监测的方法视监测科目的不同而不同。比如，监测采矿作业带来的影响，可以通过评价卫星采集数据或高海拔的太空照片来进行。然而，大多数可靠的数据通常都来自于地面测量，这些数据也可用来判断高空测量的有效性。

### 13.2.3 数学模型

数学模型运用数值方法来重现真实世界中的现象及各种因素之间的相互联系与作用，在地表水和地下水运动的模拟和预测、河流系统中侵蚀与沉积、洋流和大气流研究中都有应用。

全球循环模型（Global Circulation Models，GCMs）也称为全球变化模型，已经得到大量关注。模型需要在全球尺度上进行单元剖分，每一单元代表具有一定纬度和经度范围的空间，其水平上代表地球某个区域，垂向上覆盖了低空大气层（图 13-1），通过大气动力学的运用，在全球尺度上模拟和预测大气循环的过程。

全球循环模型是解决非常复杂问题的首要方法。即使存在一些局限，但 GCMs 为评价地球系统提供了必要的信息，同时也为将来发展模型建立了必要的数据库。当前，GCMs 模型在预测相对干旱与湿润地区的气候变化方面具有重要作用。

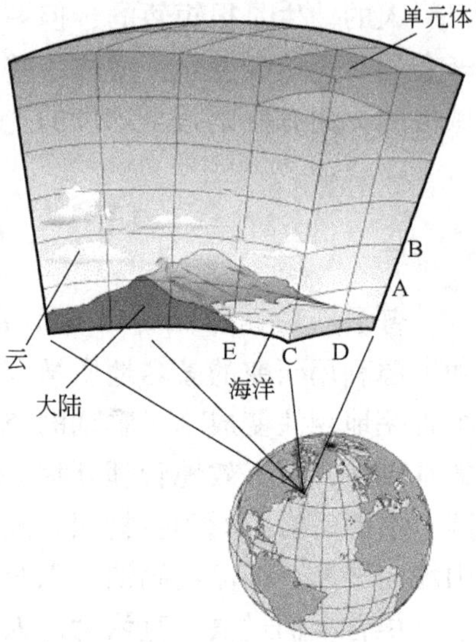


图 13-1 全球循环模型（GCMs）

## 13.3 全球气候变化

从长远来看，全球变化的研究是一个大气圈变化及其与岩石圈、水圈和生物圈之间相互联系、相互作用关系的研究。通常，将“气候（Climate）”定义为特征化的大气层条件。对于某个特定地区而言，气候变化是复杂的，其组成不单是平均降水量和温度。

地球大气层好像一个复杂的化学工厂，里面有许多鲜为人知的反应过程。其中，不少反应的发生很大程度上受到阳光与生物作用的影响。人类呼吸的空气是一个包括 78% $N_2$、21% $O_2$、0.9% Ar、0.03% $CO_2$和 0.07% 其他痕量元素的混合物。当空气受到污染后，还会包括甲烷、臭氧、一氧化碳、氮与硫的氧化物、硫化氢、碳水化合物等。在大气组成中，水蒸气的含量变化最大，在低空对流层中占体积比的范围为 0 ~4% 。

越来越多的证据表明，我们现在处于全球变暖（Global warming）的时期。现在，许多科学家相信，人类活动以及自然作用是全球变暖的原因，尤其是大量燃烧化石燃料。下面，将介绍全球气候变化的过程，包括温室效应和全球温度变化以及气候变化的原因。

### 13.3.1 温室效应

多数情况下，地球表面的温度受控于三个因素：地球表面接受的日光数量，地球反射的日光数量和大气吸收的热量。图 13-2 所示为地球接受太阳热量过程的平衡关系。

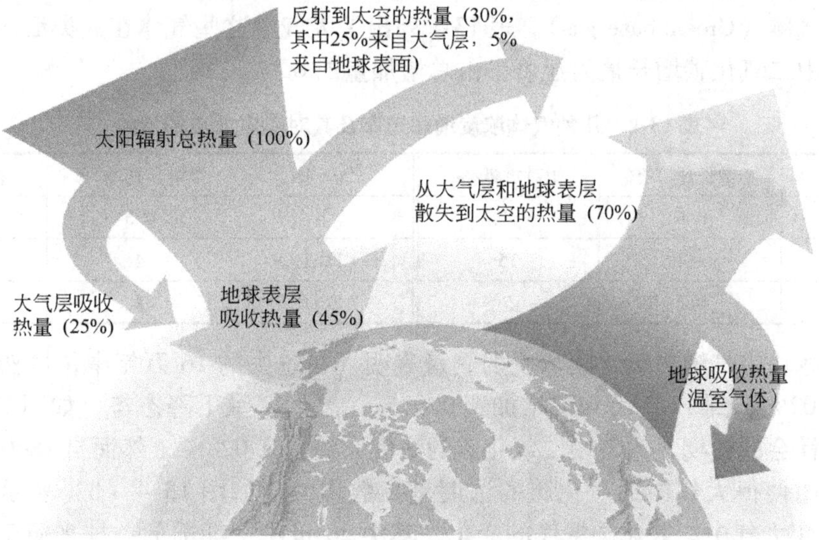


图 13-2　地球接受太阳热量过程的平衡关系

假设太阳辐射总热量为 100%，从图 13-2 可以看出，到达大气层被吸收的热量大约为 25%，被地球表层吸收的热量为 45%，而其他 30% 在大气层和地球表层被反射回太空。另一方面，大气层与地球表层吸收热量的同时，也会向太空散失相当的热量（70%），使得地球在吸热与散热上处于相对平衡的关系。然而，地表表层的水蒸气和一些其他气体包括二氧化碳、甲烷和氟氯化碳（Chlorofluorocarbons，CFCs，应用于空调和冰箱的人造化学物质）通常也能够吸收热量，从而使得辐射回太空的热量减少（图 13-3），并增加了地球表层和对流层的温度，这种捕获热量的效应称为温室效应（Greenhouse effect）。

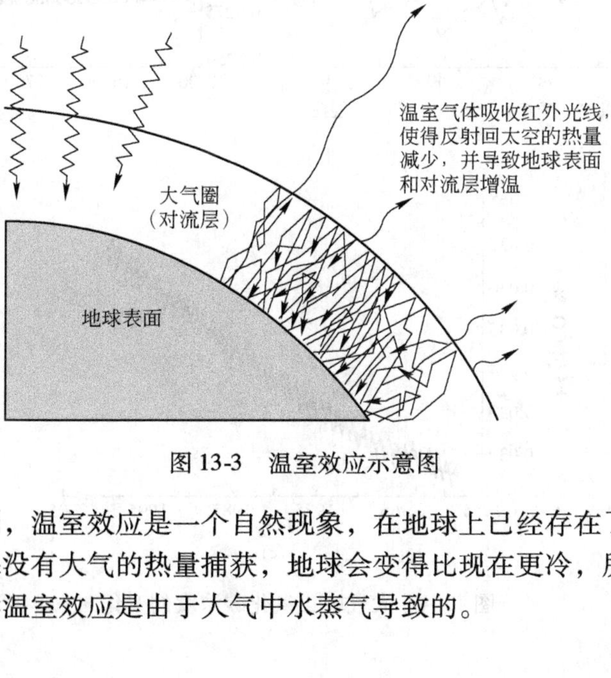


图 13-3　温室效应示意图

我们需要认识到，温室效应是一个自然现象，在地球上已经存在了几百万年，在其他
也是一样。如果没有大气的热量捕获，地球会变得比现在更冷，所有的地表水将被冻
而且，多数天然温室效应是由于大气中水蒸气导致的。

近年来，大气中这些气体的浓度因为人类活动显著增大。由于它们能够从地球上吸收红外辐射，人们推想地球变暖是由于这些气体排放数量的增加导致的。因此，这些气体也被称为温室气体（Greenhouse gas）。表13-1列出了大气中这些气体在人类活动影响下的增加速率，其中二氧化碳增长最为显著，占总增加量的60%。

**表13-1 几种气体浓度增加速率及其对温室效应的贡献**

| 气 体 | 年增长速率/% | 相对贡献/% | 气 体 | 年增长速率/% | 相对贡献/% |
|---|---|---|---|---|---|
| $CO_2$ | 0.5 | 60 | $O_3$ | 0.5 | 8 |
| $CH_4$ | <1 | 15 | CFC-11 | 4 | 4 |
| $N_2O$ | 0.2 | 5 | CFC-12 | 4 | 8 |

对南极冰块中气泡二氧化碳浓度的测量表明，在过去的16万年中，最初的二氧化碳浓度小于0.02%，到12.5万年前增加到0.03%，之后又呈下降态势，如图13-4（a）所示。在工业社会的初期，大气中二氧化碳的浓度大约是0.028%，然而自1860年以来，化石燃料的使用使得大气中二氧化碳的浓度呈指数增大，如图13-4（b）所示，它显示了1500~2000年大气中二氧化碳浓度的变化，其中20世纪中期前的数据来源于冰川气泡分析，20世纪中期以来的大气二氧化碳浓度记录来自于夏威夷莫纳克亚（Mauna La）实时监测数据（图13-4（c））。现在，大气中二氧化碳的浓度已经超过了0.037%，预计到2050年，至少会增加到0.045%，是工业社会前的1.5倍。

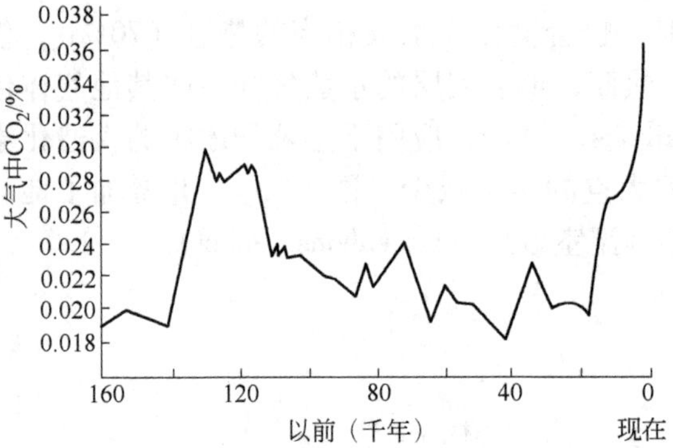


(a)

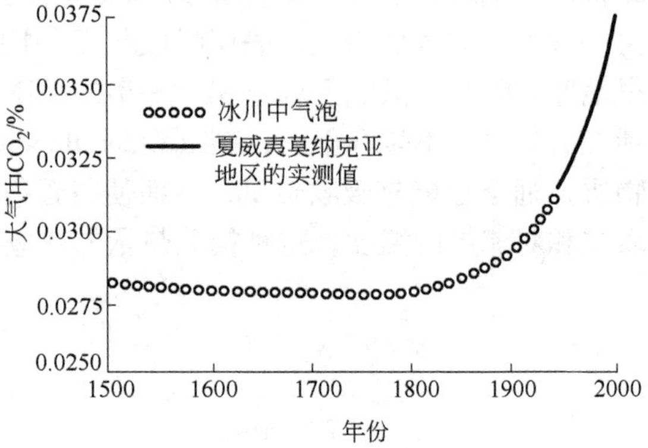


(b)

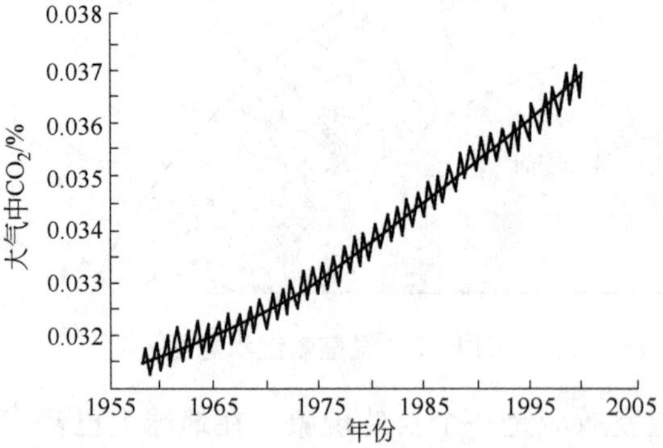


(c)

图13-4 大气中二氧化碳浓度的变化

## 13.3.2　全球温度变化

更新世冰川时代大约是200万年前，此后地表年均气温发生了巨大变化。图13-5所示为几种时间尺度上，最近百万年来的气温变化。

第一种时间尺度反映了整个100万年的变化（图13-5（a）），平均温度的变化在几摄氏度之间波动，低温与主要的冰川事件是一致的，高温与间冰期出现有关。在15万年和18万年之间，间冰期和冰期事件的影响越来越显著。

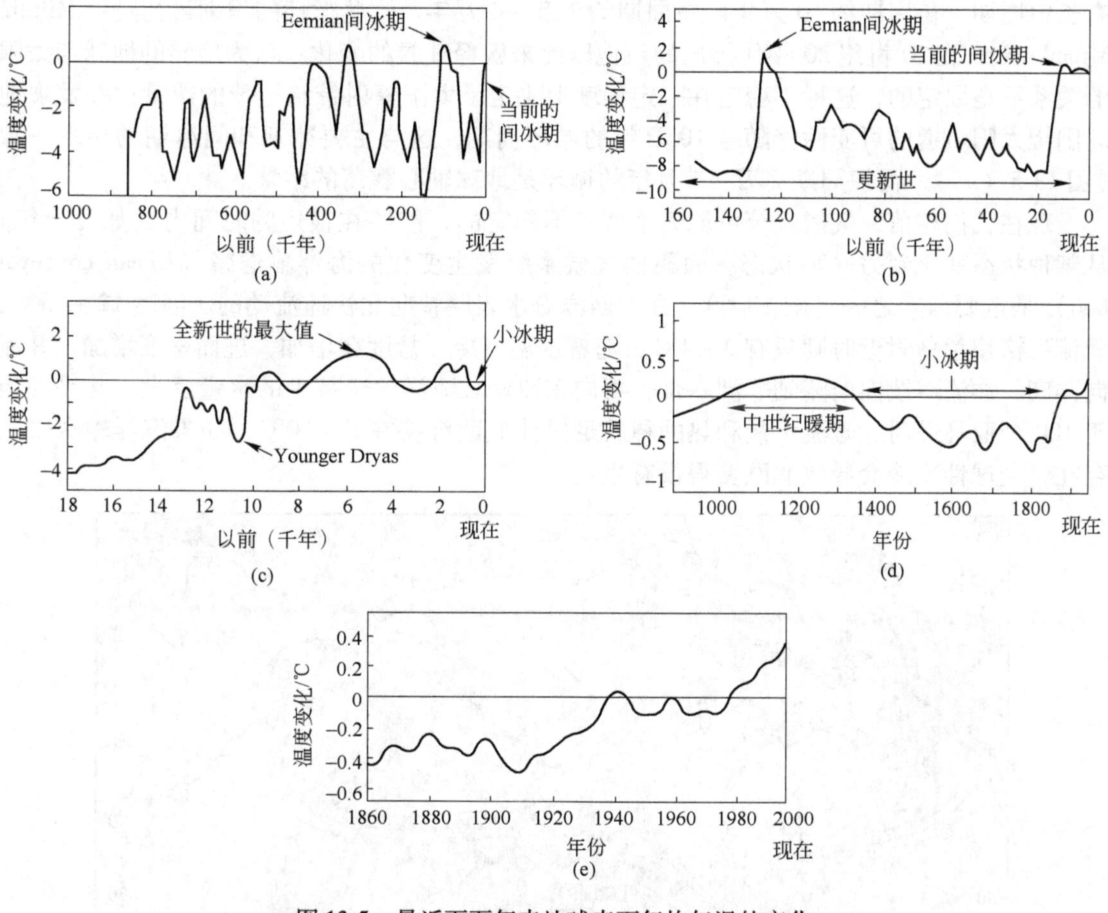


图13-5　最近百万年来地球表面年均气温的变化

第二种时间尺度反映的是16万年以来的间冰期埃姆（Eemian）的气候变化（图13-5（b）），这是最后一个主要的间冰期，气温比今天高，海平面也比今天高几米。

第三种尺度反映的是1.8万年以来的气候变化（图13-5（c））。大约在11500年前，气候变冷，进入了新仙女木（Younger Dryas），随后变暖加快，进入小冰期（Little Ice Age）之前的全新统（Holocene）的高温期。

第四种时间尺度反映了1000年来的气候变化（图13-5（d））。在这1000年内，几次暖与变冷交替都对人类构成了影响。比如，公元1100～1300年间，气候的变暖使得冰行星格陵兰岛和北美成为北欧海盗的殖民地；大约在公元1400年的小冰期，北欧海盗又结。北美和格陵兰岛的一些占领地。

第五种时间尺度反映了近250年来的气候变化（图13-5（e））。在1750年，一次明显的变暖开始，一直持续到20世纪40年代，气温才有所下降。在最后的140年内，气温变化较为明显，从1910年到1998年，全球年均气温大约增加了0.8℃。20世纪70年代后，增加明显，80年代和90年代的最高温度达到了监测记录的最高值，形成了20世纪后期的升温期。

### 13.3.3 气候变化的原因

人们不禁要问，气候为什么会变化？从图13-5（a）可以看出，气候的变化在周期上有长短周期，长周期约10万年，短周期约2万~4万年。这些循环的识别最初是由Milutin Milankovitch在20世纪20年代提出的，他以此来解释气候的变化：认为旋转的地球与太阳的关系不是固定的，这种不稳定在一定程度上决定了太阳辐射带给地球的热量；并发现地球围绕太阳轨道的可变性伴随着10万年的循环周期，这与主要冰期和间冰期的出现一致（图13-5（a）），而短周期2万~4万年的循环是地球轴心震荡的结果。

现在我们相信，气候系统可能天生就是不稳定的，能够在很短的时间内（如几十年）从某种状态变化到另一种状态。而驱使气候系统发生变化的海洋输送带（Ocean conveyor belt）是重要因素之一（图13-6）。在大西洋海水表层，向北快速流动的水温达12~13℃，而流到格陵兰岛附近时则只有2~4℃。随着水温变冷，盐度会增加，进而密度增加，并流向洋底。洋流继续向南流到非洲一带，再向东流动。海洋输送带中的水量巨大，几乎相当于100个亚马逊河。暖流水量和热的释放足以使北欧维持在5~10℃，如果海洋输送带不存在，全球性变冷会导致北欧变得没有生机。

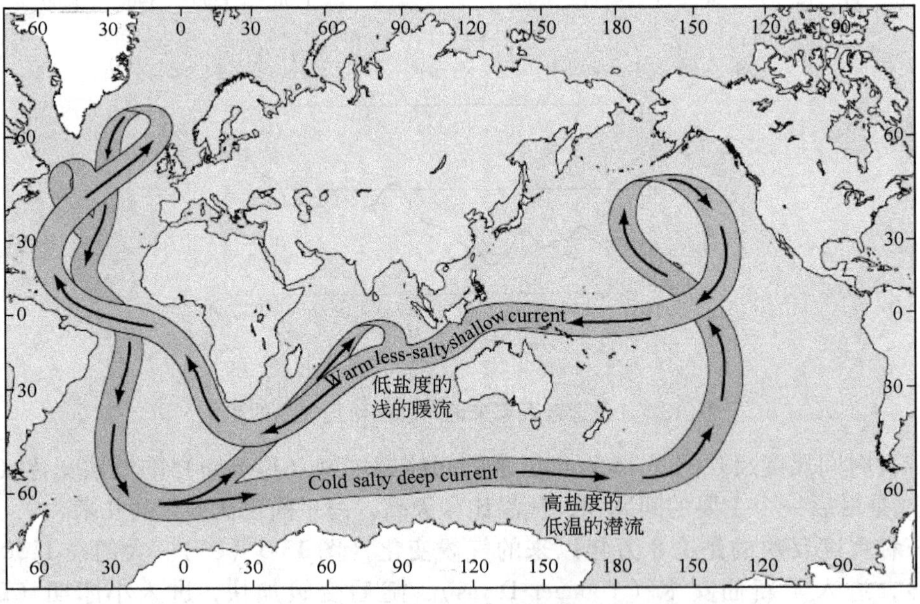


图13-6 海洋输送带示意图

2000多份来自国际气候专家的论文认为，尽管在科学上仍然存在不确定性，但足够的证据表明：（1）人类对全球性气候的影响是存在的；（2）在21世纪，地球表面的平均温度可能会上升1.5~6.0℃。全球变暖的人为因素是排放气体（包括二氧化碳和其他温室气体）的增加，它们与全球性变暖是有关系的。

在过去的16万年内，大气中二氧化碳浓度与全球性温度之间具有显著的相关性（图13-7）：当二氧化碳浓度高时，温度也高；反之，当二氧化碳浓度低时，温度也低。然而，为了更好地认识全球性变暖，我们需要考虑主要的胁迫因素，如太阳辐射，火山爆发和人类产生的输入，它们对全球变暖具有重要的影响。

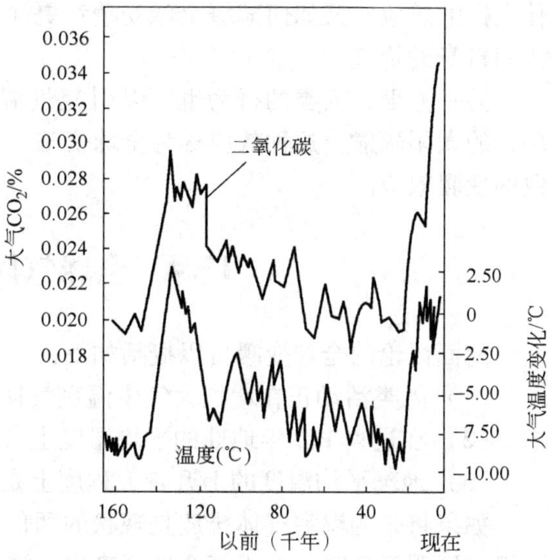


图13-7 大气二氧化碳浓度与全球气温关系

13.3.3.1 太阳辐射

由于太阳是地球的热量来源，太阳辐射的变化也可能引起气候的变化。从过去1000年的气候变化历史来看，太阳辐射的变化发挥了一定的作用。太阳辐射记录表明，在公元1000~1300年间，即中世纪暖期（Medieval Warm Period），与太阳辐射增强时间是一致的；同时还表明，在14世纪即小冰期时代，太阳辐射也是最少的（图13-5（d））。因此，太阳辐射地球的热量变化在一定程度上影响了过去1000年的气候变化。

13.3.3.2 火山爆发

从火山喷发的过程看，火山活动能向大气释放大量的火山尘埃，其结果对太阳辐射起到了反射作用，使得气温下降，某种程度上也减缓了人类温室效应导致的全球变暖。比如，1991年菲律宾Pinatubo火山爆发引起了制冷效应，巨大的爆炸将火山灰送至30km高空，火山灰尘埃和二氧化硫滞留在大气中达几年之久，并参与全球大气循环。这些尘埃和二氧化硫对太阳辐射形成了反射，使得1991~1992年全球气温下降。模型模拟计算表明，由于该火山释放的尘埃作用，1992年温室气体排放带来的温室效应也被削弱。然而，到1994年，尘埃降落，温室效应又重新显现。研究还表明，小冰期的气候变冷，与火山喷发有明显的关系。从这个角度来看，火山活动带来了全球气温预测的不确定性。

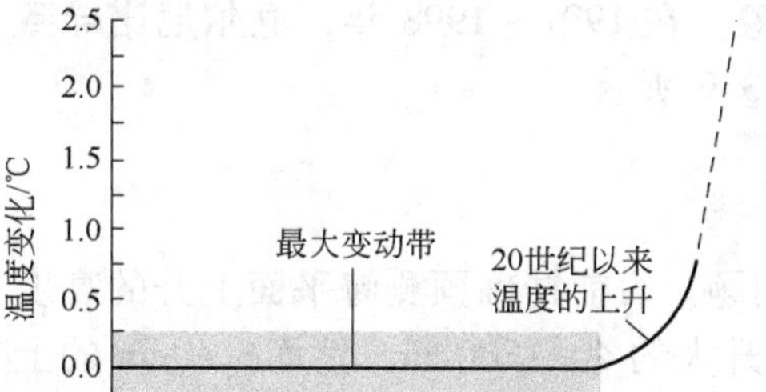


图13-8 人类活动对大气温度变化的影响

13.3.3.3 人类输入

在对过去1000年气候变化的研究中，最新的成果已经将20世纪后期的全球变暖考虑进去了。随着数学模型的发展，人类影响因素被单独考虑，并认为在过去1000年中，单用自然因素难以解释20世纪后期的变暖原因。换句话讲，现在的全球变暖状态大大超出了自然的可变性，反而与人类温室气体排放有很大关系。从模型模拟的结果（图13-8）看，20世纪后期的气温上升大大超过了自然可变性的上限，即太阳辐射和火山爆发等自然机理引起气温上升的最大值。由于二氧化碳浓度的倍增，全球气温大约上升2℃。由此，人类活动导致全球明显变暖的时代已经来临。我们需要关注的是，这样的变化会产生什么样的效应？又如何减缓全球变暖？更深层次地，围绕全球变化的一系列决策也能反映我们自身的价值。

另一方面，人类的行为也可以引起气温下降，空气污染带来的尘埃已经减少了将近10%的太阳辐射，这种效应称为全球变暗（Global dimming），可能会减缓50%温室气体导致的变暖效应。

## 13.4 全球气候变化的可能效应

前面讨论的全球变暖可以概括如下：

（1）人类活动正在增加大气中温室气体的浓度；

（2）在过去100年地球的平均温度上升了约0.8℃；

（3）地球平均温度的上升较大程度上是由于人类活动导致的。

如果将来的温室气体排放是现状的两倍，估计全球平均气温会上升1.5~6℃，会使得两极地区明显变暖。对于某个地区来讲，温度上升的效应是不容易预测的，但有两个主要的可能情况：一是全球气候类型的变化，二是海水变暖膨胀和冰川融化带来的海平面上升。

### 13.4.1 气候类型

全球温度的上升可能会明显改变降水类型，土壤湿度关系以及其他对农业至关重要的气候因素。预测表明一些北部地区如加拿大和东欧地区的粮食产量可能会提高，而南部的土壤可能会酸化。当然，由于全球变暖具有的不确定性，这样的预测也非常困难。而且，良好的气候生长带向北迁移，这并不意味着主要产粮区向北部迁移，因为粮食产量的多少还依赖于土壤肥力条件。另外，与气候变化关联的水文变化，可能会严重影响全球性的粮食供给。

全球变暖也会改变暴风雨的频次与强度，由于海洋变暖会给强风暴如飓风（Hurricane）提供更多的能量，更多或更大规模的飓风会带来更大的生命与财产损失。

全球性或地区性的气候变化对自然灾害的发生也具有影响，比如洪水、斜坡失稳、干旱和火灾。厄尔尼诺（EI Nino）是一个平均几年出现一次的自然气候事件，是东太平洋赤道附近海域出现的大面积表层海水异常增温的现象。在1997~1998年，厄尔尼诺导致了东太平洋附近地区出现洪水、干旱和火灾，如图13-9所示。

### 13.4.2 海平面上升

海平面上升是一个与全球变暖有关的很严重的问题。目前精确预测海平面上升的高度是不可能的，初步估计认为，在21世纪，海平面上升大约40~200cm。然而，40cm的上升就会对环境造成很大影响：可以增强海岸侵蚀并堆高海滩80m，使得建筑物及其他构筑物在强大的风暴面前变得更加脆弱；在海湾地区，可引起现有的海湾向陆地迁移，给海岸带的建筑物构成威胁。如果海平面上升1m，将会产生非常严重的后果，我们需要有效的措施去保护在海岸带的投资，社会将不得不选择，是再造更加坚固的设施来控制海岸侵蚀，还是放任海滩和海湾向陆地腹地迁移。

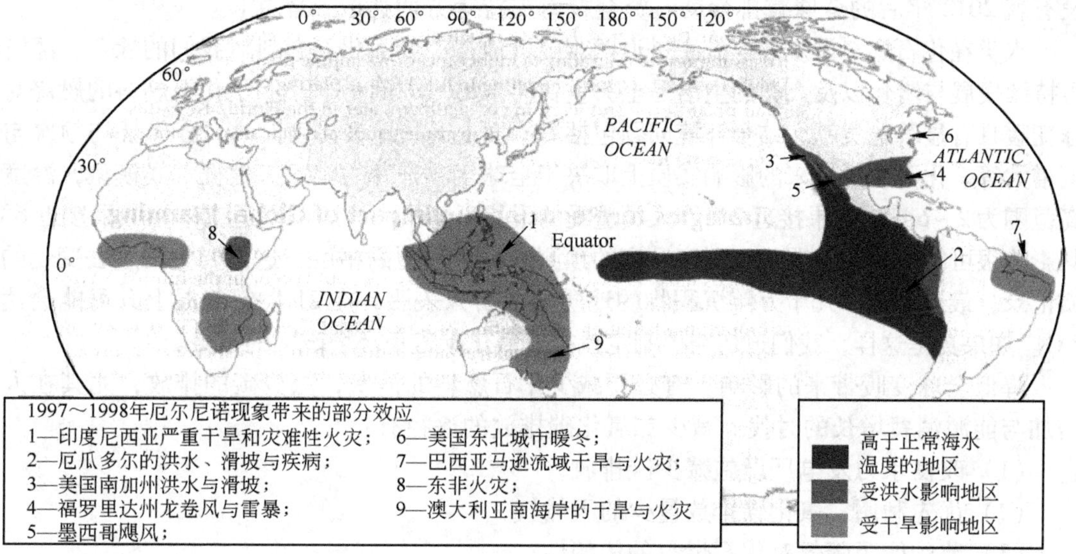


图 13-9　1997～1998 年厄尔尼诺现象带来的气候效应

### 13.4.3　生物圈变化

越来越多的证据表明，全球变暖正引起生物圈中的巨大变化，并威胁生态系统健康与人类的安全，包括土地利用变化和生境破碎带来的风险，还包括植物与动物生长地域的漂移。比如，蚊子携带着疟疾和登革热等疾病从非洲、南美和墨西哥向更高地域迁移；蝴蝶物种向欧洲迁移；某些鸟类向北英格兰迁徙；美国华盛顿 Cascade 山脉的亚高山带森林向更高的草地迁移；奥地利的高山植物向高地迁移；北极融化的冰块威胁着海鸥、海象和北极熊的生态环境；佛罗里达海湾、百慕大群岛以及其他热带海洋的浅水升温将引起珊瑚礁的白色化。

### 13.4.4　减缓全球变暖的策略

有两个关系到地球气候与人类的大问题：

（1）已经出现了哪些变化？

（2）将来可能产生什么变化？

回答这两个问题，需要史前变化的地质学评价，需要模型在模拟将来变化基础上的预测。如果真像我们根据一些证据推测的那样，即全球性变暖某种程度上是因为温室气体排放导致，那么，减少这些气体的排放就一定是极其重要的管理策略。这也是 1997 年在日本京都召开的《联合国气候变化框架公约》（United National Framework Convention on Climate Change，UNFCCC）会议主题，其目标是达成降低温室气体排放，尤其是二氧化碳排放的国际协议。2009 年 12 月 7～18 日在丹麦首都哥本哈根（Copenhagen）召开了 UNFCCC 缔约方第 15 次会议，商讨《京都议定书》一期承诺到期后的后续方案，就未来应对气候变化的全球行动签署新的协议。这是继《京都议定书》后又一具有划时代意义的全球气候协议书，期望对地球今后的气候变化走向产生决定性的影响，被喻为“拯救人类的最后一次机会”。然而，《哥本哈根协议》（Copenhagen Accord）没有在会议上获得通过，会议没有就2012年后的全球减排行动、资金技术支持等方面达成具体共识。

人类在化石燃料燃烧方面处于进退两难的境地，一方面化石燃料对我们的社会、经济的可持续发展与增长以及人类的生活是至关重要的，另一方面科学证明了化石燃料的燃烧对全球变暖具有显著的贡献。结合环境问题包括海平面上升、地表温度升高、强风暴的频次与强度增大等，化石燃料带来的影响实质上取决于全球气温升高的幅度。根据气候模型，温度升高范围为2~6℃。如果接近2℃，人类遭受的干扰可能最小，还可以适应；但如果接近6℃，其影响很可能变得非常明显。温度升高的预测取决于模型的精度，这需要验证过去变化的地质记录。最近对海洋几十万年沉积物的地质记录研究表明，在21世纪气温上升可能会达到5℃。如果真是这样，我们迫切需要制定减排二氧化碳避免环境破坏的策略。

降低全球变暖带来的影响，有必要减少化石燃料的消费，减少碳的排放，尤其在人口增加与能源消费增长的时代。减少二氧化碳排放的途径有：

(1) 改良水力发电厂设施减少碳排放；

(2) 优先利用二氧化碳排放量少的天然气；

(3) 节约能源降低对化石燃料的依赖性；

(4) 利用可以选择的其他能源；

(5) 利用地球系统如森林、土壤、地下岩石来储藏碳。

利用植物、土壤和海洋储碳已成为当前科学研究的热点，相比之下，借助地下岩石介质储碳的设想没有得到更多关注。由于地下岩石环境的碳滞留时间长，从几千年到几万年不等，这种储碳方法也是很吸引人的。

地质储碳的基本原理是非常直观的，其思想是收集发电厂和工厂的二氧化碳，集中注入到地下地质环境。目前，两种地质环境颇受关注：

第一种是含有咸水的沉积岩环境，通常也是地球上分布相当广泛的高盐含水层，具有巨大的储碳容量；

第二种是即将采空的油田和气田。

回注的方式首先要求将气体压缩到水气混合的液体中，再通过钻井灌注到地下环境。对于油田和气田，回灌二氧化碳还有一个好处，就是有利于采集残油与残留的天然气，使得油气向生产井汇集。在加拿大Weyburn油田，自20世纪50年代开采以来，石油一度被认为采空了，然而通过回灌二氧化碳，该油田产量延续了几十年，其二氧化碳来源于美国北达科他州（North Dakota）的煤气厂，每天的二氧化碳输送量达几千吨。

如果我们确定今后必须稳定大气中二氧化碳的浓度，就必须寻求能够代替化石燃料的、释放二氧化碳少的新能源。然而，格陵兰冰川研究展望表明，明显的气候变化可能很快出现，也许就是几年的时间。人类文明的产生与发展，到今天这个工业化社会，仅约7000年，在历史长河中是一个短的时间，难以反映长时期气候变化的特征。到21世纪后期，地球上有100亿或更多的人口需要供养，而气候快速变化到荒芜生境，很难想象，人类将要经历什么样的苦难。

## 13.5 小　结

了解地球系统科学的主要目的是便于人们对地球行星的运行及其组成有一个基本的认

识，比如大气圈、海洋和固体地球之间的相互作用；另一个重要的目的是预测今后几十年内可能会出现的全球变化，包括气候的变化，温度的上升以及海平面上升等效应。

全球变化研究的方法包括：来自湖相沉积物、冰川和其他地球物质等地质记录的检测；实时监测数据采集；数学模型的开发与应用。

气候是指具有一定特征的大气层条件，如不同季节、不同年际间的降水量与温度。大气层是一个动力条件复杂的环境，存在许多重要的化学反应。

人类活动对全球变暖的贡献是明显的，尤其是20世纪后期全球温度的上升。大气层捕获热量的过程通常被称为温室效应，水蒸气和其他一些气体如二氧化碳、甲烷和氟氯化碳等能够捕获能量从而使得地球变暖。全球温度的上升可能引起全球海平面的上升，气候类型的变化，强暴雨频率增加，农业生产与生物链的变化等。

能够导致气候变化的自然机理包括米兰柯维奇（Milankovitch）周期、辐射变化和火山活动。人类因素包括空气污染和温室气体的排放，尤其是二氧化碳的排放。现在我们已经认识到全球气候在几十年到几百年内的变化很快，那么，过去的气候变化如何延续，有什么特征，在未来出现什么样的变化？二氧化碳对近几十年来全球温度升高的贡献是显著的，如何减排二氧化碳等温室气体是全人类面临的重要的问题。

## 关键术语

| | | |
|---|---|---|
| Earth system science | EI Nino | Global warming |
| Greenhouse effect | Greenhouse gas | Global Circulation Models |
| Global dimming | Hurricane | Ocean conveyor belt |
| Real-time monitoring | UNFCCC | |

## 复习题

1. 普雷斯顿定义的地球科学研究的两个目标是什么？
2. 定义地球系统科学。
3. 研究全球变化的三个主要工具是什么？
4. 决定地球温度的三个主要因素是什么？
5. 为什么说20世纪后期全球变暖是由于人类活动？
6. 什么是温室效应？
7. 温室气体主要有哪些组成？
8. 海洋传送带的重要性体现在哪里？
9. 地球变暖可能的效应主要有哪些？
10. 减少二氧化碳排放的主要路径有哪些？

## 思考题

1. 尝试与你的父母或上辈人讨论经历过的主要变化，讨论这些变化哪些是渐变的、突然的，或混乱无序的，分析与讨论哪些对你的生活影响最为重要，哪些对当地、区域或全球有什么影响？
2. 你是否认为二氧化碳的增加会帮助我们摆脱冰期？全球变暗又有什么样的作用？

# 14　资源与环境法规

资源与环境保护法，是国家为了协调人与自然的关系，保护和改善生活环境与生态环境，防治污染和其他公害，保证社会的持续、稳定发展而制定的，调整人们在开发利用、保护与改善环境的活动中所产生的社会关系的法律规范总称。

越来越多的地质学家参与到法律事务各方面的工作中，例如，诉讼程序、一般环境法及委托地质学家参与制订的专门法。在法院定案中，很多方面都需要地质学家的帮助，诸如水井遭到破坏；在判罪案件中计算自然资源的质量；查清水土流失、水灾、滑坡以及其他可能由人为因素造成灾难的原因；预测某一开发项目可能带来的影响。此外，地质学家还参与各种环境法的制定，例如水土保持条例、防洪条例、采矿条例、水法以及管理公园、空地和自然保护区的土地条例。有些法律和法令明确规定吸收地质学家参加收集资料或者决策工作。

## 14.1　矿产资源法律法规

### 14.1.1　矿产资源的立法

1986 年我国制定颁布了《中华人民共和国矿产资源法》（以下简称《矿产资源法》）。到 1996 年，我国对《矿产资源法》作了修改，于 1997 年 1 月 1 日正式实施。根据《矿产资源法》的规定，国务院及其主管部门还制定了《中华人民共和国矿产资源法实施细则》(1994)、《矿产资源补偿费征收管理规定》(1994)、《矿产资源勘查区块登记管理办法》(1998)、《矿产资源开采登记管理办法》(1998)、《探矿权采矿权转让管理办法》(1998)、《地质资料管理条例》(2002) 等行政法规。

由于地下水资源具有水资源和矿产资源的双重属性，为此在地下水资源管理方面，依照《矿产资源法实施细则》的规定，地下水资源的勘查适用《矿产资源法》细则的规定；地下水的开发、利用、保护和管理，适用《中华人民共和国水法》(2002) 和有关的行政法规。

### 14.1.2　矿产资源的主要法律规定

14.1.2.1　*矿产资源的所有权、探矿权和采矿权的规定*

矿产资源的所有权是矿产资源法律关系主体对矿产资源占用、使用、收益和处分不当使用的权利。按照我国矿产资源法的规定，我国的矿产资源实行单一的所有权制度，即矿产资源属于国家所有，由国务院行使国家对矿产资源的所有权。地表地下的矿产资源的国家所有权，不因其所依附土地的所有权或使用权的不同而改变。

探矿权，是指在依法取得的勘查许可证规定的范围内勘查矿产资源的权利。取得勘查许可证的单位或个人称为探矿权人。探矿权人依法享有的权利包括：按照勘查许可证规定的区域、期限、工作对象进行勘查；在勘查作业区及相邻区域架设供电、供水、通讯管线；在勘查作业区及相邻区域通行；根据工程需要临时使用土地；优先取得勘查作业区内新矿种的探矿权；优先取得勘查作业区内矿产资源的采矿权；自行销售（除国务院规定由指定单位统一收购的矿产品外）勘查中按照批准的工程设计施工回收的矿产品。

采矿权，是指在依法取得的采矿许可证规定的范围内开采矿产资源和获得所开采的矿产品的权利。取得采矿许可证的单位或者个人称为采矿权人。采矿权人享有的权利包括：按照采矿许可证规定的范围和期限从事活动；自行销售除国务院规定由指定的单位统一收购的矿产品之外的矿产品；在矿区范围内建设采矿所需的生产和生活设施；根据生产建设的需要依法取得土地使用权；法律、法规规定的其他权利。

探矿权、采矿权的取得必须是具备法定条件者经过申请和管理部门的审查和批准，并依法办理登记，取得矿产资源勘查许可证、采矿许可证。依法取得的探矿权、采矿权受法律保护。

国家实行探矿权、采矿权有偿取得制度。开采矿产资源，必须按照国家有关规定缴纳资源税和资源补偿费。

#### 14.1.2.2 关于矿产资源保护监督管理体制的规定

我国的矿产资源保护实行主管与协助相结合的监督管理体制，即：国务院地质矿产主管部门主管全国矿产资源勘查、开采的监督管理工作，国务院有关部门协助国务院地质矿产主管部门进行矿产资源勘查、开采的监督管理工作；省、自治区、直辖市人民政府地质矿产主管部门主管本行政区域内矿产资源勘查、开采的监督管理工作，省、自治区、直辖市人民政府有关主管部门协助同级地质矿产部门进行矿产资源勘查、开采的监督管理工作。

设区的市人民政府、自治州人民政府和县级人民政府及其负责管理矿产资源的部门，对本级人民政府批准开办的国有矿山企业和本行政区域内的集体所有制矿山企业、个体采矿者以及在本行政区域内从事勘查施工的单位和个人进行监督管理，依法保护探矿权人、采矿权人的合法权益。

#### 14.1.2.3 关于矿产资源保护监督管理制度的规定

为了实现矿产资源勘探与开发的统一规划、合理布局、综合勘查、合理开采和综合利用的目的，矿产法规定了一系列的监督管理制度，其中主要的监督管理制度有：

（1）矿产资源规划制度。矿产资源规划是法定部门按照规定程序编制的国家对一定时期矿产资源勘查和开发利用整体安排的书面文件。矿产资源规划制度则包括关于矿产规划编制和实施的一整套程序、措施和方法，是矿产资源规划的法制化。它对于矿产资源的合理开发利用与保护有着重要意义。按照规定，全国矿产资源规划，在国务院计划行政主管部门指导下，由国务院地质矿产主管部门根据国民经济和社会发展进行长期规划，组织国务院有关主管部门和省、自治区、直辖市人民政府编制，报国务院批准后实施。按其内容，可分为矿产资源勘查规划和矿产资源开发规划。

矿产资源勘查规划是由法定机构按规定程序编制的国家对矿产资源勘查所作的整体安排的书面文件。按照规定，全国矿产资源中、长期勘查规划，在国务院计划行政主管部门指导下由国务院地质矿产主管部门根据国民经济和社会发展中、长期规划，在国务院有关主管部门勘查规划的基础上组织编制。

矿产资源开发规划是由有关机构编制的对矿区的开发建设布局进行整体安排的书面文件，可分为行业开发规划和地区开发规划。行业开发规划由国务院有关主管部门根据全国矿产资源规划中分配给本部门的矿产资源编制实施。地区开发规划由省、自治区、直辖市人民政府根据全国矿产资源规划中分配给本省、自治区、直辖市的矿产资源进行编制实施。

（2）矿产资源勘查登记制度。国家对矿产资源勘查实行统一的区块登记管理制度：凡是在中华人民共和国领域及其管辖海域内从事1:20万和大于1:20万比例尺的区域地质调查，包括进行金属矿产、非金属矿产、能源矿产的普查和勘探；地下水、地热、矿泉水资源的勘查，矿产的地球物理、地球化学的勘查，航空遥感地质调查工作的，都必须申请登记，取得探矿权。但是，矿山企业在划定或者核定的矿区范围内进行的生产勘探工作、地质踏勘及不进行勘探工作施工的矿点检查，不需要进行登记。矿产资源勘查登记工作由国务院地质矿产主管部门负责，特定矿种的矿产资源勘查登记申请可以由国务院授权有关主管部门负责。申请勘查登记，应向负责登记的管理机关提交必要的文件和资料、登记机关对登记申请的有关资源进行审查，对符合登记条件的，准予登记，并发给勘查许可证。勘查单位需变更勘查工作范围、对象、阶段的，应当向登记管理机关办理变更登记手续，换领勘查许可证。超过勘查许可证有效期，需要延长勘查工作时间的，应当在许可证有效期满3个月内办理登记手续。

（3）采矿许可证制度。采矿许可证是矿产资源主管部门依法向符合规定条件的单位或个人发放的允许其开采矿产资源的证明文件。采矿许可证制度则是关于采矿许可证的取得条件、申请、审核、发放和管理的一整套程序、措施和方法。凡在中华人民共和国领域及管辖海域开采矿产资源的单位和个人，必须经过审查批准，已取得采矿许可证，否则，不得进行采矿活动。

不同区域、规模和不同种类的矿产资源，分别由不同的机构审批和发放采矿许可证。国家规划矿区和对国民经济具有重要价值的矿区内的矿产资源、国家规划矿区和对国民经济具有重要价值的矿区以外可供开采的矿产储量在大型以上的矿产资源、国家规定实行保护性开采的特定矿种、领海及中国管辖的其他海域的矿产资源和国务院规定的矿产资源的开采，由国务院地质矿产主管部门审批，并颁发采矿许可证；开采石油、天然气、放射性矿产等特定矿种的，由国务院授权的有关部门和国务院授权的有关主管部门审批发证的矿产资源之外的矿产资源，其可供开采的矿产储量规模为中型的，由省、自治区、直辖市人民政府地质矿产主管部门审批和颁发采矿许可证。矿山企业变更矿区范围，必须报请原颁发采矿许可证的机关重新核发采矿许可证。

（4）征收矿产资源补偿费制度。矿产资源补偿费是采矿权人为补偿国家矿产资源的消耗而向国家缴纳的一定费用。矿产资源补偿费制度则是关于矿产资源补偿费征收对象、范围、费率、程序和使用与管理的一整套措施和方法。其目的是为了保障和促进矿产资源的勘查、保护与合理开发，维护国家对矿产资源的财产权益。除法律、法规另有规定外，凡是在中华人民共和国领域和其他管辖海域开采矿产资源的采矿权人，都应当按规定缴纳矿产资源补偿费。矿产资源补偿费按照矿产品销售收入的一定比例计征，其计算方式为：征收矿产资源补偿费金额＝矿产品销售收入×补偿费费率×开采回采率系数。补偿费费率由国家统一规定，最高为4%，最低为0.5%。矿产资源补偿费由地质矿产主管部门会同财政部门征收。征收的矿产资源补偿费纳入预算，实行专项管理，主要用于矿产资源勘查。

14.1.2.4　关于矿产资源保护措施的规定

除了上述保护矿产资源的监督管理制度外，矿产资源法还规定了保护矿产资源的具体措施。

（1）对特定矿区和矿种实行计划开采。对国家矿区、国民经济具有重要价值的矿区和规定实行保护性开采的特定矿种，实行有计划的开采，未经国务院有关主管部门批准，任何单位和个人不得开采这类矿区和矿种。

（2）对具有工业价值的共生和伴生矿产实行综合勘探与综合开采。在完成主要矿种普查任务的同时，应当对工作区内包括共生或者伴生矿产的成矿地质条件和矿床工业远景作出初步综合评价；矿床勘探必须对矿区内具有工业价值的共生和伴生矿产进行综合评价，并计算其储量；在开采主要矿产的同时，对具有工业价值的共生和伴生矿产应当进行规划，综合开采，综合利用，防止浪费；对暂时不能综合开采或者必须同时采出而暂时还不能综合利用的矿产以及含有其他有用组分的尾矿，应当采取有效的保护措施，防止损失破坏。

（3）要求采取合理的开采顺序、方法和工艺。开采矿产资源，必须采取合理的开采顺序、开采方法和选矿工艺；开采回采率、采矿贫化率和选矿回收率应当达到设计要求。

14.1.2.5　关于集体和个体采矿的规定

国家对集体矿山企业和采矿个体实行积极扶持、合理规划、正确引导、加强管理的方针，鼓励集体矿山企业开采国家指定范围内的矿产资源，允许个人采挖零星分散资源和只能用作普遍建筑材料的砂、石、黏土以及生活自用的少量矿产。矿产储量规模适宜由矿山企业开采的矿产资源、国家规定实行保护性开采的特定矿种和国家禁止个人开采的其他矿产资源，个人不得开采。集体矿山企业和个体采矿应提高技术水平，提高矿产资源回收率。

14.1.2.6　关于保护环境的规定

开采矿产资源，必须遵守有关环境保护的法律规定，防止污染和破坏环境。在国家划定的自然保护区、重要风景区、国家重点保护的不能移动的历史文物和名胜古迹所在地，未经国务院授权的有关主管部门同意，不得开采矿产资源；勘查、开采矿产资源时，发现具有重大科学文化价值的罕见地质现象以及文化古迹，应当加以保护并及时报告有关部门；耕地、草原、林区因采矿受到破坏，矿山企业应当因地制宜地采取复垦利用、植树种草或者其他保护措施。

14.1.2.7　关于法律责任的规定

对违反矿产资源保护法律、法规开采矿产资源的个人或企业，可由地质矿产主管部门根据违法情况给予责令停止开采、赔偿损失、没收采出的矿产产品和违法所得、吊销许可证、罚款等形式的行政处罚；对于违反矿产资源法的规定，未取得采矿许可证擅自采矿的，擅自进入“国家规划矿区、对国民经济具有重要价值的矿区和他人矿区范围”采矿的，擅自开采国家规定实行保护性开采的特定矿种，经责令停止开采后仍拒不停止开采，并造成矿产资源严重破坏的，依照《刑法》第343条第2款的规定追究刑事责任；负责矿产资源勘查、开采监督管理工作的国家工作人员和其他有关工作人员徇私舞弊、滥用职权或者玩忽职守，违法批准勘查、开采矿产资源和颁发勘查许可证、采矿许可证，或者对违法采矿行为不依法予以制止、处罚，从而构成犯罪的，依照《刑法》第397条的规定追究刑事责任。

## 14.2 水资源的法律法规

### 14.2.1 水资源及其立法

水资源是指在一定经济技术条件下可以被人类利用并能逐年恢复的淡水的总称。它具有形态多样性、有限性、可恢复性、不可替代性和不稳定性等特征。根据其在地球上存在位置的不同，可以将其分为地表水资源、地下水资源和土壤水资源。我国《水法》所说的水资源，仅指地表水和地下水，而不包括土壤中的水。水资源对于地球上生命的生存和延续、工农业生产的进行和人类物质文化生活的丰富，都有着不可替代的作用。

虽然地球的表面70%以上为水所覆盖，但能为人类直接利用的水资源却极其有限。随着地球人口的不断增加和工农业生产的发展，水资源的短缺越来越明显，甚至在地球上的许多地方出现了水荒，直接影响了居民的生存和经济的发展。造成水资源短缺的主要原因，一是地球森林植被的破坏减弱了地表蓄水保土的能力并使降水减少；二是对水资源的不合理开发利用；三是过分发展耗水企业又不采取节水措施；四是污染物对水体的污染。

为了保护和合理利用水资源，我国一直强调对水资源的合理开发利用和保护管理，特别是20世纪80年代以来，国家颁布了一系列用水、管水的法律法规。目前，我国的水资源保护法主要由《中华人民共和国水法》（2002）、《中华人民共和国水污染防治法》（2008）、《中华人民共和国河道管理条例》（1988）、《取水许可和水资源费征收管理条例》（2006）、《城市供水条例》（1994）、《城市节约用水管理规定》（1988）和一些水污染防治的法律、法规、标准所组成。另外，各地还制定了相当数量的地方性水资源保护的法规与规章制度。

### 14.2.2 水资源的法律规定

综合各法律、法规的规定，我国关于水资源的相关法律主要包括以下几方面的内容。

#### 14.2.2.1 关于水资源所有权和使用权的规定

长期以来，水资源被看作是天赐之物而被无偿地开发利用，从而导致了水资源的浪费。为了合理地开发利用水资源，就必须对水资源的所有权和使用权作出规定。我国《水法》根据我国的实际情况，对水资源的所有权作出了颇具特色的规定：首先从总体上明确了“水资源属于国家所有，即全民所有”，这里的“水资源”，是指天然状态的水，包括所有的地下水、江河湖泊和全民所有的水库中的水；其次规定，农业集体经济组织所有的水塘、水库中的水，属于集体经济组织投资或投劳开发的水，此种水作为加工过的资源，属于集体所有，但这种水一旦排入江河，便又成为天然水，属于国家所有。

对于水资源的使用权，法律规定“国家保护依法开发利用水资源的单位和个人的合法权益”。也就是说，单位和个人可以依法开发利用国家所有的水资源，其对水资源的使用权受法律保护。

#### 14.2.2.2　关于水资源开发利用原则的规定

水资源开发利用的原则，是水资源开发利用及其立法所必须遵循的准则，它贯穿于整个水资源保护立法之中。我国水资源开发利用的原则主要有：

（1）开发利用与保护生态环境相结合的原则。为了保护环境，必须把对水资源的开发利用同保护水环境有机地结合起来，防止水资源的开发利用对水环境造成不利影响。为了实现这一原则，对兴建水力发电站、修建拦河闸坝、建设跨流域引水设备以及为开矿而疏导地下水、开采地下水等，都规定了具体的环境保护措施要求，并规定禁止围湖造田。

（2）居民生活用水优先原则。《水法》规定："开发利用水资源，应当首先满足城乡居民生活用水，统筹兼顾农业、工业用水和航运需要。在水源不足地区，应当限制城市规模和耗水量大的工业或农业的发展。"

（3）计划用水原则。为了使我国有限的水资源既能满足居民生活用水需要，又能满足工农业生产和航运、旅游用水，就必须实行计划用水。为此，《水法》对用水计划的编制、审批、用水指标的下达、用水计划执行情况的考核、超计划用水的处理等，都作出了较为全面的规定。

（4）节约用水原则。在水资源不足的情况下，实行节约用水是解决水资源供求矛盾的最有效的途径。为此，《水法》作出了国家"厉行节约用水"的规定，并规定了节约用水的具体措施：一是实行供用水合同制；二是采用循环用水，一水多用；三是实行节水措施与主体工程"三同时"；四是实行用水计量，按量收费；五是实行节水有奖，浪费有罚。

#### 14.2.2.3　水资源的主要管理制度

##### A　水资源开发利用规划制度

水资源开发利用规划就是法定机构按法定程序对一定时期水资源的开发利用和水害防治预先做出整体安排。可分为综合规划和专业规划。

综合规划分为国家确定的重要江河的流域综合规划和其他江河区域的综合规划。

专业规划，主要分为防洪治涝规划、灌溉规划、航运规划、城市和工业供水规划、水力发电规划、渔业规划、水质保护规划、水文测验规划、地下水普查勘探和动态监测规划等。

经批准的水资源开发利用规划，是开发利用水资源和防水害活动的基本依据，任何单位和个人必须不折不扣地执行，任何违反规划的行为，就是违反制订规划所依据的法律的行为，都要承担相应的法律责任。

##### B　取水许可制度

取水许可制度是指国家要求直接从地下或者江河、湖泊取水的单位或个人依法办理准许取水证明文件的一整套管理措施和方法，它是我国用水管理的一项基本制度，是协调和平衡水的供求关系、实现水资源永续利用的重要保证。我国的取水许可制度，只适用于直接从地下和江河、湖泊取水的用户，而不适用于家庭生活、畜禽饮用取水和其他少量取水，也不适用使用自来水和水库等供水工程的水以及在江河、湖泊中行船、养鱼的用水。国务院发布的《取水许可制度管理办法》对取水许可证的适用、申请许可证的条件、申请书的内容、审批的程序、持证人的义务、违反许可证规定的制裁措施作出了具体规定。

##### C　征收水资源费制度

水资源费是开发利用水资源的单位和个人依法向国家缴纳的费用。

我国水资源费的征收范围和对象只限于城市中从地下取水的单位，其他从地下或者从江河、湖泊取水的，只有在省、自治区、直辖市人民政府规定收费时才收费。个人，包括城市中的个人直接从地下取水的，不予收费。征收水资源费的具体办法，由国务院规定。

D 用水收费制度

用水收费制度是指使用供水工程供应水的单位和个人，要向供水单位缴纳水费的一系列管理措施。水费和水资源费是两种不同的收费。水资源费要缴给国家，水资源费是在用水单位自己直接从地下或江河湖泊取水时缴纳的；水费则缴给单位，水费是在其他单位给用水单位供水时由用水单位缴纳的。水资源费主要用于水资源的保护和水资源的开发，水费则主要用于供水设施的建设、维护和运行。

## 14.3 土地资源的法律法规

### 14.3.1 土地资源的立法

由于土地资源对人类和国家十分重要，因此，我国非常重视土地资源保护的立法。目前，我国土地资源保护的法律基本形成了较完整的法律体系。

目前，我国关于土地资源保护的立法主要有：《中华人民共和国土地管理法》（2004）、《中华人民共和国土地管理法实施条例》（1998）、《土地调查条例》（2008）、《中华人民共和国水土保持法》（2010）、《中华人民共和国水土保持法实施条例》（1993）、《土地复垦规定》（1989）、《基本农田保护条例》（1994）等。另外，在我国《农业法》（2002）、《矿产资源法》（1996）、《环境保护法》（1989）等法律中也有关于保护土地资源的条款。

### 14.3.2 土地资源的主要法律规定

综合我国保护土地资源的法律和法规，主要有以下内容。

14.3.2.1 全面规划和合理利用土地

为了保证合理地使用土地，法律规定了土地规划制度。要求各级人民政府编制土地利用的总体规划，贯彻执行充分珍惜和合理利用土地的方针，全面规划，加强管理，制止乱占耕地和滥用土地的行为。开发利用土地，应当符合土地利用总体规划；在城市规划区内，土地利用应当符合城市规划；在江河、湖泊的安全区内，土地利用应当符合江河、湖泊综合开发利用规划。国家建设用地、乡（镇）村建设用地，必须履行严格的审批手续，耕地不得擅自改为非耕地；自留地、自留山应当按照规定用途使用，不得擅自建民建窑、建坟、采矿、采石、挖砂、取土。

14.3.2.2 进行土地复垦，恢复土地功能

土地复垦，是指对在生产建设过程中因挖损、塌陷、压占等而遭到破坏的土地采取整治措施，使其恢复到可供利用状态的活动。它是充分利用土地资源，防止环境破坏、减少土地浪费、缓解土地供求矛盾的重要措施。国务院关于《土地复垦规定》对土地复垦的对象、土地复垦的原则、土地复垦的填充物、复垦费用的列支、复垦土地的归属和使用及违法责任作出了比较具体的规定。

土地复垦的对象是在生产建设过程中因挖损、塌陷、压占等而遭到破坏的土地。

土地复垦的责任原则是“谁破坏，谁复垦”。在生产建设过程中破坏的土地，可以由企业和个人自行复垦，也可以由其他有条件的单位和个人承包复垦。

土地复垦应当充分利用邻近企业的废弃物。对利用废弃物进行土地复垦和在指定的土地复垦区倾倒废弃物的，拥有废弃物的一方和拥有土地复垦区的一方均不得向对方收取费用。

土地复垦的费用，应根据复垦对象情况和复垦土地的用途加以确定。基本建设过程中破坏的土地，土地复垦费用从基本建设投资中列支；生产过程中破坏的土地，土地复垦费用从企业更新改造资金中列支；经复垦后直接用于基本建设的，土地复垦费用从该项目基本建设投资中列支；由国家征用并能够以复垦后的收益形成偿付能力的，土地复垦费用还可以用集资或者向银行贷款的方式筹集。

国家鼓励生产建设单位优先使用复垦后的土地。复垦后的土地用于农、林、牧、渔业生产的，依照国家有关规定减免农业税；用于基本建设的，依照国家有关规定给予优惠。

对不改造或者不按照规定要求履行土地复垦义务的企业和个人，由土地部门责令限期改正；逾期不改正的，由土地管理部门根据情节轻重，处以每亩年200元至1000元的罚款。对逾期不改正的企业和个人，在其提出新的生产建设用地申请时，土地管理部门可以不予受理。

#### 14.3.2.3 严格征地审批程序，避免乱批和滥占土地

为防止乱批和滥占土地，避免对土地造成浪费，1998年修订的《土地管理法》严格了建设用地的审批程序，将征地审批权集中在国务院和省、自治区、直辖市人民政府，其他机构不再有征地审批权。按照规定，征用基本农田、基本农田以外的耕地超过$5hm^2$，其他土地超过$70hm^2$的，都必须由国务院批准；需征用上述以外土地的，由省、自治区、直辖市人民政府批准，并报国务院备案。

#### 14.3.2.4 建立基本农田保护区，严格控制占用耕地

基本农田，是指在一定时期内，人口和国民经济对于农产品的需求以及对建设用地的预测而确定的、长期不得占用的和基本农田保护区规划期内不得占用的耕地。基本农田保护区是为了对基本农田实行特殊保护而依照法定程序划定的区域。按照规定，国务院有关主管部门和县级以上地方人民政府批准确定的粮、棉、油和名、优、特、新农产品生产基地，高产、稳产田和有良好的水利与水土保持设施的耕地以及经过治理、改造和正在实施政治计划的中低产田，大中城市蔬菜生产基地，农业科研、科学试验田，原则上都应当列入基本农田保护区。

划定的基本农田保护区，由县级人民政府设立保护标志，予以公告，由县级人民政府土地管理部门建立档案并抄送同级农业行政主管部门。基本农田保护区一经划定，任何单位和个人不得擅自改变或者占用。因国家能源、交通、水利等重点建设项目选址确实无法避开基本农田保护区，需要占用基本农田保护区内耕地的必须按法定程序报批。禁止在基本农田保护区内建窑、建房、建坟或者擅自挖砂、采石、采矿、取土、堆放固体废物；禁止擅自将基本农田保护区内的耕地转为非耕地；禁止任何单位和个人闲置、荒芜基本农田保护区内耕地。

除了上述保护土地的措施外，开展水土保持、防止土壤污染等措施，也是保护土地的

重要法律措施。

### 14.3.3 水土保持的法律规定

14.3.3.1 水土流失与水土保持

水土流失是指由于地面坡度大，降雨不能就地吸纳，水往低处流，冲刷土壤，导致水分和土壤一起流失的现象。水土流失主要发生在山区和丘陵地区。造成水土流失的原因包括自然和人为两个方面，前者如暴雨，洪水等；后者主要是破坏地表植被的行为，如滥伐森林、滥垦草原、陡坡地开荒等。我国水土流失非常严重，它已成为我国所面临的首要生态环境问题，是国家在生态环境保护方面的首要任务。

水土保持是指对自然因素和人为活动造成的水土流失所采取的预防和治理措施。

关于水土保持的立法，1991 年全国人大常委会制定的《中华人民共和国水土保持法》和 1993 年国务院制定的《水土保持法实施细则》是关于水土保持的主要现行法律规定。另外，还有 2002 年 1 月 1 日施行的《防沙治沙法》。

2010 年 12 月 25 日，《中华人民共和国水土保持法》已由中华人民共和国第十一届全国人民代表大会常务委员会第十八次会议修订通过，自 2011 年 3 月 1 日起施行。

14.3.3.2 水土保持的主要法律规定

综合我国水土保持的法律和法规的规定，主要包括下列内容：

（1）水土保持工作的指导方针。《水土保持法》规定：国家对水土保持工作实行预防为主、全面规划、综合防治、因地制宜、加强管理、注重效益的方针。

（2）水土流失治理责任承担原则。人类活动对土壤的影响是造成水土流失的主要原因之一，也是法律可以加以规范的主要对象。按照生态环境保护的一般原则：使用环境资源有承担补偿环境损害的责任。《水土保持法》作了类似的规定："从事可能引起水土流失的生产建设活动的单位和个人，必须采取措施保护水土资源，并负责治理因生产建设活动造成的水土流失"。

（3）预防水土流失的管理措施：

1）保护和改善植被。植被的稀缺和破坏是水土流失的最根本原因，所以，保护和改善植被是预防水土流失的首要措施。为此，《水土保持法》要求：各级人民政府应当组织全民植树造林，鼓励种草，扩大森林覆盖面积，增加植被覆盖率；根据当地情况，组织农业集体经济，组织国营农、林、牧场，种植薪炭林和饲草、绿肥植物，有计划地进行封山育林育草、轮封轮牧、防风固沙、保护植被；禁止毁林开荒和在陡坡地、干旱地区铲草皮、挖树草。

2）限制坡地垦荒。坡地通常表现为土层瘠薄，降水冲刷严重，很少的土壤和水分全靠地表植被保持。若将坡地开垦为田，而又不采取有效保护措施的话，在降水强度大的时候必然形成水土流失。久而久之，土坡地就成了石坡地了。《水土保持法》按照坡地的不同坡度分别作了禁止垦荒和限制垦荒的措施：①禁止在 25°以上陡坡地开垦种植农作物；②省级人民政府可以根据本辖区的实际情况，规定小于 25°的禁止开垦坡度；③开垦禁止开垦坡度 25°以下，5°以上的荒坡地，必须经县级人民政府水行政主管部门批准；④开垦国有荒坡地，经县级人民政府批准后，方可向县级以上人民政府申请办理土地开垦手续。

3）加强林业管理。森林是主要的地表植被形态，对水土保持意义重大，在山区尤其是如此。为了适应水土保持的需要，《水土保持法》就林业管理作了严格的规定：①采伐林木须因地制宜地采用合理采伐方式，严格控制皆伐，对采伐区和集材道采取防止水土流失的措施，并在采伐后及时完成更新造林任务；②对水源涵养林、水土保持林、防风固沙林等防护林只准进行抚育和更新性质的采伐；③在林区采伐林木的，采伐方案中必须有按照规定制定的采伐区水土保持措施；④在5°以上坡地上整地造林，抚育幼林，垦复油茶、油桐等经济林木，必须采取水土保持措施，防止水土流失。

4）加强工程建设项目管理。《水土保持法》就可能造成水土流失的各种工程建设项目及其他活动的管理做了较为详细的规定：①修建铁路、公路和水利工程，应当尽量减少植被破坏。废弃的沙、石、土必须运至规定的专门存放地堆放，不得向江河、湖泊、水库和专门存放地以外的沟渠倾倒。工程竣工后，取土场、开挖面和废弃的沙、石、土存放地的裸露土地，必须植树种草，防止水土流失；②开办矿山企业、电力企业和其他大中型工业企业，排弃的剥离表土、矸石、尾矿、废渣等必须堆放在规定的专门存放地，不得向江河、湖泊、水库和任何专门存放地以外的沟渠倾倒。因采矿和建设使植被受到破坏的，必须采取措施恢复表土层和植被，防止水土流失；③在山区、丘陵区、风沙区开办乡镇集体矿山企业和个体申请采矿，必须持有县级以上地方人民政府水行政主管部门同意的水土保持方案，方可申请办理采矿批准手续；④建设项目中的水土保持设施，必须与主体工程同时设计、同时施工、同时投产使用。建设工程竣工验收时，应当同时验收水土保持设施，并有水行政主管部门参加；⑤在崩塌滑坡危险区和泥石流易发区禁止取土、挖沙、采石。崩塌滑坡危险区和泥石流易发生的区域，由县级以上地方人民政府划定并公告。

（4）治理水土流失的管理措施。对于已经造成水土流失的区域，法律规定了下列治理措施：

1）因地制宜，综合治理。按照国家水土保持工作的指导方针，水土流失的治理应当因地制宜，采取综合治理措施。在水力侵蚀地区，应当以天然沟壑及其两侧山坡地形成的小流域为单元，实行全面规划，综合治理，建立水土流失综合防治体系；在风力侵蚀地区，应当采取开发水源、引水拉沙、植树种草、设置人工沙障和网格林带等措施，建立防风固沙防护体系，控制风沙危害。

2）鼓励和支持农民治理。水土流失直接危害农业生产，影响农民的生计，农民对水土保持工作是有积极性的。为了鼓励和支持农民治理水土流失，《水土保持法》规定的措施包括：

国家鼓励水土流失地区的农业集体经济组织和农民对水土流失进行治理，并在资金、能源、粮食、税收等方面实行扶持政策，具体办法由国务院规定；

各级地方人民政府应当组织农业集体经济组织和农民有计划地对禁止开垦坡度25°以下，5°以上的耕地进行治理，根据不同情况，采取整治排水系统、修建梯田、蓄水保土耕作等水土保持措施。

3）明确治理责任。根据水土流失的治理责任原则，《水土保持法》规定：从事可能引起水土流失的生产建设活动单位和个人，必须采取措施保护水土资源，并负责治理因生产建设活动造成的水土流失；企业事业单位无力治理的，由水行政主管部门治理，治理费由造成水土流失的单位负担。

## 14.4 防治固体废物污染的法律法规

### 14.4.1 固体废物污染环境防治法的立法概况

随着固体废物污染的日趋严重，我国逐渐重视对固体废物污染环境的防治，制定并修订了一系列关于防治固体废物污染环境的法律、法规和规章等。主要有：《中华人民共和国固体废物污染环境防治法》（2004 年修订，以下简称《固废法》）、《国家危险废物名录》（2008 年）、《防治尾矿污染环境管理规定》（1992 年）、《废物进口环境保护管理暂行规定》（1996 年）、《防止船舶垃圾和沿岸固体废物污染长江水域管理规定》（1998 年发布）等。

### 14.4.2 防治固体废物污染环境的法律规定

14.4.2.1 统一监督管理和各部门分工负责监督管理的体制

（1）环境行政主管部门对固体废物污染环境的防治工作实施统一的监督管理。

（2）国务院有关部门或地方政府有关部门如经济综合部门、海关、行业主管部门在各自的职责范围内负责固体废物污染环境防治的监督管理工作。

（3）建设行政主管部门和环境卫生行政主管部门负责城市建筑垃圾和生活垃圾清扫、收集、贮存、运输和处置的监督管理工作。

14.4.2.2 减量化、资源化、无害化的“三化”原则

“三化”原则代表了当今国际社会在固体废物污染防治中的先进指导思想，已被越来越多的国家接受和采纳并用于实践。这一思想对防治固体废物污染，在控制程序上提出了要求：首先，应尽量做到减少废物的产生量；其次，对于减不了的固体废物要充分合理利用和综合利用；最后，对于再利用不了的固体废物进行无害化处置，使其不至于危害环境。《固废法》中的很多条款体现了“三化”原则。

14.4.2.3 “全过程控制”原则

《固废法》对固体废物的流向，即从产生到收集、贮存、运输、利用、处置各个环节都做了规定，特别是对危险废物实行“从摇篮到坟墓”的环境管理措施，更体现了“全过程控制”的管理方式。

14.4.2.4 防治固体废物污染环境的法律制度

（1）环境影响评价制度。

（2）“三同时”制度。

（3）现场检查制度。

（4）污染防治设施、场所停用核准制度，是指对固体废物污染环境防治设施或场所，禁止擅自关闭、闲置或拆除，确有必要关闭、闲置或拆除的，必须经法定机关核准同意的制度。固体废物污染环境防治设施、场所，包括工业的和处置城市生活垃圾的场所，其核准机关为：属于工业固体废物的，由所在地县级以上环境行政主管部门核准；属于城市生活垃圾的，由所在地县级以上环境卫生行政主管部门和环境行政主管部门核准。

（5）限期治理制度。

（6）特殊保护区管理制度，是指在国务院和国务院有关主管部门及省级人民政府划定的特别保护区域内，禁止建设工业固体废物集中贮存、处置设施、场所和生活垃圾填埋场的制度。

《固废法》仅对国务院和国务院有关主管部门及省级人民政府划定的特别保护区域做了规定，对于省级以下人民政府划定的保护区的管理，由地方政府根据当地情况做出规定。

特别保护区域是指：自然保护区、风景名胜区、生活饮用水源地和其他需要特别保护的区域。

（7）控制固体废物转移的管理制度，是指为控制固体废物跨区域或越境转移而产生的环境污染，以及防止将治理污染的负担、损失向异地、异国转嫁的环境管理制度。《固废法》对固体废物转移做了如下规定：1）在国内转移固体废物必须向移出地的省级环境保护行政主管部门报告，并经接受地的省级环境保护行政主管部门许可；2）由我国境外向境内倾倒、堆放、处置固体废物，必须予以禁止，并且规定了严厉的处罚措施：除责令退运外，可并处以10万元以上100万元以下的罚款；3）对经我国过境转移危险废物的予以禁止，对违反规定的，由海关责令退运，可并处5万元以上50万元以下罚款；4）对转移危险废物实行“转移联单”制度管理。凡转移危险废物的，必须按照《危险废物转移联单管理办法》的规定，填写危险废物转移联单，并向其移出地和接受地的县级以上环境行政主管部门报告。

（8）固体废物作为原料进口的管理制度，是指对可以作为原料的固体废物进口进行严格管理的制度。《固废法》明确规定对不能用作原料的固体废物，禁止进口；对可以用作原料的固体废物，限制进口。为此，国家环保局会同国务院对外贸易部门制定了《国家限制进口的可用作原料的废物目录》禁止进口未列入此目录的固体废物。

（9）限期淘汰制度。

（10）申报登记制度。

（11）排污收费制度。《固废法》在排污收费中，从实际出发体现了对新的污染源从严、对原有污染源从宽的原则。

可能缴费的单位：一是《固废法》施行前产生工业固体废物的单位，即老的工业污染源，对新污染源则不能以缴费来取得排污权，必须严格管理，通过“三同时”制度严格管理；二是以填埋的方式处置危险废物的单位。

缴费的条件：一是没有按照国务院环境行政主管部门的规定建设贮存或处置工业固体废物设施、场所或其设施、场所不符合环境标准的需缴纳排污费；二是对上述两种情况，环境行政主管部门责令其限期建成或者改造，在限期内，对新产生的污染环境的工业固体废物缴纳排污费；三是危险废物限于以填埋方式处置的，又不符合国务院环境行政主管部门规定的，缴纳危险废物排污费。

（12）危险废物识别标志制度。为使人们对危险废物引起重视并采取防范措施，《固废法》规定，危险废物的容器和包装物以及收集、贮存、运输、处置危险废物的设施场所，必须设置特征明显、易于辨认的标记。

（13）行政代执行制度，是指为使产生危险废物的单位承担处置危险废物的责任，在其违反规定不处置或处置不符合规定时，由环境行政主管部门指定其他单位代为处置，处置费用由产生危险废物的单位承担的一种间接的行政强制执行的制度。该制度要求：1）产生危险废物的单位，必须按照国家有关规定处置所产生的危险废物；2）若不处置，由所在地环境行政主管部门责令限期改正；3）逾期不处置或处置不符合国家有关规定的，由所在地县级以上环境行政主管部门指定单位代为处置；4）处置费用由产生危险废物的单位承担，不承担费用的，由环境行政主管部门处5万元以下罚款。

（14）持证经营管理制度，是指对从事危险废物经营活动的单位实行许可证管理制度，需要持证进行其经营活动的范围，限定从事危险废物的收集、贮存和处置。该制度要求：1）从事此经营活动的单位必须向县级以上环境行政主管部门申请经营许可证，具体办法由国务院规定；2）禁止无证或不按证的要求从事此类活动；3）禁止危险废物提供或委托给无证单位进行此类经营活动。

（15）安全性管理制度，是指对危险废物进行收集、贮存、运输、处置时，从环境安全角度进行管理的制度。安全性管理可分为以下四种：1）分类管理。收集、贮存危险废物必须按其特征分类进行；2）禁混管理。禁止混合收集、贮存、运输、处置性质不相容而未经安全性处置的危险废物；3）运输管理。运输危险废物必须采取防止污染环境的措施并遵守国家有关运输管理的规定，禁止客货混运（危险废物与旅客在同一运输工具上运输）；4）无害转用管理。收集、贮存、运输、处置危险废物的场所、设施、设备和容器、包装物及其他物品转作其他用途时，必须经过消除污染的处理以后才能够使用。

（16）应急防范和事故报告处理制度。

## 14.5 防治其他有毒有害物污染的法律规定

有毒有害物质是指人们在生产或日常生活中使用的，在一定条件下会污染环境、危害人体或动植物生命和健康的物质。有毒有害物质主要包括：化学物质、放射性物质、电磁波辐射三大类。目前我国在这一方面的立法只有一些行政法规或者部门规章。有关防治有毒有害物质污染环境的法律规定是环境污染防治法的重要组成部分，今后应加强并进一步完善对有毒有害物质进行控制治理方面的立法。

### 14.5.1 控制化学物质污染的法律

#### 14.5.1.1 化学物质污染

化学物质，又称为化学品，是指天然的或者通过化学反应过程获得的化学元素及其化合物。化学物质的范围是极其广泛的。据联合国环境规划署的报告，20世纪初以来，在实验室里大约合成了1000万种化合物，而且目前还以每年1000～2000种的数目在增加。

化学物质污染是指因化学物质的应用而给环境和人体健康造成不良影响的现象。从法律的角度说，化学物质污染则是由于化学物质在环境中的含量或浓度超过规定的限量标准而使环境质量恶化，给人体健康和财产造成损害的现象。

#### 14.5.1.2 控制化学物质污染的立法

我国目前虽然尚无化学物质污染控制的综合性立法，但制定了一些有关化学物质污染控制的法规和规章。主要有：国务院于1987年发布的《化学危险物品安全管理条例》、

1995年发布的《监控化学品管理条例》、国家环境保护局和能源部联合发布的《含多氯联苯电力装置及其废物污染环境的规定》(1991年1月23日)、化工部和国家环境保护局联合发布的《关于防治铬化物生产建设中环境污染的若干规定》(1992年2月5日)、《化学品首次进口及有毒化学品进出口管理规定》(1994年3月16日)。另外,在《环境保护法》(1989)、《海洋环境保护法》(1999)、《水污染防治法》(2008)、《大气污染防治法》(2000)等法律中也都有一些关于控制化学物质污染环境的规定。

14.5.1.3 控制化学物质污染的主要法律规定

(1)对化学危险物品实行严格的管理。化学危险物品是指国家危险货物分类标准中所列的爆炸品、压缩气体和液化气体、易燃液体、易燃固体、自燃物品和遇湿易燃物品、氧化剂和有机过氧化物、毒害品和腐蚀品。为了加强对化学危险物品的管理,国务院发布的《化学危险物品安全管理条例》,规定了一系列的严格管理措施。

1)控制化学危险物品的生产和使用。国家对化学危险物品的生产,实行统一规划,严格管理;新建、扩建、改建生产剧毒化学危险物品的企业,需要履行严格的审批手续,并禁止乡镇、街道企业生产剧毒化学危险物品;生产化学危险物品必须取得生产许可证;生产、使用、销毁、处理化学危险物品必须采取规定的安全防护措施。

2)控制化学危险物品的贮存和经营。储存化学危险物品,必须符合规定的要求并采取规定的安全措施;经营化学危险物品必须取得许可证,未取得许可证的不得经营化学危险物品。

3)控制化学危险物品的运输和装卸。运输化学危险物品,必须按照国家有关危险货物运输管理的规定办理,对不符合规定的,发货人不得托运,运输部门不得承运;装卸化学危险物品应当轻拿轻放,防止撞击、拖拉和倾倒;禁止客货混装,禁止乘客随身携带或夹带化学危险物品乘坐火车、船舶和飞机。

(2)对监控化学品实行特殊管理。监控化学品是指被列入国家监控化学品名录,可作为化学武器、生产化学武器前体、生产化学武器主要原料的化学品及除炸药和纯碳氢化合物外的特定化学品。这类化学品不仅能对环境造成污染,危害人类健康,而且还能危及国家安全。因此,对其必须采取特殊的管理措施。《监控化学品管理条例》将监控化学品分为四类,并对不同类化学品的生产、使用及进出口做出了相应的限制性规定。

(3)生产某些严重污染环境的化学物质要采取严格的污染防治措施。化学工业部和国家环境保护局发布的《关于防治铬化物生产建设中环境污染的若干规定》明确指出,严禁建设年生产规模7000t以下的铬化物生产企业;在国务院和省级人民政府划定的需要特别保护的区域内,严格禁止铬化物生产;铬化物生产项目建设必须执行环境影响评价制度和"三同时"制度;对铬化物的生产实行生产许可证制度;对含铬废渣的产生、贮存、运输、利用、处理和处置,要求实行全过程管理。

(4)对化学品的进出口实行严格管理。《化学品首次进口及有毒化学品进出口环境管理规定》中对化学品的管理提出了如下要求:外商或其代理人向中国出口所经营的未曾在中国登记(农药以外)的任何化学品,必须向国家环境保护局提出化学品首次进口环境管理登记申请,并按规定填写《化学品首次进口环境管理登记申请表》,免费提供实验样品;经审查批准,取得《化学品进(出)口环境管理登记证》或临时登记证的,方可向中国出口;国内单位向国外出厂列入《中国禁止或严格限制的有毒化学品名录》的化学品,必须向国家环境保护局提出有毒化学品出口环境管理登记申请，经国家环保局征得进口国主管部门同意后，发给《化学品进（出）口环境管理登记证》和《有毒化学品进（出）口环境管理放行通知单》，方可向国外出口有毒化学品。

### 14.5.2 控制农药污染的法律

#### 14.5.2.1 农药及其分类

农药，全称为农用药剂，是用来保护农作物免受有害生物危害和调节农作物生长的药物的总称。从农药的性质看，可将其分为有机农药、无机农药、植物性农药、微生物农药四类。有机农药和无机农药合称化学农药。化学农药是农药的主要部分，也是农药管理和农药污染防治的重点。

农药污染是指农药在环境或产品中的数量或浓度超过了环境标准限值，对人体、动植物、生态系统造成不利影响的现象。农药污染通常是在农药的生产、储存、运输、销售和使用过程中产生的。

#### 14.5.2.2 农药污染的立法

我国目前虽然尚无专门的农药污染防治法律，但却有一些农药管理的专门规章。1982年4月，农业部、林业部、化工部、商业部和国务院环境保护领导小组联合颁发了《农药登记规定》；同年9月，农牧渔业部又发布了《农药登记规定实施细则》、《农药登记审批办法》、《农药登记评审委员会组成办法》、《农药毒性试验方法暂行规定》；农牧渔业部和卫生部还于同年6月发布了《农药安全使用规定》；化学工业部经国务院批准于1992年12月发布了《农业化学物质产品行政保护条例》。2001年，我国修订了1997年实施的《农药管理条例》，农业部在2008年对《农药管理条例实施办法》做了修订并予以实施。另外，在《环境保护法》（1989）和《水污染防治法》（2008）中也都有关于合理使用农药，防治环境污染的规定。

#### 14.5.2.3 我国农药污染防治的主要法律规定

（1）关于农药登记制度的规定。农药登记分为品种登记、补充登记和临时登记三类。品种登记用于其有效成分未经登记过的农药；补充登记用于其有效成分已登记过而要改变剂型或变更使用范围的农药品种；临时登记用于农药进行大田药效示范或其他特殊情况。负责办理农药登记的主管部门为农业部，其具体工作机构是农业部农药检定所。

（2）关于农药使用范围的规定。根据农药毒性的大小，《农药安全使用规定》将常用农药分为高毒、中等毒和低毒三类，不同毒性的农药，有着各自规定的使用范围。凡国家已订出农药安全使用标准的品种，应当按《农药安全使用规定》的要求使用。

（3）关于安全使用农药的规定。一是要求使用农药应符合高效、安全、经济的原则；二是要求按安全使用标准用药；三是要求在配药、搅拌、喷药过程中严格遵守农药使用注意事项，并在喷药结束时做好善后工作；四是要合理选择施药人员，并进行一定技术培训，做好施药人员的个人防护。

## 14.6 小　结

地质学在法律事务中的作用越来越大，因而有兴趣于裁决和制定与地质学相关政策的科学家有很多机会参与法律事务。虽然地质学家所持有的一些专业观点，可能会与个人角度的意见有所出入。但是随着环境法范围的扩大，需要越来越多的地质学家参与到其中来，这样便增强了科学在法律中的地位。科学在制定较公正的法律和法院裁决中正逐步起到越来越重要的作用，许多国家环境政策条例为科学家提供了一个空前未有的讲坛，科学家可以提出自己对制定相关法律、法规的意见并采取行动，科学研究的资料也已经成为环境影响陈述中的核心。

因此，所有致力于环境地质研究，致力于改善环境地质现状，致力于保护人类这片美好的共同家园的每一位科学家，应对现有的法律、法规提出自己的独特见解，参与到具体的法律、法规的制定中来，以期望能使现有的环境法律、法规逐步趋向完善，从而能为人类的子孙后代建设一个美好的幸福家园。

## 思 考 题

1. 我国对矿产资源的所有权、探矿权以及采矿权各有哪些相关的规定？
2. 在对矿产资源进行开采时，我国对于相关的环境保护措施有哪些规定？
3. 对于我国水资源的开发利用，有哪些相关规定？
4. 如何合理利用土地，具体包括哪几方面？
5. 水土流失的起因在于哪些方面？

## 参考文献


[1] Keller, Edward A. Environmental Geology. Published by Charles E. Merrill Publishing Company. Ohio. 1976.

[2] Keller, Edward A. Environmental Geology, Seventh Edition, Macmillan Publishing Company, New York. 1996.

[3] Keller, Edward A. Introduction to Environmental Geology, Third Edition, Pearson Education, Inc. New York. 2005.

[4] Montgomery Carla W. Environmental Geology. Seventh Edition, McGraw-Hill Companies, Inc. New York. 2006.

[5] 刘江主编. 全国生态环境建设规划 [M]. 北京：中华工商联合出版社，1999.

[6] 胡鞍钢，陆中臣，沙万英，等. 中国自然灾害与经济发展 [M]. 武汉：湖北科学技术出版社，1997.

[7] 中国自然保护纲要编写委员会. 中国自然保护纲要 [M]. 北京：中国环境科学出版社，1987.

[8] 陈静生，洪松编. 环境地学 [M]. 北京：中国环境科学出版社，2001.

[9] 延军平. 灾害地理学 [M]. 西安：陕西师范大学出版社，1990.

[10] 中国科学院南方山区综合考察队. 南岭山区自然资源开发利用和国土整治综合研究 [M]. 北京：学术书刊出版社，1990.

[11] 联合国环境规划署. 全球环境展望 2000 [M]. 北京：中国环境科学出版社，2000.

[12] 朴光洙，刘定慧，马品懿. 环境法与环境执法 [M]. 北京：中国环境科学出版社，2002.

[13] 赵剑强. 城市地表径流污染与控制 [M]. 北京：中国环境科学出版社，2002.

[14] 吴季松主编. 水务知识读本 [M]. 北京：中国水利水电出版社，2003.

[15] 张国民，张培震. 我国大陆强震机理与预测研究的主要进展（上）[J]. 城市防震减灾，1999 (6).

[16] 张业成. 我国洪涝灾害的地质环境因素与减灾对策建议 [J]. 地质灾害与环境保护，1999，10 (1).

[17] 陈颙. 防震减灾与社会发展 [OL]. http：//www. gdsin. net/dizhenzhuanjia/dizhenzjwzxx. asp? id = 10，2002-10-31.

[18] 张国民. 我国的地震灾害和地震预报 [OL]. [2002-9-19]. http：//www. gdsin. net/dizhenzhuanjia/dizhenzjwzxx. asp? id = 3.

[19] 马宗晋，徐锡伟. 地震预测问题杂谈 [OL]. 2002-9-19. http：//www. gdsin. net/dizhenzhuanjia/dizhenzjwzxx. asp? id = 5.

[20] 中国火山研究 [OL]. http：//www. volcano. org. cn/huoshanyanjiu/huoshanyanjiu. htm.

[21] 中国的火山 [OL]. http：//www. volcano. org. cn/zhongguohuoshan/zhongguohuoshan. htm.

[22] 地质博物馆 [OL]. http：//www. scitom. com. cn/museums/geology/.

[23] 国土资源部. 公务员网上课堂 [OL]. http：//www. mlr. gov. cn/index. jsp.

[24] 中国地质环境网 [OL]. http：//www. cigem. gov. cn.

[25] 陈广庭. 土地荒漠化 [M]. 北京：化学工业出版社，2002.

[26] 刘起霞，李清波，邹剑锋. 环境工程地质 [M]. 郑州：黄河水利出版社，2001.

[27] 沈照理，刘光亚，杨成田，等. 水文地质学 [M]. 北京：科学出版社，1985.

[28] 蒋才俊. 环境水文地质问题研究论文集 [M]. 北京：中国科学技术出版社，1997.

[29] 史德明. 长江流域水土流失与洪涝灾害关系剖析 [J]. 土壤侵蚀与水土保持学报，1999 (1).

[30] 吉家林. 不知天高地厚（下）[J]. 城市防震减灾，1999 (6).

[31] 何永年. 努力做好城市防震减灾工作走向更安全的二十一世纪 [J]. 城市防震减灾，1999 (6).

[32] 中国水文地质工程地质勘查院. 环境地质研究 [M]. 北京：地震出版社，1991.

[33] 中国水文地质工程地质勘查院. 环境地质研究 [M]. 北京：地震出版社，1999.

[34] 王琪，郭立坤，王业耀. 城市环境问题 [M]. 贵阳：贵州科技出版社，2001.
[35] 耿怀英，曹才瑞. 自然灾害与防灾减灾 [M]. 北京：气象出版社，2000.
[36] 朱大奎，王颖，陈方. 环境地质学 [M]. 北京：高等教育出版社，2000.
[37] 纪万斌主编. 工程塌陷与治理 [M]. 北京：地震出版社，1998.
[38] 戴塔根，刘悟辉，马国秋. 环境地质学 [M]. 长沙：中南大学出版社，1999.
[39] 潘懋，李铁锋. 灾害地质学 [M]. 北京：北京大学出版社，2002
[40] 高伟生，肖德桢，宇振东，等. 环境地学 [M]. 北京：中国科学技术出版社，1992.
[41] 徐增亮主编. 环境地质学 [M]. 青岛：青岛海洋大学出版社，1992.
[42] 李鄂荣，五述训，蒋荫昌，等. 环境地质学 [M]. 北京：地质出版社，1991.
[43] 许兆义. 包气带水文地质专论 [M]. 北京：地震出版社，1993.
[44] 孙昌仁主编. 中国环境地质研究 [M]. 北京：科学出版社，1988.
[45] 雷祥义. 黄土高原地质灾害与人类活动 [M]. 北京：地质出版社，2001.
[46] 中国地理学会编. 资源·环境·区域开发研究 [M]. 北京：科学出版社，1988.
[47] 史培军，宫鹏，李晓兵，等. 土地利用/覆盖变化研究的方法与实践 [M]. 北京：科学出版社，2000.
[48] 王翊亭，井文涌，何强. 环境学导论 [M]. 北京：清华大学出版社，1990.
[49] 纪万斌主编. 塌陷与国民经济发展 [M]. 北京：地震出版社，1998.
[50] 道恩 C G，斯托克斯 J 著. 矿业与环境保护 [M]. 祁兴久译. 北京：中国建筑工业出版社，1982.
[51] 哈承佑. 中国环境地质学的进展与展望 [OL]. http：//www.cigem.gov.cn/sgh/hcy.htm.

## 冶金工业出版社部分图书推荐

| 书　　名 | 定价(元) |
|---|---|
| 采矿手册(第 1 卷 ~ 第 7 卷) | 927.00 |
| 采矿工程师手册(上、下) | 395.00 |
| 现代采矿手册(上册) | 290.00 |
| 现代采矿手册(中册) | 450.00 |
| 现代采矿手册(下册) | 260.00 |
| 实用地质、矿业英汉双向查询、翻译与写作宝典 | 68.00 |
| 现代金属矿床开采技术 | 260.00 |
| 海底大型金属矿床安全高效开采技术 | 78.00 |
| 爆破手册 | 180.00 |
| 中国典型爆破工程与技术 | 260.00 |
| 选矿手册(第 1 卷 ~ 第 8 卷共 14 分册) | 637.50 |
| 浮选机理论与技术 | 66.00 |
| 矿用药剂 | 249.00 |
| 现代选矿技术丛书　铁矿石选矿技术 | 45.00 |
| 现代选矿技术丛书　提金技术 | 48.00 |
| 现代选矿技术丛书　金属矿山尾矿资源化 | 42.00 |
| 矿物加工实验理论与方法 | 45.00 |
| 矿山地质技术 | 48.00 |
| 采矿概论 | 28.00 |
| 地下装载机 | 99.00 |
| 硅酸盐矿物精细化加工基础与技术 | 39.00 |
| 矿山废料胶结充填(第 2 版) | 48.00 |
| 炸药化学与制造 | 59.00 |
| 选矿知识 600 问 | 38.00 |
| 采矿知识 500 问 | 49.00 |
| 矿山尘害防治问答 | 35.00 |
| 金属矿山安全生产 400 问 | 46.00 |
| 煤矿安全生产 400 问 | 43.00 |
| 金属矿山清洁生产技术 | 46.00 |
| 地质遗迹资源保护与利用 | 45.00 |
| 现代矿业管理经济学(本科教材) | 36.00 |
| 爆破工程(本科教材) | 27.00 |
| 采矿学(第 2 版)(本科教材) | 58.00 |
| 地质学(第 4 版)(本科教材) | 40.00 |
| 环境工程微生物学实验指导(本科教材) | 20.00 |
| 基于 ArcObjects 与 C#. NET 的 GIS 应用开发(本科教材) | 50.00 |
| 井巷工程(高职高专教材) | 36.00 |